高等职业教育教学用书

工程应用数学

GONGCHENG YINGYONG SHUXUE

主　编　阮杰昌　王晓平　喻利娟
　　　　朱莉红　任建英

U0309567

新形态
教材

高等教育出版社·北京

内容提要

本书是高等职业教育教学用书.

本书以项目为单元组织学习内容,共分 6 个项目,包括数学零距离——基础知识、数学史上的新篇章——微分、面积引发的故事——积分、生活中的数学——微分方程、工件的优化设计——多元函数、生产管理的最优化——线性代数.

本书可作为高等职业院校的教学教材,也可作为相关人员的自学参考书.

图书在版编目(CIP)数据

工程应用数学/阮杰昌等主编.—北京:高等教
育出版社,2021.10
ISBN 978-7-04-056818-9

Ⅰ.①工… Ⅱ.①阮… Ⅲ.①工程数学-应用数学-
高等职业教育-教材 Ⅳ.①TB11

中国版本图书馆 CIP 数据核字(2021)第 204083 号

策划编辑 万宝春   责任编辑 张尕琳   万宝春   封面设计 张文豪   责任印制 高忠富

出版发行	高等教育出版社	网　　址	http://www.hep.edu.cn
社　　址	北京市西城区德外大街 4 号		http://www.hep.com.cn
邮政编码	100120		http://www.hep.com.cn/shanghai
印　　刷	江苏德埔印务有限公司	网上订购	http://www.hepmall.com.cn
开　　本	787 mm×1092 mm 1/16		http://www.hepmall.com
印　　张	13.5		http://www.hepmall.cn
字　　数	337 千字	版　　次	2021 年 10 月第 1 版
购书热线	010-58581118	印　　次	2021 年 10 月第 1 次印刷
咨询电话	400-810-0598	定　　价	31.00 元

前言

　　本教材以《现代职业教育体系建设规划》《关于加快发展现代职业教育的决定》《国家职业教育改革实施方案》的具体内涵为指导思想,将学习数学知识和培养职业精神高度融合,遵循"坚持以立德树人为根本,以服务发展为宗旨"的原则,结合编者多年教学实践经验编写而成.

　　本书以项目为单元组织学习内容,共分 6 个项目,包括数学零距离——基础知识、数学史上的新篇章——微分、面积引发的故事——积分、生活中的数学——微分方程、工件的优化设计——多元函数、生产管理的最优化——线性代数.

　　本教材具有以下特点:

　　1. 既打破传统的教材编排体系,又遵循了学科的知识逻辑.本教材由 6 个精心设计的教学项目构成,按照高等数学的知识递进关系编排先后顺序,既解决了专业场景和生活中常见的计算问题,又兼顾了数学学科循序渐进的知识逻辑体系.每一个知识点之后,安排了A、B 两组习题,通过 A 组习题的操练可让学生巩固所学,通过 B 组习题的操练则让学生将知识点融会贯通.

　　2. 编排结构科学合理,体现以学生为中心.每一学习项目列出学习目标和学习思路,利于学生自学;以实例引入数学概念,利于学生体会数学思想来源于生活与生产实际.

　　3. 与传授知识相比较,更注重学生综合能力的培养.使学生在获得知识的同时,也能比较系统地提高自身综合能力,体现知识学习与能力训练的统一;重视培养学生运用数学的意识,通过典型例题,将多种计算方法列出,择优而取,让学生既能牢固掌握知识,又能学到探求知识的思维方法和手段.

　　4. 强调理论联系实际,增强应用性.让学生意识到"数学就在身边""专业知识的分析必须靠数学",力图做到语言流畅、简练,便于学生在"做"中"学".

　　5. 是新形态、一体化教材.将现代化的信息技术运用于教学中,拓宽了学生的学习空间并让学生更为灵活地安排学习时间,推动教学工作更好地适应"互联网十"时代的教育生态.

　　6. 弘扬优秀传统文化,增强民族文化自信.通过二维码的形式展现了我国著名的数学家在数学史上做出的杰出贡献,让学生理解"社会主义核心价值观",增强"四个自信",养成良好的道德品质,成为德智体美劳全面发展的高素质劳动者和技术技能人才.

　　本教材由阮杰昌、王晓平、喻利娟、朱莉红、任建英任主编,徐莹瑶、邵文凯、杜鹃、李琰任副主编,张德刚、李凌鸿、聂跃波、马欣参加编写.在本教材编写与出版过程中,借鉴了兄弟院校先进的教学理念和科学的实际案例,得到了高等教育出版社的大力帮助与支持,同时收获了许多宝贵的意见和建议,在此一并致谢.

　　鉴于编者水平有限,书中难免有错误和不妥之处,敬请读者与同行批评指正.

编　者
2021 年 9 月

CONTENTS
目 录

项目一 数学零距离——基础知识 ···································· 001
学习指导 / 001
项目任务实施 / 001
　　任务一　足球射门问题 / 001
　　任务二　车削端面圆头突出宽度的计算 / 002
　　任务三　恢复碎带轮的原有圆直径 / 003
　　任务四　钢珠测量圆柱体直径 / 004
数学知识 / 005
　　一、任意角的三角函数值 / 005
　　二、函数 / 008
知识应用 / 032
学习反馈与评价 / 033

项目二 数学史上的新篇章——微分 ······························ 034
学习指导 / 034
项目任务实施 / 034
　　任务　工程造价问题 / 034
数学知识 / 036
　　一、导数的概念 / 036
　　二、导数的四则运算法则与高阶导数 / 045
　　三、复合函数的导数与反函数的导数 / 050
　　四、隐函数的导数及参数方程的导数 / 054
　　五、微分及其在近似计算中的应用 / 058
　　六、函数的单调区间与极值 / 063
　　七、函数的最值 / 068
　　八、导数在工程中的应用 / 071
　　九、微分中值定理 / 075
　　十、洛必达法则 / 079
　　十一、曲线的凹凸性和渐近线 / 083

知识应用 / 086

学习反馈与评价 / 087

项目三　面积引发的故事——积分 ·········· 88

学习指导 / 088

项目任务实施 / 088

　　任务一　计算曲边梯形的面积 / 088

　　任务二　计算变速直线运动的路程 / 089

数学知识 / 090

　　一、定积分 / 090

　　二、原函数与不定积分 / 096

　　三、积分上限函数与微积分学基本定理 / 101

　　四、第一类换元积分法 / 105

　　五、第二类换元积分法 / 110

　　六、分部积分法 / 113

知识应用 / 118

学习反馈与评价 / 119

项目四　生活中的数学——微分方程 ·········· 120

学习指导 / 120

项目任务实施 / 120

　　任务　减肥模型 / 120

数学知识 / 123

　　一、微分方程的基本概念 / 123

　　二、一阶线性微分方程 / 126

　　三、几种可降阶的二阶微分方程 / 136

知识应用 / 139

学习反馈与评价 / 140

项目五　工件的优化设计——多元函数 ·········· 141

学习指导 / 141

项目任务实施 / 141

　　任务　工件的优化设计 / 141

　　任务一　假设易拉罐是一个正圆柱体(考虑厚度) / 142

　　任务二　假设易拉罐上部分是正圆台,下部分是正圆柱体 / 144

　　任务三　逐步逼近真实的易拉罐形状 / 146

数学知识 / 147

　　一、面积和体积计算公式 / 147

　　二、多元函数 / 147

　　三、二重积分的概念和性质 / 163

　　　　四、二重积分的计算方法 / 167
　　　　五、二重积分的应用 / 172
　　知识应用 / 174
　　学习反馈与评价 / 175

项目六　生产管理的最优化——线性代数 ·················· 176
　　学习指导 / 176
　　项目任务实施 / 176
　　　　任务一　工厂的选址问题(最短路径问题) / 176
　　　　任务二　机床的优化生产管理(指派问题,又称分配问题) / 178
　　数学知识 / 181
　　　　一、最短路径 / 181
　　　　习题 / 185
　　　　二、行列式 / 185
　　　　三、矩阵 / 194
　　知识应用 / 204
　　学习反馈与评价 / 205

参考文献 ·················· 206

项目一　数学零距离——基础知识

 学习指导

学习领域	温习和应用数学知识
学习目标	1. 复习中学的数学知识. 2. 应用数学知识解决简单的实际问题. 3. 获得学习数学的兴趣
学习重点	1. 三角函数. 2. 简单函数
学习难点	1. 将实际问题转化为几何问题. 2. 几何知识的综合运用. 3. 三角函数的计算. 4. 具体的数学算法
学习思路	简化实际问题的冗杂内容→用更简洁的方式表达→转化为数学语言→构建数学问题→用几何、数学知识解决问题
数学知识	三角形、三角函数、圆、弧线、近似计算
教学方法	讲授法、案例教学法、情景教学法、讨论法、启发式教学法
学时安排	建议 6～10 学时

 项目任务实施

任务一　足球射门问题

[任务描述]　在训练课上,教练问左前锋,若在点 P 得球后,沿平行于边线 GC 的路径 EF 推进(如图 1-1 所示,设球门宽 $AB=a$ 米,球门柱 B 到 FE 的距离 $BF=b$ 米),

当推进到距点 F 多少米时,为射门的最佳位置(即射门角 $\angle APB$ 最大时为射门的最佳位置),请帮助左前锋回答该问题.

[任务分析]　若直接在非特殊 $\triangle APB$ 中利用边来求 $\angle APB$ 的最值,显得比较繁琐.注意到 $\angle APB=$ $\angle APF-\angle BPF$,而后两者都在 Rt$\triangle$ 中,故可应用直角三角形的性质求解.

[任务转化]　射门时最大的射门角度,此时就是

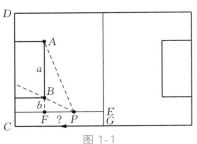

图 1-1

1

射门的最佳位置.

[任务解答]　如图 1-2 所示,设

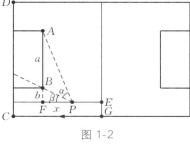

图 1-2

$$FP=x, \angle APB=\alpha, \angle BPF=\beta(\alpha、\beta \text{为锐角}),$$

则

$$\angle APF=\alpha+\beta, \tan(\alpha+\beta)=\frac{a+b}{x}, \tan\beta=\frac{b}{x},$$

$$\tan\alpha=\tan[(\alpha+\beta)-\beta]=\frac{\tan(\alpha+\beta)-\tan\beta}{1+\tan(\alpha+\beta)\cdot\tan\beta}=\frac{a}{x+\frac{(a+b)\cdot b}{x}}.$$

若令

$$y=x+\frac{(a+b)\cdot b}{x},$$

利用均值不等式得到

$$y\geq 2\sqrt{x\cdot\frac{(a+b)\cdot b}{x}}=2\sqrt{(a+b)\cdot b},$$

y 取到最小值 $2\sqrt{(a+b)\cdot b}$,此时 $x=\frac{(a+b)\cdot b}{x}$,即 $x=\sqrt{(a+b)\cdot b}$.

从而可知,当 $x=\sqrt{(a+b)\cdot b}$ 时,$\tan\alpha$ 取得最大值,即 $\tan\alpha=\dfrac{a}{2\sqrt{(a+b)\cdot b}}$ 时,α 有最大值,故当点 P 距点 F 为 $\sqrt{(a+b)\cdot b}$ 米时,为射门的最佳位置.

任务二　车削端面圆头突出宽度的计算

[任务描述]　车削端面圆头如图 1-3 所示,试计算圆头突出宽度 t.

[任务分析]　从图 1-3 中可以看出,要求出 t 之前,必须先求出锥形部分小端直径 d, $d=2AB$, $t=R-AO$,要知道 AB、AO,需求得 $\angle AOB$,可以通过求得 $\angle BOC$ 来求得 $\angle AOB$,因此需要解斜 $\triangle BOC$.

[任务转化]　利用正弦定理和余弦定理求解斜 $\triangle BOC$.

[任务解答]　在 $\triangle BOC$ 中,已知 $\angle C=85°$, $OC=19$, $OB=24$.

由正弦定理有

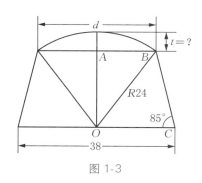

图 1-3

$$\frac{OB}{\sin C}=\frac{OC}{\sin\angle OBC},$$

即

$$\frac{24}{\sin 85°}=\frac{19}{\sin\angle OBC},$$

所以

$$\sin\angle OBC=\frac{19}{24}\sin 85°\approx 0.789,$$

于是

$$\angle OBC\approx 52°05',$$

因此

$$\angle BOC=180°-85°-52°05'=42°55',$$

则

$$\angle AOB=90°-42°55'=47°05'.$$

在 Rt△AOB 中

$$OB=24,\ \angle AOB=47°05',$$

$$AB=OB\sin\angle AOB=24\sin 47°05'\approx 24\times 0.732\approx 17.57,$$

$$AO=OB\cos\angle AOB=24\cos 47°05'\approx 24\times 0.681\approx 16.34,$$

所以

$$d=2AB=2\times 17.57=35.14,$$

$$t=24-AO=24-16.35=7.65.$$

任务三　恢复碎带轮的原有圆直径

[任务描述]　有一只碎轮,并且只有一小部分存在,如何求出原来直径的大小?

[任务分析]　做出与实际问题一致的几何模型(图 1-4),此时可以用游标卡尺测出它的宽度 l 和高度 h,想办法求出直径 d.

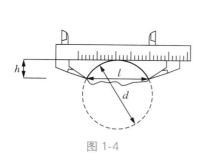

图 1-4

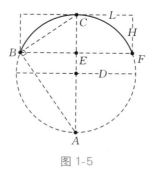

图 1-5

[任务转化]　由实例抽象出数学几何图(图 1-5).

想要求出原来圆直径的大小,就得先做出一条直径,由于已知只能找到碎轮的两个端点 B、F,根据与弦垂直的直径平分该弦,所以连接碎轮的两个端点做弦 BF,过 BF 的中点 E 做 BF 的垂直平分线,与碎轮交于点 C,连接 BC,过点 B 做 $BA\perp BC$,交 CE 的延长线于点 A,则 AC 就是所求的直径,这是因为直径所对的圆周角是直角,要求 AC 的长度,在 Rt△ABC 中,因为 $AC\perp BF$,运用射影定理即可求出.

[任务解答]　因为 $AC \perp BF$，所以在 Rt$\triangle ABC$ 中运用射影定理得

$$BE^2 = AE \times CE，$$

而

$$CE = h，AE = d - h，BE = \frac{l}{2}，$$

所以

$$\left(\frac{l}{2}\right)^2 = (d - h) \times h；$$

即

$$\frac{l^2}{4} = hd - h^2，$$

整理得

$$d = \frac{l^2}{4h} + h.$$

任务四　钢珠测量圆柱体直径

[任务描述]　直径较大的圆柱形工件，其准确直径不易量得.因为大尺寸量具较少，且测量时量具不易放正.如果采用下面的方法，则可方便地量得比较准确的尺寸.测量时，将工件放在平板上(图1-6).

用两个直径相同的钢柱放在下面的两侧，用千分尺或者游标卡尺量出距离，然后用下面的公式计算，就可以知道这个工件的直径：$D = \dfrac{(M - d)^2}{4d}$.

其中：D——圆柱体直径(mm)，

　　　M——用于千分尺量得的尺寸(mm)，

　　　d——钢柱直径(mm).

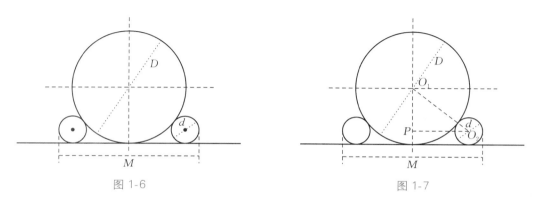

图1-6　　　　　　　　　　　　　　图1-7

[任务分析]　由实例抽象出数学图示(图1-7).

已知条件给出 M 及 d，要求求出 D，于是由三者建立一个直角三角形 $\text{Rt}\triangle O_1 O_2 P$，连接大圆和小圆的圆心 O_1、O_2，过 O_2 做垂线，垂足为 P，使得 $O_2 P \perp O_1 P$。在 $\text{Rt}\triangle O_1 O_2 P$ 中运用勾股定理可求得直径 D。

[任务解答] 由于大圆的直径为 D，小圆的直径为 d，所以在 $\text{Rt}\triangle O_1 O_2 P$ 中，有

$$O_1 O_2 = \frac{D+d}{2},$$

$$O_1 P = \frac{D-d}{2},$$

$$O_2 P = \frac{M-d}{2}.$$

由勾股定理得

$$O_1 P^2 + O_2 P^2 = O_1 O_2^2,$$

即

$$\left(\frac{D-d}{2}\right)^2 + \left(\frac{M-d}{2}\right)^2 = \left(\frac{D+d}{2}\right)^2,$$

整理得

$$D = \frac{(M-d)^2}{4d}.$$

[任务提升] 如果平板不是水平放置，还可以用这个公式吗？请说明原因。

 数学知识

一、任意角的三角函数值

学习目标：

理解三角函数的定义，熟练掌握简单三角函数的计算。

能够对简单的三角函数知识做解释，会应用三角函数知识解决实际问题。

知识导图：

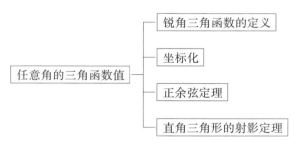

任意角的三角函数值
- 锐角三角函数的定义
- 坐标化
- 正余弦定理
- 直角三角形的射影定理

1. 锐角三角函数的定义

如图 1-8 所示，在 $\text{Rt}\triangle POM$ 中，$\angle M$ 是直角，那么 $\sin a = \dfrac{MP}{OP}$，$\cos a = \dfrac{OM}{OP}$，$\tan a = \dfrac{MP}{OM}$。

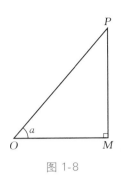

图 1-8

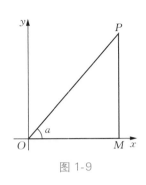

图 1-9

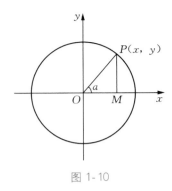

图 1-10

2. 坐标化

如图 1-9 所示,建立平面直角坐标系,设点 P 的坐标为 (x,y),那么 $|OP|=\sqrt{x^2+y^2}$,于是有

$$\sin a=\frac{y}{\sqrt{x^2+y^2}},\ \cos a=\frac{x}{\sqrt{x^2+y^2}},\ \tan a=\frac{y}{x}.$$

如图 1-10 所示,线段 $OP=1$,点 P 的坐标为 (x,y),那么锐角 a 的三角函数可以用坐标表示为:

$$\sin a=\frac{MP}{OP}=y,\ \cos a=\frac{OM}{OP}=x,\ \tan a=\frac{MP}{OM}=\frac{y}{x}.$$

3. 正余弦定理

对于如图 1-11 所示的 $\triangle ABC$,正余弦定理表示如下.

正弦定理:

$$\frac{a}{\sin A}=\frac{b}{\sin B}=\frac{c}{\sin C}=2R.$$

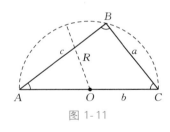

图 1-11

余弦定理:

$$a^2=b^2+c^2-2bc\cos A,$$
$$b^2=c^2+a^2-2ca\cos B,$$
$$c^2=a^2+b^2-2ab\cos C,$$
$$\cos A=\frac{b^2+c^2-a^2}{2bc},$$
$$\cos B=\frac{c^2+a^2-b^2}{2ac},$$
$$\cos C=\frac{b^2+a^2-c^2}{2ba}.$$

例 1　在 $\triangle ABC$ 中,已知 $c=\sqrt{6}$,$\angle A=45°$,$a=2$,求 b 和 $\angle B$、$\angle C$.

解　因为

$$\frac{a}{\sin A}=\frac{c}{\sin C},$$

所以

$$\sin C = \frac{c \sin A}{a} = \frac{\sqrt{6} \times \sin 45°}{2} = \frac{\sqrt{3}}{2},$$

又因为

$$0° < C < 180°, 可得 C = 60° 或 120°.$$

当 $\angle C = 60°$ 时, $\angle B = 75°$, 有

$$b = \frac{c \sin B}{\sin C} = \frac{\sqrt{6} \sin 75°}{\sin 60°} = \sqrt{3} + 1.$$

当 $\angle C = 120°$ 时, $\angle B = 15°$, 有

$$b = \frac{c \sin B}{\sin C} = \frac{\sqrt{6} \sin 15°}{\sin 60°} = \sqrt{3} - 1.$$

可得 $b = \sqrt{3} + 1$, $B = 75°$, $C = 60°$ 或 $b = \sqrt{3} - 1$, $B = 15°$, $C = 120°$.

4. 直角三角形的射影定理

直角三角形的射影定理又叫欧几里德(Euclid)定理,表述为:直角三角形中,斜边上的高是两直角边在斜边上射影的比例中项;每一条直角边是这条直角边在斜边上的射影和斜边的比例中项.

如图 1-12 所示,在 $Rt\triangle ABC$ 中, $\angle BAC = 90°$, AD 是斜边 BC 上的高,则根据射影定理有:

$$(AD)^2 = BD \cdot DC,$$
$$(AB)^2 = BD \cdot BC,$$
$$(AC)^2 = CD \cdot BC.$$

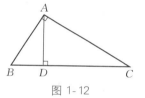

图 1-12

即直角三角形斜边上的高是两直角边在斜边上射影的比例中项;两直角边分别是它们在各自斜边上射影与斜边的比例中项.

例 2　如图 1-13 所示,在 $\triangle ABC$ 中,顶点 C 在 AB 边上的射影为 D, 且 $CD^2 = AD \cdot BD$, 求证: $\triangle ABC$ 是直角三角形.

证明　在 $\triangle CDA$ 和 $\triangle BDC$ 中,因为顶点 C 在 AB 边上的射影为点 D,

$$\therefore CD \perp AB, \therefore \angle CDA = \angle BDC = 90°.$$

又

$$\because CD^2 = AD \cdot BD, \therefore AD : CD = CD : DB,$$

$$\therefore \triangle CDA \backsim \triangle BDC.$$

在 $\triangle ACD$ 中

$$\because \angle CAD + \angle ACD = 90°, \therefore \angle BCD + \angle ACD = 90°,$$

$$\angle BCD + \angle ACD = \angle ACB = 90°, \therefore \triangle ABC 是直角三角形.$$

二、函数

（一）函数的基本概念

学习目标：

理解复合函数的概念，熟练掌握复合函数的结构及分解.

能够建立一些简单实际问题的数学模型.

知识导图：

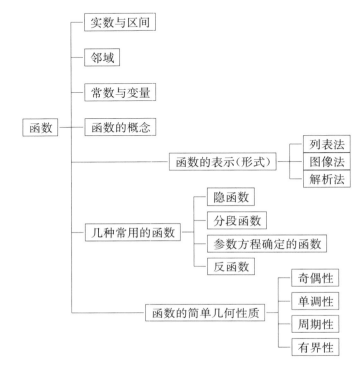

1. 实数与区间

人类最先认识的数是自然数，随着社会的发展，认识的数的范围不断扩展，从自然数扩展到整数；引出分数概念后，又从整数扩展到有理数；引出无理数概念后，又从有理数扩展到实数.

由于任意一个实数，在数轴上就有唯一的点与它对应；反之，数轴上任意的一个点也对应着唯一的一个实数.即实数与数轴上的点具有一一对应关系.实数充满数轴而且没有空隙，这就是实数的连续性.

初等数学中已经约定了几个特殊实数集的记号，其中自然数集用 **N** 表示，整数集用 **Z** 表示，有理数集用 **Q** 表示，实数集用 **R** 表示.它们之间的关系为

$$\mathbf{N} \subsetneqq \mathbf{Z} \subsetneqq \mathbf{Q} \subsetneqq \mathbf{R}$$

区间是高等数学中常用的一类实数集（数集的一种表示形式），分为有限区间和无限区间.

（1）有限区间

设 a、b 是两个实数，且 $a < b$，数集 $\{x \mid a < x < b\}$ 称为**开区间**，记为 $(a, b) = \{x \mid a <$

$x<b\}$.它是数轴上表示数 a、b 两点间所有点的集合.

类似地,有**闭区间**和**半开半闭区间**:

$$[a,b]=\{x|a\leqslant x\leqslant b\}, \quad [a,b)=\{x|a\leqslant x<b\}, \quad (a,b]=\{x|a<x\leqslant b\}.$$

(2) 无限区间

引入记号为 $+\infty$(读作"正无穷大")及 $-\infty$(读作"负无穷大").

例如:$[a,+\infty)=\{x|x\geqslant a\}$,$(-\infty,b)=\{x|-\infty<x<b\}$.

特别地,实数集 $\mathbf{R}=(-\infty,+\infty)$.

2. 邻域

定义 设 a 与 δ 是两个实数,且 $\delta>0$,数集 $\{x|a-\delta<x<a+\delta\}$ 称为点 a 的 δ **邻域**.记为

$$U(a,\delta)=\{x|a-\delta<x<a+\delta\}.$$

其中 a 叫做该邻域的中心,δ 叫做该邻域的半径.

若把邻域 $U(a,\delta)$ 的中心去掉,所得到的邻域称为点 a 的**去心 δ 邻域**,记为

$$\overline{U}(a,\delta)=\{x|0<|x-a|<\delta\}.$$

更一般地,以点 a 为中心的任何开区间均是点 a 的邻域.

思考:平面直角坐标系中点 $P(a,b)$ 的 δ 邻域该如何定义?

3. 常量与变量

在自然科学中,存在各种不同的量,在观察这些量时,常常会发现它们各有不同的状态.有的量在过程中不发生变化,保持一定的数值,此量称为**常量**;又有些量有变化,可取各种不同的数值,这种量称为**变量**.

例如,重复投掷同一个铅球,铅球的质量、体积为常量,而投掷距离、上抛角度、用力大小均为变量.

注意:(1) 常量与变量是相对而言的,同一量在不同场合下,可能是常量,也可能是变量.例如,在一天或在一年中观察的某小孩身高;不同地区、不同高度下的重力加速度,然而,当环境确定后,同一量不能既为常量又为变量,二者必居其一.

(2) 常量一般用字母 a,b,c,$\cdots$ 等表示,变量一般用字母 x,y,z,$\cdots$ 等表示,常量为一定值,在数轴上可用定点表示;变量代表该量可能取的任一值,在数轴上可用动点表示,例如,$x\in(a,b)$ 表示 x 可代表开区间 (a,b) 中的任一个数.

4. 函数的概念

在对同一自然现象或社会现象的讨论和研究中,往往会发现有几个因素在变化着,借助数学相关知识进行量化分析,即是有几个相互依存的变量在同时变化,而这种依存关系通常遵循一定的规则,函数就是描述这些变量之间的一种规则.

引例 某汽车租赁公司出租某型汽车一天的收费标准为:基本租金 100 元加每公里收费 3 元.租用一辆该型汽车一天,行车 x 公里时的租车费为

$$y=100+3x(元)$$

在上式中,x 的取值范围是数集 $D=\{x|x>0\}$,对于 D 中的每一个 x,按所示规则都有唯一确定的 y 与之对应.其中 y 与 x 的对应关系是通过以下规则确定的.

$$y(x)=100+3x.$$

定义 设 x、y 是两个变量,D 是一个非空集合,若当变量 x 在集合 D 内任意取定一个数值时,变量 y 按某一对应法则 f,都有唯一确定的值与之对应,则称**变量 y 是变量 x 的函数**.记为

$$y = f(x), \quad x \in D.$$

上式中变量 x 称为自变量,x 的取值范围 D 称为函数的**定义域**,变量 y 称为**因变量**,y 的取值范围称为函数 $y = f(x)$ 的**值域**.

说明:(1) 函数通常还可用 $y = g(x)$,$y = F(x)$,$s = u(t)$ 等表示.

(2) 函数的定义域和对应法则是确定函数的两个基本要素.函数的定义域就是自变量所能取的使算式有意义的一切实数值的全体.

(3) 函数是反映变量之间相互依存关系的一种数学模型.

例 1 判断下列说法是否正确,并且说明理由.

(1) 函数 $f(x) = \ln\dfrac{1+x}{1-x}$ 与 $g(x) = \ln(1+x) - \ln(1-x)$ 为同一函数.

(2) 函数 $f(x) = x$ 与 $g(x) = \sqrt{x^2}$ 为同一函数.

解 (1) 正确.由于 $f(x)$ 与 $g(x)$ 的定义域都是 $(-1, 1)$,对应法则也相同,所以它们是同一函数.

(2) 错误.虽然 $f(x)$ 与 $g(x)$ 的定义域都是 $(-\infty, +\infty)$,但其值域不相同,且它们的对应法则也不一样,所以它们不是同一函数.

例 2 设 $f(x+1) = x^2 + 1$,求 $f(x)$.

解 令 $x+1 = t$,则 $x = t-1$,所以

$$f(t) = (t-1)^2 + 1 = t^2 - 2t + 2,$$

即 $f(x) = x^2 - 2x + 2$.

例 3 求下列函数的定义域.

(1) $f(x) = \dfrac{1}{x^2 + x}$.　　　　(2) $f(x) = \dfrac{1}{\ln(1-2x)}$.

解 (1) 在分式 $\dfrac{1}{x^2 + x}$ 中,分母不能为零,所以 $x^2 + x \neq 0$,解得 $x \neq 0$ 且 $x \neq -1$,故函数的定义域为 $D = (-\infty, -1) \cup (-1, 0) \cup (0, +\infty)$.

(2) 要使函数 $y = \dfrac{1}{\ln(1-2x)}$ 有意义,必须满足 $\ln(1-2x) \neq 0$ 且 $1 - 2x > 0$,即 $x \neq 0$ 且 $x < \dfrac{1}{2}$.

故函数 $y = \dfrac{1}{\ln(1-2x)}$ 的定义域为 $D = (-\infty, 0) \cup \left(0, \dfrac{1}{2}\right)$.

5. 函数的表示(形式)

常用的表示函数的方法有列表法、图像法和解析法三种.

例 4 某商店一年里各月面粉的零售量(单位:百公斤)列表如下:

月份 t	1	2	3	4	5	6	7	8	9	10	11	12
零售量 s	81	84	45	45	9	5	6	15	94	161	144	123

此表表示了某商店面粉的零售量 s 随月份 t 而变化的函数关系.这个函数关系就是用表格表示的,它的定义域为 $D=\{1,2,3,4,5,6,7,8,9,10,11,12\}$.

解析法 用解析表达式表示一个函数就称为函数的解析法.大学数学中讨论的函数,大多由解析法表示.

例 5 (图像法)某气象站用自动温度记录仪记录一昼夜气温变化(图 1-14),由此图可知对于一昼夜内每一时刻 t,都有唯一确定的温度 T 与之对应.

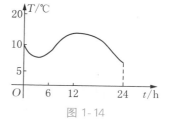

图 1-14

6. 几种常用的函数

(1) 隐函数

在方程 $F(x,y)=0$ 中,当 x 在某区间 D 内任意取定一个值时,相应地总有满足该方程 $F(x,y)=0$ 的唯一的 y 值存在,则方程 $F(x,y)=0$ 在区间 D 内就确定了一个函数,这个函数称为**隐函数**.例如,方程 $e^x+xy-1=0$ 就确定了变量 y 与变量 x 之间的函数关系,它是一个隐函数.

注意:通常把形如 $y=f(x)$ 的函数,称为显函数.有些隐函数可以通过一定的变换,把它转化为显函数,例如 $e^x+xy-1=0$ 在 $x\neq0$ 时可以化成显函数 $y=\dfrac{1-e^x}{x}$.但隐函数 $x^2-xy+e^y=1$ 却不能化成显函数.

(2) 分段函数

在自变量的不同取值范围内,函数关系由不同的式子分段表达的函数称为**分段函数**.分段函数是高等数学中常见的一类函数,它是用几个关系式表示一个函数,而不是表示几个函数.对于定义域内的任意 x,分段函数 y 只能确定唯一的值.分段函数的定义域是各段关系式自变量取值集合的并集.

例 6 绝对值函数 $f(x)=|x|=\begin{cases}x, & x\geqslant0, \\ -x, & x<0.\end{cases}$

这个函数的定义域为 $D=(-\infty,+\infty)$.

例 7 单位阶跃函数是电学中一个常用函数.它可表示为

$u(t)=\begin{cases}1, & t\geqslant0, \\ 0, & t<0,\end{cases}$ 其图像如图 1-15 所示.

这个函数的定义域为 $D=(-\infty,+\infty)$.

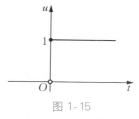

图 1-15

(3) 参数方程确定的函数

由参数方程 $\begin{cases}x=\varphi(t), \\ y=\psi(t)\end{cases}(t\in D)$ 来表示变量 y 与 x 之间的依赖关系的函数,称为由**参数方程确定的函数**.

例如,由参数方程 $\begin{cases}x=\cos t, \\ y=\sin t\end{cases}(0\leqslant t\leqslant\pi)$ 可以确定函数 $y=\sqrt{1-x^2}\ (x\in[-1,1])$.

(4) 反函数

设 $f(x)$ 的定义域为 D,值域为 W,因此,对 $\forall y\in W$,必 $\exists x\in D$,使得 $f(x)=y$,这样的 x 可能不止一个,若将 y 当作自变量,x 当作因变量,按函数的概念,就得到一新函数 $x=\varphi(y)$,称之为函数 $y=f(x)$ 的**反函数**,而 $f(x)$ 叫做**直接函数**.

注意:(1) 反函数 $x=\varphi(y)$ 的定义域为 W,值域为 D.

(2) 由以上讨论知,即使 $y=f(x)$ 为单值函数,其反函数却未必是单值函数.此问题以后还会继续讨论.

（3）习惯上往往用 x 表示自变量，y 表示因变量，因此将 $x=\varphi(y)$ 中的 x 与 y 对换一下，$y=f(x)$ 的反函数就变成 $y=\varphi(x)$，事实上函数 $y=\varphi(x)$ 与 $x=\varphi(y)$ 是表示同一函数的，因为表示函数关系的字母"φ"没变，仅自变量与因变量的字母变了. 所以，若 $y=f(x)$ 的反函数为 $x=\varphi(y)$，那么 $y=\varphi(x)$ 也是 $y=f(x)$ 的反函数，且后者较常用.

（4）反函数 $y=\varphi(x)$ 的图形与直接函数 $y=f(x)$ 的图形关于直线 $y=x$ 对称.

7. 函数的简单几何性质

（1）函数的奇偶性

若函数 $f(x)$ 的定义域 D 关于原点对称，且对于任意的 $x\in D$ 都有 $f(-x)=-f(x)$，则称 $f(x)$ 为**奇函数**；若函数 $f(x)$ 的定义域 D 关于原点对称，且对于任意的 $x\in D$ 都有 $f(-x)=f(x)$，则称 $f(x)$ 为**偶函数**.

例如，$f(x)=x$ 为奇函数，$f(x)=|x|$ 为偶函数.

注意：（1）偶函数的图形是关于 y 轴对称的，奇函数的图形是关于原点对称的.

（2）若 $f(x)$ 是奇函数，且 $0\in D$，则必有 $f(0)=0$.

（3）两偶函数和为偶函数；两奇函数和为奇函数；两偶函数的积为偶函数；两奇函数的积也为偶函数；一奇一偶的积为奇函数.

例 8 判断函数 $f(x)=\ln(x+\sqrt{x^2+1})$ 的奇偶性.

解 由 $x+\sqrt{x^2+1}>0$ 得 $-\infty<x<+\infty$，函数定义域关于原点对称.

又 $f(-x)=\ln(-x+\sqrt{x^2+1})=\ln\dfrac{1}{x+\sqrt{x^2+1}}=\ln(x+\sqrt{x^2+1})^{-1}=-f(x)$，

所以 $f(x)$ 为奇函数.

（2）函数的单调性

若函数 $y=f(x)$ 在区间 D 内有定义，对任意 $x_1,x_2\in D$，当 $x_1<x_2$ 时，总有 $f(x_1)<f(x_2)$（或 $f(x_1)>f(x_2)$），则称函数 $f(x)$ 在区间 D 内是**单调递增（或递减）函数**，D 叫做 $f(x)$ 的**单调递增（或递减）区间**.

（3）函数的周期性

设 $y=f(x)$ 为 D 上的函数，若 $\exists T>0$，对 $\forall x\in D$，$f(x+T)=f(x)$ 恒成立，则称此函数为 D 上的**周期函数**，T 称为 **$f(x)$ 的一个周期**. 对于一个周期函数 $f(x)$，如果在它的所有的周期中存在一个最小的正数，那么这个最小的正数就叫做 **$f(x)$ 的最小正周期**.

例如，在 $(-\infty,+\infty)$ 上，$f(x)=\cos x$ 是周期函数，其最小正周期为 2π

（4）函数的有界性

设函数 $y=f(x)$ 在某区间 D 内有定义，若 $\exists M>0$，对 $\forall x\in D$，恒有 $|f(x)|\leqslant M$，则称函数 $f(x)$ 在 D 内是**有界**的. 若不存在这样的正数 M，则称 $f(x)$ 在 D 内**无界**.

在定义域内有界的函数称为**有界函数**. 直观上看，有界函数的图像介于直线 $y=-M$ 与 $y=M$ 之间.

例如，$f(x)=\sin x$ 在定义域 $D=(-\infty,+\infty)$ 内有界.

例9 证明函数 $f(x)=\dfrac{x}{x^2+1}$ 在 $(-\infty,+\infty)$ 上有界.

证明 因为对于任意的实数 x,都有 $(1-|x|)^2 \geqslant 0$,所以 $1+x^2 \geqslant 2|x|$,故对 $\forall x \in (-\infty,+\infty)$,都有 $|f(x)|=\left|\dfrac{x}{x^2+1}\right|=\dfrac{2|x|}{2|1+x^2|} \leqslant \dfrac{1}{2}$,所以 $f(x)=\dfrac{x}{x^2+1}$ 在 $(-\infty,+\infty)$ 上有界.

习题

A 组

1. 求下列函数的定义域.

    (1) $y=\sqrt{1-x^2}$;   (2) $y=\arcsin x$;   (3) $y=\sqrt{1-\ln x}$.

2. 已知函数 $f(x)$ 的定义域是 $(0,2)$,求 $f(x-2)$ 的定义域.

3. 设函数 $f(x)=2x+1$,求 $f(x+1)$、$f[f(1)]$.

4. 判断下列函数在指定区间内的单调性.

    (1) $y=\dfrac{x}{1-x}$,$x \in (-\infty,1)$;   (2) $y=2x+\ln x$,$x \in (0,+\infty)$.

B 组

1. 求下列函数的定义域.

    (1) $y=\sqrt{x^2-5x+6}$;   (2) $y=\dfrac{1}{x^2-x-2}$;

    (3) $y=\sqrt{4-x^2}+\sqrt{x-1}$;   (4) $y=\begin{cases} x, & x \geqslant 1, \\ x^2-1, & x<1. \end{cases}$

2. 已知函数 $f(x)=\dfrac{e^{-x}-1}{e^{-x}+1}$,试证:$f(-x)=-f(x)$.

3. 判断函数 $f(x)=\dfrac{x}{1-x}$ 在 $(-\infty,1)$ 上的单调性.

4. 判断下列函数的奇偶性.

    (1) $f(x)=x\sin x$;   (2) $f(x)=\dfrac{e^x+e^{-x}}{2}$;

    (3) $f(x)=\ln\dfrac{1-x}{1+x}$;   (4) $f(x)=1+2\tan x$.

5. 指出下列各函数中哪些是周期函数,对于周期函数,则指出其周期.

    (1) $f(x)=\sin 2x$;   (2) $f(x)=\cos^2 x$;

    (3) $f(x)=x\tan x$;   (4) $f(x)=x^{\ln 1}$.

6. 设 $f(x)=\ln(x^2+1)$,求 $f[f(x)]$.

(二) 初等函数

学习目标:

理解复合函数的概念,熟练掌握复合函数的结构及分解.

能够建立一些简单实际问题的数学模型.

知识导图:

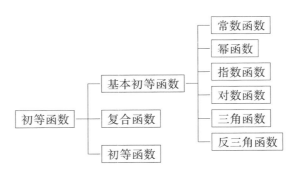

在中学数学中,我们已经学习过常数函数、幂函数、指数函数、对数函数、三角函数以及反三角函数,此处作简要复习.

1. **基本初等函数**

常数函数、幂函数、指数函数、对数函数、三角函数、反三角函数统称为**基本初等函数**.

(1) 常数函数

$y=C$(C 为任意实数),定义域:$(-\infty, +\infty)$,图像:过点$(0, C)$且与 x 轴平行或重合的直线(图 1-16).

性质:有界,偶函数,没有最小正周期的周期函数.

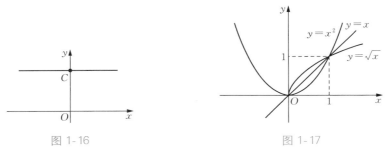

图 1-16　　　　　　　　　　图 1-17

(2) 幂函数

$y=x^\mu$(μ 任意实数),定义域:随 μ 取值而异.

性质:$x>0$ 的情形,当 $\mu>0$ 时,$y=x^\mu$ 是增函数且无界(图 1-17);当 $\mu<0$ 时,$y=x^\mu$ 是减函数且无界.

(3) 指数函数

$y=a^x$($a>0$, $a\neq1$),定义域:$(-\infty, +\infty)$,图像:过点$(0, 1)$,恒在 x 轴的上方(图 1-18).

性质:当 $0<a<1$ 时,$y=a^x$ 是减函数且无界;当 $a>1$ 时,$y=a^x$ 是增函数且无界.

其中最为常用的以无理数 e$=2.718\,281\,8\cdots$为底数的指数函数是 $y=\mathrm{e}^x$.

(4) 对数函数

$y=\log_a x$($a>0$, $a\neq1$),定义域:$(0, +\infty)$.

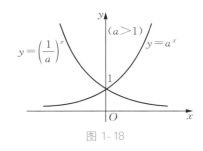

图 1-18

图像:过点$(1,0)$,恒在y轴的右方(图1-19).

性质:当$0<a<1$时,$y=\log_a x$单调递减且无界;当$a>1$时,$y=\log_a x$单调递增且无界.

注意:指数函数与对数函数互为反函数,它们的图像关于$y=x$对称.

以无理数$e=2.718\,281\,8\cdots$为底的对数函数叫做自然对数函数,记为$y=\ln x$.

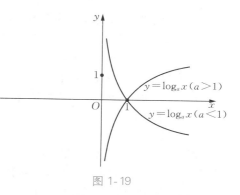

图1-19

（5）三角函数

① 正弦函数

$y=\sin x$,定义域:$(-\infty,+\infty)$,值域:$[-1,+1]$,最小正周期为2π.

性质:有界,奇函数,最小正周期为2π(图1-20).

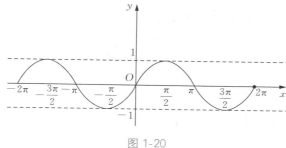

图1-20

② 余弦函数

$y=\cos x$,定义域:$(-\infty,+\infty)$,值域:$[-1,+1]$,如图1-21所示.

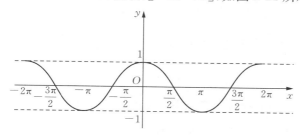

图1-21

性质:有界,偶函数,最小正周期为2π.

③ 正切函数

$y=\tan x$,定义域:$\left\{x\mid x\in\mathbf{R},x\neq k\pi+\dfrac{\pi}{2},k\in\mathbf{Z}\right\}$,如图1-22.

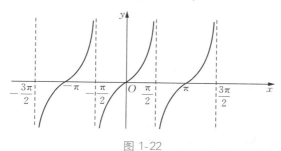

图1-22

性质:无界,奇函数,单调递增,最小正周期为 π.

（6）反三角函数

$y=\arcsin x$，$y=\arccos x$，$y=\arctan x$，$y=\operatorname{arccot} x$.

定义域: $y=\arcsin x$，$y=\arccos x$ 的定义域为 $[-1,1]$.

$y=\arctan x$，$y=\operatorname{arccot} x$ 的定义域为 $(-\infty,+\infty)$.

性质:有界.

2. 复合函数

定义　设 y 是 u 的函数: $y=f(u)$，而 u 是 x 的函数: $u=\varphi(x)$，若 $\varphi(x)$ 的函数值全部或部分在 $f(u)$ 的定义域内,称函数 $y=f[\varphi(x)]$ 为由函数 $y=f(u)$ 和 $u=\varphi(x)$ 复合而成的函数,简称**复合函数**,其中 u 称为**中间变量**，$f(u)$ 称为**外层函数**，$\varphi(x)$ 称为**内层函数**.

例 1　已知 $y=e^u$，$u=\sin x$ 试把 y 表示为 x 的复合函数.

解　$y=e^u=e^{\sin x}$，$x\in\mathbf{R}$.

例 2　设 $y=f(u)=\tan u$　$u=\varphi(x)=x^2-1$，求 $f[\varphi(x)]$.

解　$f[\varphi(x)]=\tan(x^2-1)$.

例 3　指出下列函数的复合过程,并求出其定义域.

(1) $y=\left(\arcsin\dfrac{1}{x}\right)^2$;　　　　　　(2) $y=\sqrt{x^2-3x+2}$.

解　(1) $y=\left(\arcsin\dfrac{1}{x}\right)^2$ 是由 $y=u^2$，$u=\arcsin v$，$v=\dfrac{1}{x}$ 这三个函数复合成的.要使 $y=\left(\arcsin\dfrac{1}{x}\right)^2$ 有意义,只需 $\arcsin\dfrac{1}{x}$ 有意义,有 $\left|\dfrac{1}{x}\right|\leqslant 1$，即 $|x|\geqslant 1$，因此 $y=\left(\arcsin\dfrac{1}{x}\right)^2$ 的定义域为 $(-\infty,-1]\cup[1,+\infty)$.

(2) $y=\sqrt{x^2-3x+2}$ 是由 $y=\sqrt{u}$，$u=x^2-3x+2$ 两个函数复合成的,要使 $y=\sqrt{x^2-3x+2}$ 有意义,只需 $x^2-3x+2\geqslant 0$，解此不等式得 $y=\sqrt{x^2-3x+2}$ 的定义域为 $(-\infty,1]\cup[2,+\infty)$.

例 4　将函数 $y=\sqrt{\ln\sin^2 x}$ 分解成基本初等函数的复合.

解　$y=\sqrt{\ln\sin^2 x}$ 是由 $y=\sqrt{u}$，$u=\ln v$，$v=w^2$，$w=\sin x$ 四个函数复合成的.

注意:(1) 并不是任何两个函数 $y=f(u)$，$u=\varphi(x)$ 都可以复合成一个函数,关键在于外层函数 $y=f(u)$ 的定义域与内层函数 $u=\varphi(x)$ 的值域的交集是否为空集,若其交集非空,则这两个函数就可以复合,否则就不能复合.例如, $y=\sqrt{u}$ 及 $u=-2-x^2$ 就不能复合成一个复合函数.因为 $u=-2-x^2$ 的值域为 $(-\infty,-2]$，不包含在 $y=\sqrt{u}$ 的定义域 $[0,+\infty)$ 内,因而不能复合.

(2) 分析一个复合函数的复合过程,每个层次都应是基本初等函数或常数与基本初等函数的四则运算式(即简单函数).

(3) 复合函数通常不一定是由纯粹的基本初等函数复合而成,更多的是由基本初等函数经过四则运算构成的简单函数复合而成,因此,当分解到常数与其他基本初等函数的四则运算式(简单函数)时,就不再分解了.

3. 初等函数

定义　由基本初等函数经过有限次四则运算和有限次的复合所构成的,并且可以用一个式子表示的函数,称为**初等函数**.

例如,$y=1+\sin^3 x$,$y=\dfrac{\sqrt{x}}{x+1}$,$y=\lg(1+\sqrt{1+x^2})$ 等都是初等函数.

而 $y=\begin{cases} x^2, & x\geqslant 0, \\ 2x-1, & x<0 \end{cases}$ 不是初等函数.

初等函数的基本特征:在函数的定义区间内,初等函数的图像是不间断的,且能用一个式子表示,但例 1-9 中介绍的单位阶跃函数 $u(t)=\begin{cases} 1, & t\geqslant 0, \\ 0, & t<0, \end{cases}$ 以及取整函数 $y=[x]$ 均不是初等函数,而 $y=|x|=\begin{cases} x, & x\geqslant 0, \\ -x, & x<0 \end{cases}$ 是初等函数,因为它可以用复合函数 $y=\sqrt{x^2}$ 表示.

习题

A 组

1. 指出下列复合函数的复合过程.

    (1) $y=\lg(3-x)$;   (2) $y=\sqrt{x^2-1}$;   (3) $y=\sin x^2$;

    (4) $y=\sqrt{\tan e^x}$;   (5) $y=e^{\cos^2 x}$;   (6) $y=(1+\ln^2 x)^3$.

2. 某商店将每件进价为 180 元的西服按每件 280 元销售时,每天只卖出 10 件.若每件售价降低 m 元,当 $m=20x(x\in\mathbf{N})$ 时,其日销售量就增加 $15x$ 件,试写出日利润 y 与 x 的函数关系.

3. 某一玩具公司生产 x 件玩具将花费 $400+5\sqrt{x(x-4)}$ 元,如果每件玩具卖 48 元,求公司生产 x 件玩具获得的净利润.

4. 乘坐出租车的第一个 5 km(包括 5 km)内路程要付费 14.40 元,后续的每 1 km(包括 1 km)路程需要付费 1.40 元,试把付费金额 C 元表达成距离 x km 的函数(其中 $0<x<10$).

B 组

1. 单项选择题.

    (1) 设 $f(x)=\begin{cases} 1, & |x|\leqslant 1, \\ 0, & |x|>1, \end{cases}$ 则 $y=f[f(x)]=(\quad)$.

    (A) 0   (B) 1   (C) 2   (D) 3

    (2) 下面四个函数中,与 $y=|x|$ 不同的是(   ).

    (A) $y=e^{\ln|x|}$ (B) $y=\sqrt{x^2}$ (C) $y=\sqrt[4]{x^4}$ (D) $y=\left|\dfrac{x^2}{x}\right|$

2. 设 $f(\sin x)=\cos^2 x-\sin x$,求 $f(x)$.

3. 已知 $f\left(\dfrac{1}{u}\right)=\dfrac{5}{u}+2u^2$,求 $f(u)$,$f(u^2+1)$.

4. 已知 $f\left(x+\dfrac{1}{x}\right)=x^2+\dfrac{1}{x^2}$,求 $f(x)$.

5. 已知 $f(x)=\sin x$,$f[\varphi(x)]=1-x^2$,求 $\varphi(x)$ 及其定义域.

(三) 函数的极限

学习目标:

理解函数极限的概念.

能利用左、右极限判定分段函数在分段点处极限是否存在.

理解无穷小与无穷大的概念,了解无穷小与无穷大的关系.

知识导图:

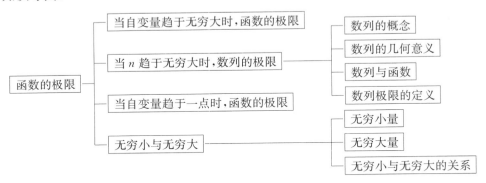

极限是研究变量的变化趋势的基本工具,高等数学中的许多基本概念都是建立在极限的基础上,极限方法也是研究函数的一种最基本的方法.

1. 当 $x \to \infty$ 时,函数 $f(x)$ 的极限

例 1　考察当 $x \to \infty$ 时函数 $f(x) = \dfrac{1}{x}$ 的变化趋势.

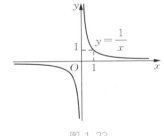

如图 1-23 所示,可以看出,曲线 $f(x) = \dfrac{1}{x}$ 沿 x 轴的正向或负向无限延伸时,都与 x 轴越来越接近.即当 x 的绝对值无限增大时,$f(x) = \dfrac{1}{x}$ 的值无限接近于零.

图 1-23

定义　如果当 x 的绝对值无限增大(即 $x \to \infty$)时,函数 $f(x)$ 无限接近于一个确定的常数 A,那么称 A 为**函数 $f(x)$ 当 $x \to \infty$ 时的极限**,记为

$$\lim_{x \to \infty} f(x) = A \ \text{或} \ f(x) \to A (\text{当} \ x \to \infty \ \text{时}).$$

由定义可知,当 $x \to \infty$ 时,函数 $f(x) = \dfrac{1}{x}$ 的极限为 0,可记为 $\lim\limits_{x \to \infty} \dfrac{1}{x} = 0$.

定义　如果当 $x \to +\infty (x \to -\infty)$ 时,函数 $f(x)$ 无限接近于一个常数 A,则称 A 为**函数 $f(x)$ 当 $x \to +\infty (x \to -\infty)$ 时的极限**,记为

$$\lim_{x \to +\infty} f(x) = A (\lim_{x \to -\infty} f(x) = A).$$

例 2　讨论当 $x \to \infty$ 时,函数 $f(x) = 2^x$ 有无极限.

解　函数图像如图 1-24 所示.

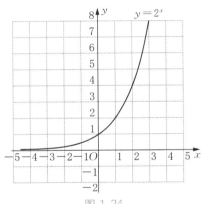

图 1-24

当 $x \to -\infty$ 时,$f(x) \to 0$;而当 $x \to +\infty$ 时,$f(x) \to +\infty$,所以当 $x \to \infty$ 时,函数 $f(x) = 2^x$ 无极限.

注意:(1) 在无穷极限的定义中,函数 $f(x)$ 无限接近于一个常数 A 是指 $|f(x) - A|$ 可以小到任意程度.

(2) 若 $x \to \infty$ 时,$f(x)$ 无限接近的常数 A 不存在,则称 $f(x)$ 当 $x \to \infty$ 时的极限不存在.

定理 $\lim\limits_{x \to \infty} f(x) = A$ 的充要条件是 $\lim\limits_{x \to -\infty} f(x) = \lim\limits_{x \to +\infty} f(x) = A$.

2. 当 $n \to \infty$ 时,数列 $\{x_n\}$ 的极限

(1) 数列的概念

如果按照某一法则,使得对任何一个整数 n,总有一个确定的数 x_n,则得到一列有次序的数

$$x_1, x_2, x_3, \cdots, x_n, \cdots,$$

这一列有次序的数就叫做**数列**,记为 $\{x_n\}$,其中第 n 项 x_n 叫做数列的**一般项**.

数列的例子:

$\left\{\dfrac{n}{n+1}\right\}$:$\dfrac{1}{2}, \dfrac{2}{3}, \dfrac{3}{4}, \cdots, \dfrac{n}{n+1}, \cdots$.

$\{2^n\}$:$2, 4, 8, \cdots, 2^n, \cdots$.

$\left\{\dfrac{1}{2^n}\right\}$:$\dfrac{1}{2}, \dfrac{1}{4}, \dfrac{1}{8}, \cdots, \dfrac{1}{2^n}, \cdots$.

$\{(-1)^{n+1}\}$:$1, -1, 1, -1, \cdots, (-1)^{n+1}, \cdots$.

它们的一般项分别为:$\dfrac{n}{n+1}$,2^n,$\dfrac{1}{2^n}$,$(-1)^{n+1}$.

例 3 长一尺的棒子,每天截去一半,无限制地进行下去,那么剩下部分的长构成一数列:$\dfrac{1}{2}, \dfrac{1}{2^2}, \dfrac{1}{2^3}, \cdots, \dfrac{1}{2^n}, \cdots$,通项为 $\dfrac{1}{2^n}$.

(2) 数列的几何意义

数列 $\{x_n\}$ 可以看作数轴上的一个动点,它依次取数轴上的点 $x_1, x_2, x_3, \cdots, x_n, \cdots$.

(3) 数列与函数

如果数列的通项公式为 $a_n = f(n)$,则它是自变量为正整数的函数 $x_n = f(n)$,这类函数称为**整标函数**,所以数列极限就是特殊的函数极限,数列定义域是全体正整数.

注意:数列的每项都在数轴上有相应点对应该项.如果将 x_n 依次在数轴上描出点的位置,能否发现点的位置的变化趋势呢? 显然,$\left\{\dfrac{1}{2^n}\right\}$,$\left\{\dfrac{1}{n}\right\}$ 是无限接近于 0 的;$\{2n\}$ 是无限增大的;$\{(-1)^{n-1}\}$ 的项是在 1 与 -1 两点跳动,不接近于某一常数的;$\left\{\dfrac{n+1}{n}\right\}$ 是无限接近常数 1.

对于数列来说,最重要的是研究其在变化过程中无限接近某一常数的那种渐趋稳定的状态,这就是常说的数列的极限问题.

(4) 数列极限的定义

定义 (数列极限的描述性定义) 对于数列 $\{x_n\}$,若当 n 无限增大时(记为 $n \to \infty$),通项 x_n 无限趋近于一个确定的常数 A,则称 A 为**数列 $\{x_n\}$ 的极限**.记为

$$\lim_{n\to\infty} x_n = A \text{ 或 } x_n \to A(n\to\infty).$$

若 $n\to\infty$ 时，x_n 无限趋近的常数 A 不存在，则称**数列 $\{x_n\}$ 的极限不存在**，或称**数列 $\{x_n\}$ 发散**.

例 4 观察下列数列的变化趋势，写出它们的极限

(1) $x_n = \dfrac{1}{n}$；　　　　　　(2) $x_n = 2 + \dfrac{(-1)^n}{n}$.

分析 (1) 数列 $1, \dfrac{1}{2}, \dfrac{1}{3}, \cdots, \dfrac{1}{n}, \cdots$，当 n 无限大时，一般项 $x_n = \dfrac{1}{n}$ 无限接近于 0，所以

$$\lim_{n\to\infty}\frac{1}{n} = 0 \text{ 或 } \frac{1}{n}\to 0(n\to\infty).$$

(2) 当取 $n = 1, 2, 3, 4, \cdots$，时，数列 $x_n = 2 + \dfrac{(-1)^n}{n}$ 的各项依次为 $1, \dfrac{5}{2}, \dfrac{5}{3}, \dfrac{9}{4}, \cdots$，观察可知，当 n 无限增大时，$x_n = 2 + \dfrac{(-1)^n}{n}$ 无限接近于 2，所以由数列极限的定义得

$$\lim_{n\to\infty}\left[2 + \frac{(-1)^n}{n}\right] = 2.$$

为了深入进行研究 $\{x_n\}$ 的极限，需要用定量的方式描述 $n\to\infty$ 时，x_n 无限趋近的常数 A，为此要让 $|x_n - A|$ 无限地小，而且要它多小就有多小.

3. 当 $x\to x_0$ 时，函数 $f(x)$ 的极限

定义 设函数 $y = f(x)$ 在点 x_0 的左、右近旁有定义（在点 x_0 处，函数 $f(x)$ 可以没有定义），如果当 x 无限接近于 x_0 时，函数 $f(x)$ 无限接近于一个确定的常数 A，则称 A 为**函数 $f(x)$ 当 $x\to x_0$ 时的极限**.记为

$$\lim_{x\to x_0} f(x) = A \text{ 或 } f(x)\to A(x\to x_0).$$

例 5 讨论：函数 $f(x) = \dfrac{x^2-1}{x-1}$，当 $x\to 1$ 时函数值的变化趋势如何？

分析 如图 1-25 所示，虽然函数 $f(x) = \dfrac{x^2-1}{x-1}$ 在 $x=1$ 处无定义，但这不是求 $x=1$ 时函数 $f(x)$ 的函数值，而是考察当 $x\to 1$ 时（x 无限接近于 1）函数 $f(x)$ 的变化情况.

解 由图 1-25 可知，当 $x\to 1$ 时，$f(x) = \dfrac{x^2-1}{x-1}$ 无限接近于 2，可记为：$\lim\limits_{x\to 1}\dfrac{x^2-1}{x-1} = 2$，

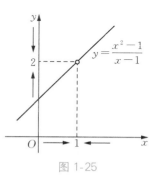

图 1-25

约定 (1) $x\to x_0^-$ 表示 x 从 x_0 的左侧无限趋向于 x_0；

(2) $x\to x_0^+$ 表示 x 从 x_0 的右侧无限趋向于 x_0；

(3) $x\to x_0$ 表示 x 从 x_0 的左、右两侧无限趋向于 x_0.

定义 如果当 $x\to x_0^-$ 时，函数 $f(x)$ 无限接近于一个确定的常数 A，那么就称 A 为**函数 $f(x)$ 当 $x\to x_0$ 时的左极限**，记为

$$\lim_{x\to x_0^-} f(x) = A \text{ 或 } f(x_0^-) = A.$$

定义　如果当 $x \to x_0^+$ 时,函数 $f(x)$ 无限接近于一个确定的常数 A,那么就称 A 为函数 $f(x)$ 当 $x \to x_0$ 时的**右极限**,记为

$$\lim_{x \to x_0^+} f(x) = A \text{ 或 } f(x_0^+) = A.$$

例 6　讨论函数 $f(x) = \begin{cases} -1, & x < 0, \\ x, & x \geq 0, \end{cases}$ 当 $x \to x_0$ 时的极限.

分析　这是一个分段函数,当 x 从左趋于 0 和从右趋于 0 时函数极限是不相同的,如图 1-26 所示.

解　$\lim\limits_{x \to 0^+} f(x) = 0$,$\lim\limits_{x \to 0^-} f(x) = -1$,所以 $\lim\limits_{x \to 0^+} f(x) \neq \lim\limits_{x \to 0^-} f(x)$.故 $\lim\limits_{x \to 0} f(x)$ 不存在.

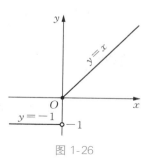

图 1-26

定理　$\lim\limits_{x \to x_0} f(x) = A$ 的充分必要条件为 $\lim\limits_{x \to x_0^+} f(x) = \lim\limits_{x \to x_0^-} f(x) = A$.

也就是说,当 $x \to x_0$ 时,$f(x)$ 的极限等于 A,则必有 $f(x)$ 的左右极限都等于 A.反之,如果左右极限都等于 A,则 $f(x)$ 的极限等于 A.

例 7　设函数 $f(x) = \begin{cases} x^2 + 1, & 0 \leq x \leq 1, \\ 2, & 1 < x < 2, \end{cases}$ 求 $\lim\limits_{x \to 1^+} f(x)$ 和 $\lim\limits_{x \to 1^-} f(x)$ 并由此判断 $\lim\limits_{x \to 1} f(x)$ 是否存在.

解　$\lim\limits_{x \to 1^+} f(x) = \lim\limits_{x \to 1^+} 2 = 2$,$\lim\limits_{x \to 1^-} f(x) = \lim\limits_{x \to 1^-} (x^2 + 1) = 2$,

即 $\lim\limits_{x \to 1^+} f(x) = \lim\limits_{x \to 1^-} f(x) = 2$,由极限存在的充要条件知 $\lim\limits_{x \to 1} f(x) = 2$.

说明:(1) 函数 $f(x)$ 的极限是自变量 x 按某种趋向变化时,函数 $f(x)$ 趋向于确定的常数.

(2) $\lim\limits_{x \to x_0} f(x)$ 是否存在与 $f(x)$ 在点 x_0 是否有定义无关.

4. 无穷小与无穷大

(1) 无穷小量

定义　如果当 $x \to x_0 (x \to \infty)$ 时,函数 $f(x)$ 的极限为零,则称 $f(x)$ 是当 $x \to x_0 (x \to \infty)$ 时的**无穷小量**,也可以说成**无穷小**.记为

$$\lim_{x \to x_0} f(x) = 0 (\lim_{x \to \infty} f(x) = 0).$$

例如,由于 $\lim\limits_{x \to \infty} \dfrac{1}{x} = 0$,因此,函数 $f(x) = \dfrac{1}{x}$ 为当 $x \to \infty$ 时的无穷小,又 $\lim\limits_{x \to 1} \dfrac{1}{x} = 1$,所以当 $x \to 1$ 时,函数 $f(x) = \dfrac{1}{x}$ 就不是无穷小.

注意:(1) 说变量 $f(x)$ 是无穷小时,必须指明自变量 x 的变化趋向;

(2) 无穷小是变量,不能与很小的数混淆;

(3) 零是可以作为无穷小的唯一的数.

(2) 无穷大量

定义　如果当 $x \to x_0 (x \to \infty)$ 时,$f(x)$ 的绝对值无限增大,则称函数 $f(x)$ 为当 $x \to x_0 (x \to \infty)$ 时的**无穷大量**,也可以说成**无穷大**.记作

$$\lim_{x \to x_0} f(x) = \infty (\lim_{x \to \infty} f(x) = \infty).$$

例如 $\lim\limits_{x \to 0} \dfrac{1}{x} = \infty$.

（3）无穷小与无穷大的关系

在自变量的同一变化趋势过程中,恒不为零的无穷小(函数)的倒数为无穷大;无穷大(函数)的倒数为无穷小.

习题

A 组

1. 当 $x \to 0$ 时,下列哪些是无穷小? 哪些是无穷大?

 (1) $10\,000x$; (2) $\dfrac{1}{10x}$; (3) $x^2 - 2x$; (4) $\ln x\,(x>0)$.

2. 观察下列函数的变化趋势,并写出其极限.

 (1) $\lim\limits_{n \to \infty} \dfrac{n}{n+1}$;   (2) $\lim\limits_{x \to 1}(x^3 + 2x - 1)$;

 (3) $\lim\limits_{x \to \infty}\left(2 - \dfrac{1}{x}\right)$;   (4) $\lim\limits_{x \to \frac{\pi}{2}} \sin x$.

3. 已知 $f(x) = \dfrac{|x|}{x}$ 求 $\lim\limits_{x \to 0^-} f(x)$、$\lim\limits_{x \to 0^+} f(x)$ 并判定 $\lim\limits_{x \to 0} f(x)$ 是否存在?

4. 讨论函数 $f(x) = \begin{cases} x, & x \geqslant 0, \\ -1, & x < 0, \end{cases}$ 当 $x \to 0$ 时的极限.

5. 讨论当 $x \to 1$ 时,$f(x) = \begin{cases} x+1, & x>1, \\ x-1, & x \leqslant 1 \end{cases}$ 的变化趋向.

B 组

1. 求下列数列的极限.

 (1) $\lim\limits_{n \to \infty} \dfrac{2n-1}{n+1}$;   (2) $\lim\limits_{x \to 0}(x^2 + 1)$;

 (3) $\lim\limits_{x \to +\infty}\left(\dfrac{1}{3}\right)^x$;   (4) $\lim\limits_{n \to \infty}\left(2 - \dfrac{1}{n^2}\right)$.

2. 设 $f(x) = \begin{cases} 3x-1, & x>1, \\ 2x, & x<1, \end{cases}$ 求:

 (1) $\lim\limits_{x \to 1} f(x)$;   (2) $\lim\limits_{x \to 2} f(x)$.

3. 设 $f(x) = \begin{cases} 2, & x<0, \\ x+1, & x>0, \end{cases}$ 讨论当 $x \to 0$ 时,$f(x)$ 的极限是否存在.

4. 设 $f(x) = \begin{cases} ax+1, & x<1, \\ 2x+4, & x>1, \end{cases}$ 如果 $\lim\limits_{x \to 1} f(x)$ 存在,求 a 的值.

5. 利用极限的精确定义证明下列等式.

 (1) $\lim\limits_{x \to \infty} \dfrac{n}{n+1} = 1$;   (2) $\lim\limits_{n \to \infty} \dfrac{n}{2n+1} = \dfrac{1}{2}$.

6. 已知函数 $f(x) = \dfrac{|x|}{x}$,讨论当 $x \to 0$ 时,$f(x)$ 的极限.

（四）函数极限的运算

学习目标：

理解无穷小的性质并会简单应用.

掌握函数极限的四则运算法则.

掌握运用无穷小性质和极限运算法则求简单函数的极限的方法.

知识导图：

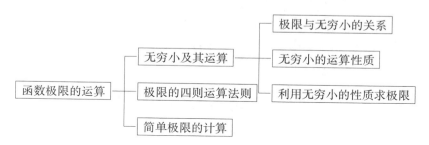

1. 无穷小及其运算

（1）极限与无穷小的关系

定理　$\lim\limits_{x \to x_0} f(x) = A$ 的充分必要条件是：$f(x) = A + \alpha$，α 是 $x \to x_0$ 时的无穷小. 即是说 $\lim\limits_{x \to x_0} f(x) = A$ 表明 $x \to x_0$ 时 $f(x)$ 与 A 相差无穷小.

证明　必要性：设 $\lim\limits_{x \to x_0} f(x) = A$，则对任意给定的 $\varepsilon > 0$，存在 $\delta > 0$，使当 $0 < |x - x_0| < \delta$ 时，恒有 $|f(x) - A| < \varepsilon$，令 $\alpha = f(x) - A$，当 α 是 $x \to x_0$ 时的无穷小，且 $f(x) = A + \alpha$.

充分性：设 $f(x) = A + \alpha$，其中 A 为常数，α 是 $x \to x_0$ 时的无穷小，于是 $|f(x) - A| = |\alpha|$，因为 α 是 $x \to x_0$ 时的无穷小，故对任意给定的 $\varepsilon > 0$，存在 $\delta > 0$，使当 $0 < |x - x_0| < \delta$ 时，恒有 $|\alpha| < \varepsilon$，即 $|f(x) - A| < \varepsilon$，从而 $\lim\limits_{x \to x_0} f(x) = A$.

（2）无穷小的运算性质

性质 1　有限个无穷小的代数和为无穷小；

性质 2　有界函数与无穷小的积为无穷小；

性质 3　有限个无穷小的积为无穷小.

注意：无穷小量与无穷大量的乘积不一定是无穷小量；而无穷多个无穷小量的代数和也未必是无穷小量.

（3）利用无穷小的性质求极限

例 1　求 $\lim\limits_{x \to 0} x \sin \dfrac{1}{x}$.

解　因为 $\left| \sin \dfrac{1}{x} \right| \leqslant 1$，所以 $\sin \dfrac{1}{x}$ 是有界函数；而当 $x \to 0$ 时，x 是无穷小量，由无穷小量的性质 2 可知 $x \sin \dfrac{1}{x}$ 为无穷小量，即 $\lim\limits_{x \to 0} x \sin \dfrac{1}{x} = 0$.

2. 极限的四则运算法则

设在 x 的同一变化过程中有 $\lim f(x) = A$，$\lim g(x) = B$. 这里的 $\lim f(x)$ 和 $\lim g(x)$ 省略了自变量 x 的变化趋势（下同），则有下面的法则.

法则 1　两个函数的代数和的极限，等于这两个函数的极限的代数和，即

$$\lim[f(x)\pm g(x)]=\lim f(x)\pm\lim g(x)=A\pm B.$$

法则 2　两个函数的积的极限等于这两个函数的极限的积,即

$$\lim[f(x)g(x)]=\lim f(x)\lim g(x)=AB.$$

特别地,若 $g(x)=C$(常数),则

$$\lim[f(x)g(x)]=\lim[Cf(x)]=\lim C\lim f(x)=CA.$$

即常数因子可以提到极限符号外面.

法则 3　两个函数商的极限,若分子、分母的极限都存在,则当分母的极限不为零时,商的极限等于这两个函数的极限的商,即

$$\lim\frac{f(x)}{g(x)}=\frac{\lim f(x)}{\lim g(x)}=\frac{A}{B}(B\neq0).$$

注意:法则 1 和法则 2 可以推广到存在极限的有限个函数的情形.

例 2　判断下列说法是否正确,为什么?

(1) 若 $\lim\limits_{x\to x_0}f(x)$ 存在,$\lim\limits_{x\to x_0}g(x)$ 不存在,$\lim\limits_{x\to x_0}[f(x)\pm g(x)]$ 一定存在.

(2) 若 $\lim\limits_{x\to x_0}f(x)$ 与 $\lim\limits_{x\to x_0}g(x)$ 都不存在,则 $\lim\limits_{x\to x_0}[f(x)\pm g(x)]$ 一定不存在.

解　(1) 错.假设 $\lim\limits_{x\to x_0}[f(x)\pm g(x)]$ 存在,由于 $g(x)=[f(x)+g(x)]-f(x)$,则由极限运算法则知,$\lim\limits_{x\to x_0}g(x)$ 也存在,与条件矛盾,假设错误.

(2) 错.如设 $f(x)=\sin\dfrac{1}{x}$,$g(x)=-\sin\dfrac{1}{x}$,$\lim\limits_{x\to0}\sin\dfrac{1}{x}$ 及 $\lim\limits_{x\to0}\left(-\sin\dfrac{1}{x}\right)$ 不存在,但 $\lim\limits_{x\to0}[f(x)+g(x)]=0$.

3. 简单极限的计算

例 3　求 $\lim\limits_{x\to1}(x^2-3x+1)$.

解　$\lim\limits_{x\to1}(x^2-3x+1)=\lim\limits_{x\to1}x^2-\lim\limits_{x\to1}3x+\lim\limits_{x\to1}1$
$$=(\lim\limits_{x\to1}x)^2-3\lim\limits_{x\to1}x+1=1^2-3+1=-1.$$

从例 1-25 可以看出,如果函数 $f(x)$ 为多项式,则有 $\lim\limits_{x\to x_0}f(x)=f(x_0)$.即对于有理整函数(多项式),求其极限时,只要把自变量 x_0 的值代入函数就可以了.

例 4　求 $\lim\limits_{x\to2}\dfrac{x-2}{x^2-4}$.

分析　当 $x\to2$ 时,分子、分母极限均为零,不能直接用商的极限法则,但 $x\to2$ 时 $x-2\neq0$,故可先分解因式,约去分子、分母中非零公因子,再用商的运算法则.

解　$\lim\limits_{x\to2}\dfrac{x-2}{x^2-4}=\lim\limits_{x\to2}\dfrac{x-2}{(x+2)(x-2)}=\lim\limits_{x\to2}\dfrac{1}{x+2}=\dfrac{1}{4}.$

例 5　求 $\lim\limits_{x\to\infty}\dfrac{3x^3+3}{x^3+4x-1}$.

分析　由于当 $x\to\infty$ 时,分子和分母趋于无穷大,故不能直接用法则 3.此时,可用分子、分母中自变量的最高次幂 x^3 同除原式中的分子和分母,将无穷大转化为无穷小的相关问题再进行处理.

解　$\lim\limits_{x\to\infty}\dfrac{3x^3+3}{x^3+4x-1}=\lim\limits_{x\to\infty}\dfrac{3+\dfrac{3}{x^3}}{1+\dfrac{4}{x^2}-\dfrac{1}{x^3}}=\dfrac{3}{1}=3.$

上述方法称为**无穷小分出法**.一般地,对于一个分式函数,当 $x\to\infty$ 时,分子和分母都趋于无穷大,求此分式函数的极限时,先用分子、分母中自变量最高次幂去除分子、分母,以分出无穷小,然后再求其极限.

事实上,求有理函数在 $x\to\infty$ 时的极限,当 $a_0\neq 0$，$b_0\neq 0$ 时,有如下结果.

$$\lim_{x\to\infty}\frac{a_0x^n+a_1x^{n-1}+\cdots+a_n}{b_0x^m+b_1x^{m-1}+\cdots+b_m}=\begin{cases}0,\text{若 }m>n,\\ \dfrac{a_0}{b_0},\text{若 }m=n,\\ \infty,\text{若 }m<n.\end{cases}$$

例 6　已知 $f(x)=\begin{cases}x\sin\dfrac{1}{x}+a,\ x<0,\\ 1+x^2,\ x>0,\end{cases}$ 当 a 为何值时,$f(x)$ 在 $x=0$ 的极限存在?

解　因为 $\lim\limits_{x\to 0^+}f(x)=\lim\limits_{x\to 0^+}(1+x^2)=1$，$\lim\limits_{x\to 0^-}f(x)=\lim\limits_{x\to 0^-}\left(x\sin\dfrac{1}{x}+a\right)=a$，如果 $f(x)$ 在 $x=0$ 的极限存在,则 $\lim\limits_{x\to 0^+}f(x)=\lim\limits_{x\to 0^-}f(x)$，所以 $a=1$.

注意:对于求分段函数分段点处的极限,一般要先考察函数在此点的左右极限,只有左右极限存在且相等时极限才存在,否则,极限不存在.

例 7　求 $\lim\limits_{n\to\infty}\left(\dfrac{1}{n^2+1}+\dfrac{2}{n^2+1}+\cdots+\dfrac{n}{n^2+1}\right)$.

解　$\lim\limits_{n\to\infty}\left(\dfrac{1}{n^2+1}+\dfrac{2}{n^2+1}+\cdots+\dfrac{n}{n^2+1}\right)=\lim\limits_{n\to\infty}\dfrac{1}{n^2+1}(1+2+\cdots+n)=\lim\limits_{n\to\infty}\dfrac{n(n+1)}{2(n^2+1)}$

$=\dfrac{1}{2}.$

对于无穷项和的极限,不能直接利用极限运算法则.此时,需要先求出它们的和式,转化为一个代数式的极限问题.

习题

A 组

1. 填空题.

(1) $\lim\limits_{x\to\infty}\dfrac{\sin x}{x}=$ _____ ；　　(2) $\lim\limits_{x\to 0}x^2\sin\dfrac{1}{x}=$ _____ ；

(3) 当 $x\to 0$ 时,ax^2 与 $\tan\dfrac{x^2}{4}$ 为等价无穷小,则 $a=$ _____ ；

(4) 已知 $\lim\limits_{x\to\infty}\dfrac{(a-1)x+2}{x+1}=0$，则 $a=$ _____ .

2. 计算下列极限.

(1) $\lim\limits_{x\to 2}\dfrac{2x+1}{x^2-3}$；　　(2) $\lim\limits_{x\to 0}\dfrac{x}{x^2+2}$；

(3) $\lim\limits_{x\to+\infty}\dfrac{\sqrt{3x^2-x+2}}{x}$;

(4) $\lim\limits_{x\to1}\dfrac{\sqrt{x}-1}{x-1}$;

(5) $\lim\limits_{x\to2}\dfrac{x-2}{x^2-x-2}$;

(6) $\lim\limits_{x\to\infty}\dfrac{1-3x^2}{4x^2+1}$;

(7) $\lim\limits_{n\to\infty}\left(\dfrac{1}{n^2}+\dfrac{2}{n^2}+\cdots+\dfrac{n}{n^2}\right)$.

B 组

1. 计算下列极限.

(1) $\lim\limits_{x\to2}\sqrt{2x-1}$;

(2) $\lim\limits_{x\to-4}\dfrac{x+4}{x^2-16}$;

(3) $\lim\limits_{h\to0}\dfrac{(x+h)^2-x^2}{h}$;

(4) $\lim\limits_{n\to\infty}\dfrac{(n-1)(n+2)}{n^2}$;

(5) $\lim\limits_{x\to1}\dfrac{\sqrt{5x-4}-\sqrt{x}}{x-1}$;

(6) $\lim\limits_{n\to\infty}\dfrac{(n-1)}{(n+1)^2}$;

(7) $\lim\limits_{n\to\infty}\left(1+\dfrac{1}{3}+\dfrac{1}{3^2}+\cdots+\dfrac{1}{3^n}\right)$;

(8) $\lim\limits_{n\to\infty}\dfrac{1+2+3+\cdots+(n+1)}{n^2}$;

(9) $\lim\limits_{x\to+\infty}x(\sqrt{1+x^2}-x)$;

(10) $\lim\limits_{x\to+\infty}\dfrac{\sqrt[3]{8x^3-3x^2+5x+1}}{3x-1}$;

(11) $\lim\limits_{x\to+\infty}(\sqrt{x^2+x+1}-\sqrt{x^2-x+1})$;

(12) $\lim\limits_{x\to+\infty}\dfrac{(2x-1)^{30}(3x-2)^{20}}{(2x+1)^{50}}$.

2. 已知 $f(x)=\begin{cases}\sqrt{x-3}\,,& x\geqslant3,\\ x+a\,,& x<3\end{cases}$，且 $\lim\limits_{x\to3}f(x)$ 存在，求 a.

（五）函数的连续与间断

学习目标:

理解函数连续的定义.

掌握分段函数在分段点处是否连续的判断方法.

会利用函数的连续性求函数的极限.

知识导图:

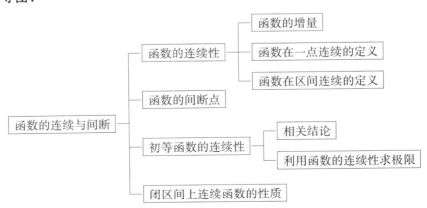

在自然界中有许多事物和现象不仅是变化的,且其变化过程往往是连续不断的,如气温的变化、植物的生长、物种的变化等都是连续地变化着,这种现象在量方面的反映就是函数的连续性.在几何上,连续变化的变量表示一条连续不断的曲线.

1. 函数的连续性

（1）函数的增量

定义 设函数 $y=f(x)$ 在点 x_0 及其左右附近有定义,若 x 从 x_0 变到 $x_0+\Delta x$,则 y 从 $f(x_0)$ 变到 $f(x_0+\Delta x)$,记 $\Delta x=x-x_0$,$\Delta y=f(x_0+\Delta x)-f(x_0)$,称 **$\Delta x$ 为自变量的增量**,称 **Δy 为函数的增量**.

（2）函数 $y=f(x)$ 在点 x_0 处连续的定义

先从直观上来理解函数的连续性的意义.如图 1-27 所示,函数 $y=f(x)$ 的图像是一条连续不断的曲线.对于其定义域内一点 x_0,如果自变量 x 在点 x_0 处取得极其微小的改变量 Δx 时,相应改变量 Δy 也有极其微小的改变,且当 Δx 趋于零时,Δy 也趋于零,则称**函数 $y=f(x)$ 在点 x_0 处是连续的**.而如图 1-28 所示,函数的图像在点 x_0 处间断了,在点 x_0 不满足以上条件,所以它在点 x_0 处不连续.

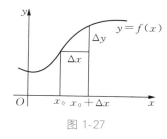

图 1-27

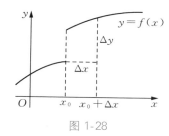

图 1-28

设函数 $y=f(x)$ 在点 x_0 及其左右附近有定义,如果自变量的增量 $\Delta x=x-x_0$ 趋于零时,对应的函数增量 $\Delta y=f(x)-f(x_0)$ 也趋于零,即 $\lim\limits_{\Delta x\to 0}\Delta y=0$,则称函数 $f(x)$ 在点 x_0 是连续的.点 x_0 称为 $f(x)$ 的连续点.

注意到 $\Delta x\to 0 \Leftrightarrow x\to x_0$; $\Delta y\to 0 \Leftrightarrow f(x)\to f(x_0)$.由此可得如下定义.

定义 设函数 $y=f(x)$ 点 x_0 及其左右附近有定义,如果当 $x\to x_0$ 时,$\lim\limits_{x\to x_0}f(x)$ 存在,且 $\lim\limits_{x\to x_0}f(x)=f(x_0)$,则称**函数 $y=f(x)$ 在点 x_0 处连续**.

若 $\lim\limits_{x\to x_0^-}f(x)=f(x_0)$,称**函数 $f(x)$ 在点 x_0 处左连续**;若 $\lim\limits_{x\to x_0^+}f(x)=f(x_0)$,称**函数 $f(x)$ 在点 x_0 处右连续**.

定理 $f(x)$ 在点 x_0 处连续的充分必要条件为 $f(x)$ 在点 x_0 处左连续且右连续.即 $\lim\limits_{x\to x_0^-}f(x)=\lim\limits_{x\to x_0^+}f(x)=f(x_0)$.

上述结论是讨论分段函数在分界点是否连续的依据.

例 1 证明函数 $f(x)=2x^3+1$ 在点 $x=1$ 处连续.

证 因为 $f(x)$ 的定义域为 $(-\infty,+\infty)$,故 $f(x)$ 在点 $x=1$ 的邻域内有定义,又因为

$$\lim_{x\to 1}f(x)=\lim_{x\to 1}(2x^3+1)=3,\text{且 } f(1)=2\times 1^3+1=3,$$

所以,$f(x)=2x^3+1$ 在点 $x=1$ 处连续.

例 2 讨论函数 $f(x)=\begin{cases} x+2, & x\geqslant 0 \\ x-2, & x<0 \end{cases}$ 在点 $x=0$ 的连续性.

解 如图 1-29 所示.因为

$$\lim_{x\to 0^+}f(x)=\lim_{x\to 0^+}(x+2)=2,$$

$$\lim_{x\to 0^-}f(x)=\lim_{x\to 0^-}(x-2)=-2, \text{而} f(0)=2,$$

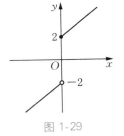

图 1-29

所以 $f(x)$ 在点 $x=0$ 右连续,但不左连续,从而它在 $x=0$ 不连续.

(3) 函数 $y=f(x)$ 在区间连续的定义

定义 如果函数 $y=f(x)$ 在区间 (a,b) 内每一点连续,则称**函数 $f(x)$ 在区间 (a,b) 内连续**,区间 (a,b) 则称为函数 $y=f(x)$ 的**连续区间**;又若函数 $y=f(x)$ 在区间 (a,b) 内连续,且 $\lim_{x\to a^+}f(x)=f(a)$(右连续), $\lim_{x\to b^-}f(x)=f(b)$(左连续),则函数 $y=f(x)$ 在闭区间 $[a,b]$ 上连续.

2. 函数的间断点

由函数连续的定义知,函数 $f(x)$ 在点 x_0 处连续必须满足三个条件:

(1) 在点 $x=x_0$ 处及其附近有定义;

(2) 极限 $\lim_{x\to x_0}f(x)$ 存在;

(3) 极限 $\lim_{x\to x_0}f(x)$ 存在,且 $\lim_{x\to x_0}f(x)=f(x_0)$.

如果上述三个条件中只要有一个不满足,则称**函数 $f(x)$ 在点 x_0 处不连续**,则称点 x_0 为**函数 $f(x)$ 的间断点**.

$\lim_{x\to x_0^+}f(x)$、 $\lim_{x\to x_0^-}f(x)$ 都存在的间断点称为**第一类间断点**.

(1) 当 $\lim_{x\to x_0^-}f(x)$ 与 $\lim_{x\to x_0^+}f(x)$ 都存在,但不相等时,称 x_0 为 $f(x)$ 的**跳跃间断点**;

(2) 当 $\lim_{x\to x_0}f(x)$ 存在,但极限值不等于 $f(x_0)$ 时,称 x_0 为 $f(x)$ 的**可去间断点**.

$\lim_{x\to x_0^+}f(x)$、 $\lim_{x\to x_0^-}f(x)$ 中至少有一个不存在的间断点称为**第二类间断点**.

例如 $f(x)=\dfrac{1}{x^2}$,当 $x\to 0$, $f(x)\to\infty$,即极限不存在,所以 $x=0$ 为 $f(x)$ 的间断点.因为 $\lim_{x\to 0}\dfrac{1}{x^2}=\infty$,所以 $x=0$ 为无穷间断点.

例如 $y=\dfrac{\sin x}{x}$ 在 $x=0$ 点无定义,所以 $x=0$ 为其间断点,又 $\lim_{x\to 0}\dfrac{\sin x}{x}=1$,所以若补充定义 $f(0)=1$,那么函数在 $x=0$ 点就连续了.故这种间断点称为可去间断点.

例 3 判断题下列说法是否正确,为什么?

(1) 分段函数必有间断点.

(2) 若 $f(x)$ 与 $g(x)$ 都在点 x_0 处间断,则 $f(x)+g(x)$ 也在点 x_0 处间断.

解 (1) 错.例如分段函数 $f(x)=\begin{cases} 1-x, & x<0 \\ 1+x, & x\geqslant 0 \end{cases}$,在 $(-\infty,+\infty)$ 上连续.

(2) 错.例如 $f(x)=\begin{cases} \dfrac{1}{x}, & x\neq 0 \\ 1, & x=0 \end{cases}$ 与 $g(x)=\begin{cases} -\dfrac{1}{x}, & x\neq 0 \\ -1, & x=0 \end{cases}$,都在 $x=0$ 处不连续,但 $f(x)+g(x)$ 在 $x=0$ 处连续.

例 4　考察函数 $f(x)=\begin{cases}|x|, & x\neq 0,\\ 1, & x=0\end{cases}$ 在点 $x=0$ 处的连续性.

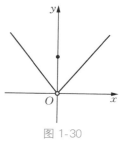

解　因为函数在点 $x=0$ 处有定义，即 $f(0)=1$，且 $\lim\limits_{x\to 0}f(x)=\lim\limits_{x\to 0}|x|=0$，由于 $\lim\limits_{x\to 0}f(x)\neq f(0)$，故函数 $f(x)$ 在点 $x=0$ 处间断，如图 1-30 所示.

如果改变函数 $f(x)$ 在点 $x=0$ 处的函数值令 $f(0)=0$，那么函数 $f(x)$ 在点 $x=0$ 处连续.

因此，$x=0$ 为函数 $f(x)$ 的可去间断点.

图 1-30

例 5　设 $f(x)=\begin{cases}\dfrac{\ln(1+2x)}{x}, & x\neq 0,\\ a, & x=0,\end{cases}$ 试确定常数 a，使得 $f(x)$ 在 $x=0$ 处连续.

分析　只需说明 $\lim\limits_{x\to 0}f(x)=f(0)$ 即可.

解　要使 $f(x)$ 在 $x=0$ 处连续，只须 $\lim\limits_{x\to 0}f(x)=\lim\limits_{x\to 0}\dfrac{\ln(1+2x)}{x}=\lim\limits_{x\to 0}\dfrac{2x}{x}=2=f(0)$，又 $f(0)=a$，故当 $a=2$ 时，$f(x)$ 在 $x=0$ 处连续.

例 6　【应用案例】某城市的出租汽车白天实行分段计费，设白天的收费为 y（单位：元）与路程 x（单位：km）之间的关系为

$$y=f(x)=\begin{cases}5+1.2x, & 0<x<6,\\ 12.2+2.1(x-6), & x\geqslant 6.\end{cases}$$

(1) 求 $\lim\limits_{x\to 6}f(x)$；　　　(2) 问 $y=f(x)$ 在 $x=6$ 处连续吗？在 $x=1$ 处连续吗？

解　(1) 因为

$$\lim\limits_{x\to 6^-}f(x)=\lim\limits_{x\to 6^-}(5+1.2x)=12.2,$$

$$\lim\limits_{x\to 6^+}f(x)=\lim\limits_{x\to 6^+}[12.2+2.1(x-6)]=12.2,$$

所以 $\lim\limits_{x\to 6}f(x)=12.2$.

(2) 由于 $\lim\limits_{x\to 6}f(x)=f(6)=12.2$，所以函数 $f(x)$ 在 $x=6$ 处连续.

$x=1$ 是初等函数 $5+1.2x$ 定义区间上的点，所以函数 $f(x)$ 在 $x=1$ 处连续.

3. 初等函数的连续性

(1) 相关结论

① 连续函数经四则运算得到的函数仍是连续函数（作为商的函数，除数不为零）.

② 连续函数构成的复合函数仍是连续函数.

③ 基本初等函数在它们的定义域内都是连续的.

④ 一切初等函数在其定义区间内都是连续的.

(2) 利用函数的连续性求极限

如果函数 $y=f[g(x)]$ 在 x_0 点连续，那么 $\lim\limits_{x\to x_0}f[g(x)]=f[\lim\limits_{x\to x_0}g(x)]$，即极限符号与函数符号可以互相交换位置.

例 7　设 $f(x)=\begin{cases}\dfrac{ax+b}{\sqrt{3x+1}-\sqrt{x+3}}, & x\neq 1,\\ 4, & x=1\end{cases}$ 在定义域内连续，求 a,b 的值.

解　$f(x)$在定义域内连续,所以它在$x=1$处连续.

$$\lim_{x\to 1}f(x)=\lim_{x\to 1}\frac{ax+b}{\sqrt{3x+1}-\sqrt{x+3}}$$

$$=\lim_{x\to 1}\frac{(ax+b)(\sqrt{3x+1}+\sqrt{x+3})}{3x+1-x-3}$$

$$=\lim_{x\to 1}\frac{ax+b}{x-1}\cdot\frac{\sqrt{3x+1}+\sqrt{x+3}}{2}=4,$$

所以

$$\lim_{x\to 1}\frac{ax+b}{x-1}=2,$$

故 $a=2$, $b=-2$.

4. 闭区间上连续函数的性质

定理(有界定理)　若$f(x)$在闭区间$[a,b]$上连续,则$f(x)$在$[a,b]$上有界.

定理(最值定理)　若$f(x)$在闭区间$[a,b]$上连续,则$f(x)$在$[a,b]$上必有最大值与最小值.

定理(介值定理)　设$f(x)$是闭区间$[a,b]$上的连续函数,且$f(a)\neq f(b)$,则对介于$f(a)$与$f(b)$之间的任意一个数c,至少存在一点$\xi\in(a,b)$,使得$f(\xi)=c$.

定义　若x_0使得$f(x_0)=0$,就称 x_0 为 $f(x)$ 的零点(或$f(x)=0$的根).

定理(零点定理)　若函数$f(x)$在闭区间$[a,b]$上连续,且$f(a)$与$f(b)$异号,则在(a,b)内至少存在一点ξ,使得$f(\xi)=0$.即$f(x)$在(a,b)内至少有一个零点.

注意:(1) 本定理对判断零点的位置很有用处,但不一定能求出零点;

(2) 从几何上看$(a,f(a))$与$(b,f(b))$在x轴的上下两侧,由于$f(x)$连续,显然,在(a,b)上,$f(x)$的图像与x轴至少相交一次;

(3) 若$f(a)\cdot f(b)>0$,则不能判定没有零点,需进一步考察.

例 8　证明方程$x+e^x=0$在区间$(-1,1)$内有唯一的根.

证　函数$f(x)=x+e^x$是初等函数,它在$(-\infty,+\infty)$内连续,所以它在$[-1,1]$连续,又

$$f(-1)f(1)<0,$$

则在$(-1,1)$内至少存在一点ξ,使得

$$f(\xi)=0,即 f(\xi)=\xi+e^\xi=0.$$

所以方程$x+e^x=0$在区间$(-1,1)$内有唯一的根.

例 9　设$f(x)$,$g(x)$都是闭区间$[a,b]$上的连续函数,且$f(a)>g(a)$,$f(b)<g(b)$,证明在开区间(a,b)内至少存在一点ξ,使得$f(\xi)=g(\xi)$.

分析　欲证有$\xi\in(a,b)$使$f(\xi)=g(\xi)$,只要证有$\xi\in(a,b)$使得$f(\xi)-g(\xi)=0$即可,即只需证方程$f(x)-g(x)=0$在$[a,b]$上至少有一实根.

证明　构造辅助函数$F(x)=f(x)-g(x)$,则$F(x)$在$[a,b]$上连续,且

$$F(a)=f(a)-g(a)>0, \quad F(b)=f(b)-g(b)<0,$$

由零点定理知,在开区间(a,b)内至少存在一点ξ,使得$F(\xi)=0$,即$f(\xi)-g(\xi)=0$也即 $f(\xi)=g(\xi)$.

习题

A 组

1. 求下列函数的连续区间.

(1) $y=\sqrt{1-2x}$；　　　　　　(2) $y=\dfrac{1}{x}+\ln(x+2)$；　　(3) $y=\dfrac{1}{x^2-3x}$.

2. 求下列极限.

(1) $\lim\limits_{x\to 0}\dfrac{\sqrt{x+4}-2}{x}$；　　　　　　　　(2) $\lim\limits_{x\to 0}e^{\sin x}$.

3. 证明函数 $f(x)=\begin{cases} x\sin\dfrac{1}{x},& x\neq 0 \\ 0,& x=0 \end{cases}$ 在点 $x=0$ 处连续.

4. 研究下列函数的连续性.

(1) $f(x)=\begin{cases} x^2,& 0\leqslant x\leqslant 1 \\ 2-x,& 1<x\leqslant 2 \end{cases}$；　　(2) $f(x)=\begin{cases} x,& -1\leqslant x\leqslant 1, \\ 1,& x<-1,x>1. \end{cases}$

B 组

1. 判断下列函数在指定点处的间断点的类型.

(1) $y=\dfrac{x^2-1}{x^2-3x+2}$ 在点 $x=1,x=2$ 处；　(2) $y=\begin{cases} x-1,& x\leqslant 1, \\ 3-x,& x>1 \end{cases}$ 在点 $x=1$ 处.

2. 求下列极限.

(1) $\lim\limits_{x\to 0}\sqrt{x^2+2x+5}$；　　　　　　(2) $\lim\limits_{x\to 0}\dfrac{\sqrt{3-x}-\sqrt{1+x}}{x^2-1}$.

3. 讨论函数 $f(x)=\begin{cases} \dfrac{x}{\sqrt{x+1}-1},& x\neq 0, \\ 0,& x=0 \end{cases}$ 在点 $x=0$ 处的连续性.

4. 判断 $f(x)=\begin{cases} x^2+1,& x\geqslant 1, \\ 3x-1,& x<1 \end{cases}$ 在点 $x=1$ 处是否连续.

5. 已知 $f(x)=\begin{cases} e^x,& x<0, \\ a+x,& x\geqslant 0 \end{cases}$ 是$(-\infty,+\infty)$上的连续函数,求a的值.

6. 求下列函数的间断点.

(1) $y=\dfrac{1}{(x-1)^2}$；　　　　　　(2) $y=\begin{cases} x-2,& x\leqslant 0, \\ x^2,& x>0. \end{cases}$

7. 证明方程 $x^4+x=1$ 至少有一个根介于 0 和 1 之间.

8. 证明方程 $x=a\sin x+b$(其中 $a>0,b>0$)至少存在一个正根,并且它不超过 $a+b$.

知识应用

1. 测量 V 型槽的角度,如图 1-31 所示,即给定高度 H_1、H_2,大小圆的半径 R、r,试写出 V 型槽的角度 α 的计算公式.

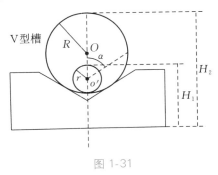

图 1-31

2. 变速箱上三个轴孔的距离如图 1-32 所示,在加工这些孔时,需要知道下一个待加工孔中心与当前加工孔中心的距离 x 和 y,才能在完成一个孔的加工后,准确的将刀具对准另一个孔的中心,试根据图示求 x 和 y 的值.

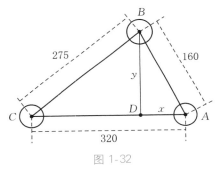

图 1-32

3. 如图 1-33 所示的四轮刀具轮廓,加工时先车好直径为 d 的圆柱,然后铣出 R 为 24.5 mm 四段圆弧,试求 d 的大小.

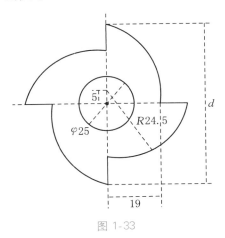

图 1-33

学习反馈与评价

学号：　　　　　　姓名：　　　　　　　任课教师：

学习内容	
学生学习疑问反馈	
学习效果自我评价	
教师综合评价	

数学家小传

祖冲之的故事

项目二　数学史上的新篇章——微分

学习指导

学习领域	微分学理论知识
学习目标	1. 运用数学知识解决简单的实际问题. 2. 培养数学建模思维. 3. 获得学习数学的兴趣
学习重点	1. 导数解决实际问题的数学思维. 2. 导数的概念、计算方法和应用
学习难点	1. 不同类型函数的求导方法. 2. 导数在实际问题中的应用
学习思路	简化实际问题的冗杂内容→用更简洁的方式表达→转化为数学语言→构建数学问题→用几何、导数知识解决问题
数学知识	导数、几何学、三角函数
教学方法	情景教学法、案例教学法、问题引导法、讲授法、讨论法、体验学习教学法
学时安排	建议 10～14 学时

项目任务实施

任务　工程造价问题

[任务描述]　如图 2-1 所示,为了开发景点 P,需修建一条连通景点 P 和居民区 O 的公路,经勘测获悉点 P 所在的山坡面与山脚所在水平面 α 所成的二面角为 $\theta(0°<\theta<90°)$,且 $\sin\theta=\dfrac{2}{5}$,点 P 到平面 α 的距离 $PH=0.4$ km.沿山脚原有一段笔直的公路 AB 可供利用.从点 O 到山脚修路的造价为 a 万元/km,原有公路改建费用为 $\dfrac{a}{2}$ 万元/km.当山坡上公路长度为 l km($1\leqslant l\leqslant 2$)时,其造价为 $(l^2+1)a$ 万元.已知 $OA\perp AB$,$PB\perp AB$,$AB=1.5$ km,$OA=\sqrt{3}$ km.设 D、E 是 AB 两个不同的点,问:如何选取 D、E 两点才能使沿折线 $PDEO$ 修建公路的总造价最小.

[任务分析]　为了更好地观察和研究,我们

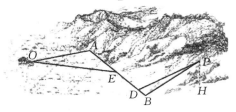

图 2-1

先将实物图转化为数学中的几何图进行分析.得到等价几何图如图 2-2 所示.

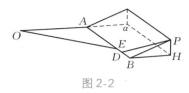

图 2-2

　　[任务转化]　公路 $PDEO$ 可看成 PD、DE、EO 三段公路的和,要求修建公路 $PDEO$ 的总造价最小值,即是求这三段公路的造价之和最小.先建立每段公路的造价函数,再求总造价函数的最小值.

　　[任务解答]　设 BD 长度为 $x(0 \leqslant x \leqslant 1.5)$，$AE = y(0 \leqslant y \leqslant 1-x)$，$PD$ 段成本记为 C_{PD}，DE 段成本记为 C_{DE}，EO 段成本记为 C_{EO}，总成本记为 C_{PDEO}.

　　经分析可知

$$C_{PDEO} = C_{PD} + C_{DE} + C_{EO}.$$

为了简化计算,接下来逐一求解各段成本.

由 $PH \perp \alpha$，$HB \subset \alpha$，$PB \perp AB$，及三垂线定理逆定理得

$$AB \perp HB,$$

故 $\angle PBH$ 是山坡与 α 所成二面角的平面角,则 $\angle PBH = \theta$.

又由

$$PB = \frac{PH}{\sin \theta} = 1,$$

得

$$PD = \sqrt{x^2 + PB^2} = \sqrt{x^2 + 1} \in [1, 2]$$

故

$$C_{PD} = (PD^2 + 1)a = (x^2 + 2)a,$$

$$C_{DE} = \left(\frac{3}{2} - x - y\right)\frac{a}{2},$$

由 $OA = \sqrt{3}$ 得

$$OE = \sqrt{3 + y^2},$$

故

$$C_{EO} = \sqrt{3 + y^2}\,a,$$

得

$$C_{PDEO} = C_{PD} + C_{DE} + C_{EO}$$
$$= (x^2 + 2)a + \left(\frac{3}{2} - x - y\right)\frac{a}{2} + \sqrt{3 + y^2}\,a$$
$$= \left[\left(x^2 - \frac{x}{2}\right) + \left(\sqrt{3 + y^2} - \frac{y}{2}\right) + \frac{11}{4}\right]a.$$

　　可知 C_{PDEO} 是一个二元函数,此处为了简化问题,我们可以将 $x^2 - \frac{x}{2}$ 记为 $f_1(x)$，$\sqrt{3 + y^2} - \frac{y}{2}$ 记为 $f_2(y)$，那么本题就可以转化为分别求 $f_1(x)$ 与 $f_2(y)$ 最小值的问题.

　　由

$$f_1'(x) = 2x - \frac{1}{2} = 0,$$

得函数 $f_1(x)$ 的唯一驻点为

$$x=\frac{1}{4},$$

又由

$$f_2'(y)=\frac{y}{\sqrt{3+y^2}}-\frac{1}{2}=0,$$

得函数 $f_2(y)$ 的唯一驻点为 $y=1$ 或 $y=3$（不符题意，舍去）.

由于该实际问题必有最值，且 $f_1(x)$ 与 $f_2(y)$ 的有效驻点唯一，故当 $x=\frac{1}{4}$ 且 $y=1$

时，该函数有最大值，即修建公路的总成本 C_{PDEO} 最小，最小值为 $\frac{67}{16}$ 万元.

　　[任务提升]　如果不将 C_{PDEO} 拆分成两个一元函数，又该如何求解呢？请在学习二元函数导数后完成该问题的求解.

 数学知识

一、导数的概念

学习目标：
理解导数的概念，会用导数定义求简单函数的导数.
掌握导数的几何意义.
熟记基本初等函数的求导公式.
知识导图：

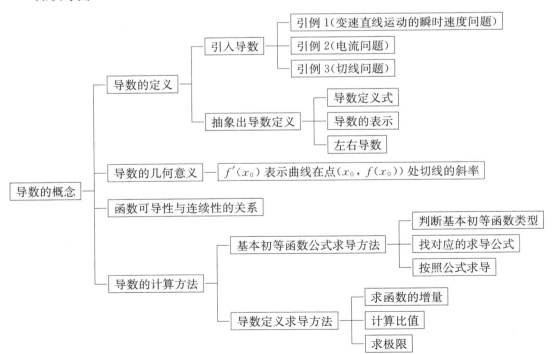

1. 导数引例

引例 1　变速直线运动的瞬时速度问题

设一质点按某种规律作变速直线运动,质点运动的路程 S 与时间 t 的关系为 $S = S(t)$,求质点在 t_0 时刻的瞬时速度.

基本思路:虽然整体来说速度是变的,但局部来讲速度可以近似地看成不变,即当 Δt 很小时,可以认为,从时刻 t_0 到 $t_0 + \Delta t$ 这一段时间内,近似地看成质点作匀速直线运动,因而这段时间内的平均速度就可以看成 t_0 时刻的瞬时速度的近似值.

Δt 越小,平均速度就越接近 t_0 时刻的瞬时速度.当 $\Delta t \to 0$,平均速度的极限即为 t_0 时刻的瞬时速度.具体求解步骤如下.

(1)质点从 t_0 到 $t_0 + \Delta t$ 这一段时间内的平均速度为

$$v = \frac{\Delta s}{\Delta t} = \frac{S(t_0 + \Delta t) - S(t_0)}{\Delta t}.$$

(2)求极限.

$$v \big|_{t = t_0} = \lim_{\Delta t \to 0} \frac{\Delta S}{\Delta t} = \lim_{\Delta t \to 0} \frac{S(t_0 + \Delta t) - S(t_0)}{\Delta t}.$$

引例 2　电流问题

由电学知识可知,恒定电流是单位时间内通过导体横截面的电量 Q,即 $i = \dfrac{Q}{t}$,而非恒定电流就不能按这个公式计算.

设通过导体的电量 Q 是时间 t 的函数,即 $Q = Q(t)$.当时间由 t_0 变到 $t_0 + \Delta t$ 时,通过导体的电量由 $Q(t_0)$ 变到 $Q(t_0 + \Delta t)$,即函数 $Q(t)$ 的增量为 ΔQ.于是,在此时间间隔 $[t_0, t_0 + \Delta t]$ 内的平均电流为

$$\bar{i} = \frac{\Delta Q}{\Delta t} = \frac{Q(t_0 + \Delta t) - Q(t_0)}{\Delta t}.$$

在 t_0 时刻的电流为

$$i(t_0) = \lim_{\Delta t \to 0} \bar{i} = \lim_{\Delta t \to 0} \frac{\Delta Q}{\Delta t} = \lim_{\Delta t \to 0} \frac{Q(t_0 + \Delta t) - Q(t_0)}{\Delta t}.$$

引例 3　切线问题

设函数 $y = f(x)$ 的图像如图 2-3 所示,$P_0(x_0, y_0)$ 是其上的一点,求点 P_0 处切线的斜率 k.

在 P_0 点附近取一动点 $P(x_0 + \Delta x, y_0 + \Delta y)$,$P$ 的位置取决于 Δx,作割线 $P_0 P$,设其倾角为 φ,割线 $P_0 P$ 的斜率

$$\tan \varphi = \frac{\Delta y}{\Delta x} = \frac{f(x_0 + \Delta x) - f(x_0)}{\Delta x}$$

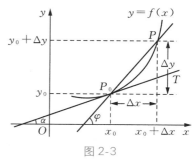

图 2-3

当 $\Delta x \to 0$ 时,点 P 沿曲线 $y = f(x)$ 趋近于 P_0,割线 $P_0 P$ 趋近于极限位置 $P_0 T$(切线),设切线 $P_0 T$ 的倾角为 α,则 $\varphi \to \alpha$,从而 $\tan \varphi \to \tan \alpha$.即 $\Delta x \to 0$ 时,$\tan \varphi$ 的极限为 $\tan \alpha$,于是

$$\lim_{\Delta x \to 0} \frac{\Delta y}{\Delta x} = \lim_{\Delta x \to 0} \tan \varphi = \tan \alpha = k.$$

上面三个例子的实际意义虽然不同,但从抽象的数学关系来看,其实质是一样的,都是函数的改变量与自变量改变量之比,在自变量趋于零时的极限,我们把这种特定的极限叫做函数的**导数**.

2. 导数的定义

定义　设函数 $y = f(x)$ 在点 x_0 及其左右附近有定义,当自变量 x 在点 x_0 处取得增量 $\Delta x (\Delta x \neq 0)$ 时,相应地,函数 y 取得增量 $\Delta y = f(x_0 + \Delta x) - f(x_0)$,如果当 $\Delta x \to 0$ 时,极限 $\lim\limits_{\Delta x \to 0} \dfrac{\Delta y}{\Delta x} = \lim\limits_{\Delta x \to 0} \dfrac{f(x_0 + \Delta x) - f(x_0)}{\Delta x}$ 存在,则称此极限值为**函数 $y = f(x)$ 在点 x_0 处的导数**,并称**函数 $y = f(x)$ 在点 x_0 处可导**,记作

$$f'(x_0), \ y'\big|_{x=x_0}, \ \frac{\mathrm{d}y}{\mathrm{d}x}\Big|_{x=x_0} \ 或 \ \frac{\mathrm{d}f(x)}{\mathrm{d}x}\Big|_{x=x_0},$$

即

$$f'(x_0) = \lim_{\Delta x \to 0} \frac{f(x_0 + \Delta x) - f(x_0)}{\Delta x}.$$

如果 $\lim\limits_{\Delta x \to 0} \dfrac{\Delta y}{\Delta x}$ 不存在,称**函数 $y = f(x)$ 在点 x_0 处不可导**.当极限为无穷大时,虽然函数 $y = f(x)$ 在点 x_0 处不可导,但为方便起见,有时也称函数 $y = f(x)$ 在点 x_0 处的导数为无穷大.

注意:(1) 导数的定义也可以采取不同的表达形式.令 $h = \Delta x$,则

$$f'(x_0) = \lim_{h \to 0} \frac{f(x_0 + h) - f(x_0)}{h}.$$

令 $x_0 + \Delta x = x$,当 $\Delta x \to 0$ 时,有 $x \to x_0$,则

$$f'(x_0) = \lim_{x \to x_0} \frac{f(x) - f(x_0)}{x - x_0}.$$

(2) $\dfrac{\Delta y}{\Delta x}$ 反映的是曲线在 $[x_0, x]$ 上的平均变化率,而 $f'(x) = \dfrac{\mathrm{d}y}{\mathrm{d}x}\Big|_{x=x_0}$ 是在点 x_0 的变化率,它反映了函数 $y = f(x)$ 随 $x \to x_0$ 变化的快慢程度.

(3) 这里 $\dfrac{\mathrm{d}y}{\mathrm{d}x}\Big|_{x=x_0}$ 与 $\dfrac{\mathrm{d}f}{\mathrm{d}x}\Big|_{x=x_0}$ 中的 $\dfrac{\mathrm{d}y}{\mathrm{d}x}$ 与 $\dfrac{\mathrm{d}f}{\mathrm{d}x}$ 是一个整体记号,而不能视为分子 $\mathrm{d}y$ 或 $\mathrm{d}f$ 与分母 $\mathrm{d}x$,待到后面再讨论.

(4) 若极限 $\lim\limits_{\Delta x \to 0} \dfrac{\Delta y}{\Delta x}$ 即 $\lim\limits_{x \to x_0} \dfrac{f(x) - f(x_0)}{x - x_0}$ 不存在,就称 $y = f(x)$ 在 $x = x_0$ 点不可导.

特别地,若 $\lim\limits_{\Delta x \to 0} \dfrac{\Delta y}{\Delta x} = \infty$,也可称 $y = f(x)$ 在 $x = x_0$ 的导数为无穷大,因为此时 $y = f(x)$ 在 x_0 点的切线存在,它是垂直于 x 轴的直线 $x = x_0$.

根据导数概念,前面三个问题可以重述为:

(1) 变速直线运动的质点在 t_0 时刻的瞬时速度,就是路程函数 $S = S(t)$ 在 t_0 处的导

数,即 $v(t_0) = S'(t_0)$.

（2）电流 $i(t)$ 是电量 $Q(t)$ 对时间 t 的导数,即 $i(t) = Q'(t) = \dfrac{\mathrm{d}Q}{\mathrm{d}t}$.

（3）曲线 $y = f(x)$ 在点 $P_0(x_0, y_0)$ 处的切线的斜率,就是函数 $y = f(x)$ 在点 P 处的导数,即 $k = f'(x_0)$.

定义 若函数 $y = f(x)$ 在区间 (a, b) 内任一点都可导,则称函数在区间 (a, b) 内**可导**.

定义 若函数 $y = f(x)$ 在区间 (a, b) 内可导,则对于区间 (a, b) 内的每一个 x 值,都有一个导数值 $f'(x)$ 与之对应,所以 $f'(x)$ 也是 x 的函数,称为**函数 $y = f(x)$ 的导函数**,记作

$$f'(x), \quad y', \quad \frac{\mathrm{d}y}{\mathrm{d}x} 或 \frac{\mathrm{d}f(x)}{\mathrm{d}x},$$

即

$$f'(x) = \lim_{\Delta x \to 0} \frac{f(x + \Delta x) - f(x)}{\Delta x}.$$

函数在 $y = f(x)$ 点 x_0 处的导数 $f'(x_0)$,就是导函数 $f'(x)$ 在 $x = x_0$ 处的函数值,即

$$f'(x_0) = f'(x)|_{x = x_0}.$$

例 1 设 $f(0) = 0$,证明:如果 $\lim\limits_{x \to 0} \dfrac{f(x)}{x} = A$,那么 $A = f'(0)$.

证明 因为 $\dfrac{f(x) - f(0)}{x - 0} = \dfrac{f(x)}{x}$,所以 $\lim\limits_{x \to 0} \dfrac{f(x) - f(0)}{x - 0} = A$,因此 $A = f'(0)$.

例 2 若 $f(x)$ 在点 x_0 处可导,且 $f'(x_0) = 1$,试求 $\lim\limits_{h \to 0} \dfrac{f(x_0 + h) - f(x_0 - h)}{h}$.

解 因为 $f'(x_0) = 1$ 即

$$f'(x_0) = \lim_{\Delta x \to 0} \frac{f(x_0 + \Delta x) - f(x_0)}{\Delta x} = 1,$$

于是

$$\lim_{h \to 0} \frac{f(x_0 + h) - f(x_0 - h)}{h} = \lim_{h \to 0} \frac{f(x_0 + h) - f(x_0)}{h} + \lim_{h \to 0} \frac{f(x_0) - f(x_0 - h)}{h}$$
$$= f'(x_0) + f'(x_0) = 2f'(x_0) = 2.$$

3. 左右导数

求函数 $y = f(x)$ 在点 x_0 处的导数时,$x \to x_0$ 方式是任意的,有可能 x 从 x_0 的左侧趋于 x_0,记为 $\boldsymbol{x_0^-}$;也有可能 x 从 x_0 的右侧趋于 x_0,记为 $\boldsymbol{x_0^+}$.

定义 设函数 $y = f(x)$ 在点 x_0 的某邻域有定义,如果

$$\lim_{\Delta x \to 0^-} \frac{\Delta y}{\Delta x} = \lim_{\Delta x \to 0^-} \frac{f(x_0 + \Delta x) - f(x_0)}{\Delta x}$$

存在,则称此极限为**函数 $y = f(x)$ 在点 x_0 处的左导数**,记作 $f'_-(x_0)$;

类似地,如果 $\lim\limits_{\Delta x \to 0^+} \dfrac{\Delta y}{\Delta x} = \lim\limits_{\Delta x \to 0^+} \dfrac{f(x_0 + \Delta x) - f(x_0)}{\Delta x}$ 存在,则称此极限为**函数 $y = f(x)$ 在点 x_0 处的右导数**,记作 $f'_+(x_0)$.

定理 函数 $y = f(x)$ 在点 x_0 处可导的充分必要条件是:函数 $y = f(x)$ 在点 x_0 处的左右导数存在且相等.

例 3 求函数 $f(x) = \begin{cases} x, & x \geq 0 \\ \sin x, & x < 0 \end{cases}$,在 $x = 0$ 处的导数.

解 这是求分段函数在分界点处的导数,需要求 $f(x)$ 在 $x = 0$ 处的左右导数.

$$f'_+(0) = \lim_{\Delta x \to 0^+} \frac{f(0 + \Delta x) - f(0)}{\Delta x} = \lim_{\Delta x \to 0^+} \frac{\Delta x - 0}{\Delta x} = 1,$$

$$f'_-(0) = \lim_{\Delta x \to 0^-} \frac{f(0 + \Delta x) - f(0)}{\Delta x} = \lim_{\Delta x \to 0^-} \frac{\sin \Delta x - 0}{\Delta x} = 1.$$

由 $f'_+(x_0) = f'_-(x_0)$ 得

$$f'(0) = \lim_{\Delta x \to 0} \frac{\Delta y}{\Delta x} = 1.$$

例 4 已知函数 $f(x) = \begin{cases} \dfrac{1 - \cos 2x}{x}, & x \neq 0 \\ 0, & x = 0 \end{cases}$,讨论 $f(x)$ 在 $x = 0$ 处的连续性与可导性.

解 因为

$$\lim_{x \to 0} f(x) = \lim_{x \to 0} \frac{1 - \cos 2x}{x} = \lim_{x \to 0} \frac{2\sin^2 x}{x} = \lim_{x \to 0} \frac{2x^2}{x} = 0 = f(0),$$

所以 $f(x)$ 在 $x = 0$ 点连续,又因为

$$f'(0) = \lim_{\Delta x \to 0} \frac{f(0 + \Delta x) - f(0)}{\Delta x} = \lim_{\Delta x \to 0} \frac{1 - \cos(2\Delta x)}{(\Delta x)^2} = \lim_{\Delta x \to 0} \frac{2\sin^2 \Delta x}{(\Delta x)^2} = \lim_{\Delta x \to 0} \frac{2(\Delta x)^2}{(\Delta x)^2} = 2,$$

所以 $f(x)$ 在 $x = 0$ 处不仅连续而且可导.

4. 用定义计算函数的导数

根据函数导数定义,计算函数的导数一般包含以下三个步骤.

(1) 求出函数的增量:$\Delta y = f(x_0 + \Delta x) - f(x_0)$;

(2) 计算比值:$\dfrac{\Delta y}{\Delta x} = \dfrac{f(x_0 + \Delta x) - f(x_0)}{\Delta x}$;

(3) 求极限:$\lim\limits_{\Delta x \to 0} \dfrac{\Delta y}{\Delta x} = \lim\limits_{\Delta x \to 0} \dfrac{f(x_0 + \Delta x) - f(x_0)}{\Delta x}$.

下面利用导数定义求部分基本初等函数的导数.

例 5 求常数函数 $y = C$ 的导数.

解 (1) 求增量:$\Delta y = C - C = 0$;

(2) 算比值:$\dfrac{\Delta y}{\Delta x} = 0$;

(3) 取极限:$y' = \lim\limits_{\Delta x \to 0} \dfrac{\Delta y}{\Delta x} = 0$.

例 6 求函数 $y = x^n$（n 为正整数）的导数.

解 （1）求增量：由二项式定理有

$$\Delta y = (x + \Delta x)^n - x^n = nx^{n-1}\Delta x + \frac{n(n-1)}{2!}x^{n-2}(\Delta x)^2 + \cdots + (\Delta x)^n;$$

（2）算比值：$\dfrac{\Delta y}{\Delta x} = nx^{n-1} + \dfrac{n(n-1)}{2!}x^{n-2}(\Delta x) + \cdots + (\Delta x)^{n-1}$；

（3）取极限：

$$\frac{dy}{dx} = \lim_{\Delta x \to 0}\frac{\Delta y}{\Delta x} = \lim_{\Delta x \to 0}\left[nx^{n-1} + \frac{n(n-1)}{2!}x^{n-2}\Delta x + \cdots + (\Delta x)^{n-1}\right] = nx^{n-1},$$

即

$$(x^n)' = nx^{n-1}（n \text{ 为正整数}）.$$

一般地，对 $y = x^\mu$（μ 是实数），也有 $(x^\mu)' = \mu x^{\mu-1}$.

例如：$(\sqrt{x})' = (x^{\frac{1}{2}})' = \dfrac{1}{2\sqrt{x}}$，$\left(\dfrac{1}{x}\right)' = (x^{-1})' = -\dfrac{1}{x^2}$.

例 7 求指数函数 $y = a^x$（$a > 0$，$a \neq 1$）的导数.

解 （1）求增量：$\Delta y = f(x + \Delta x) - f(x) = a^{x+\Delta x} - a^x = a^x(a^{\Delta x} - 1)$；

（2）算比值：$\dfrac{\Delta y}{\Delta x} = \dfrac{a^x(a^{\Delta x} - 1)}{\Delta x}$；

（3）取极限：

$$f'(x) = \lim_{\Delta x \to 0}\frac{\Delta y}{\Delta x} = \lim_{\Delta x \to 0}\frac{a^x(a^{\Delta x} - 1)}{\Delta x} = a^x \cdot \lim_{\Delta x \to 0}\frac{a^{\Delta x} - 1}{\Delta x}$$

$$\xlongequal{\text{令}\beta = a^{\Delta x} - 1} a^x \lim_{\beta \to 0}\frac{\beta}{\log_a(1+\beta)} = a^x \lim_{\beta \to 0}\frac{1}{\log_a(1+\beta)^{\frac{1}{\beta}}} = a^x \cdot \frac{1}{\log_a e} = a^x \ln a,$$

所以

$$(a^x)' = a^x \ln a.$$

例 8 求对数函数 $y = \log_a x$　（$a > 0$，$a \neq 1$）的导数.

解 $f'(x) = \lim_{h \to 0}\dfrac{f(x+h) - f(x)}{h} = \lim_{h \to 0}\dfrac{\log_a(x+h) - \log_a x}{h} = \lim_{h \to 0}\dfrac{\log_a\left(1+\dfrac{h}{x}\right)}{h}$

$= \lim_{h \to 0}\dfrac{1}{x} \cdot \log_a\left(1+\dfrac{h}{x}\right)^{\frac{x}{h}} = \dfrac{1}{x}\log_a e = \dfrac{1}{x\ln a}$.

例 9 求正弦函数 $y = \sin x$ 的导数.

解 由于

$$\Delta y = f(x + \Delta x) - f(x) = \sin(x + \Delta x) - \sin x$$

$$= 2\cos\frac{x + \Delta x + x}{2}\sin\frac{x + \Delta x - x}{2} = 2\cos\left(x + \frac{\Delta x}{2}\right)\sin\frac{\Delta x}{2},$$

所以

$$\frac{\Delta y}{\Delta x}=\frac{2\cos\left(x+\frac{\Delta x}{2}\right)\sin\frac{\Delta x}{2}}{\Delta x}=\frac{\sin\frac{\Delta x}{2}}{\frac{\Delta x}{2}}\cos\left(x+\frac{\Delta x}{2}\right).$$

因此

$$y'=\lim_{\Delta x\to 0}\frac{\Delta y}{\Delta x}=\lim_{\Delta x\to 0}\frac{\sin\frac{\Delta x}{2}}{\frac{\Delta x}{2}}\cos\left(x+\frac{\Delta x}{2}\right)=\cos x,$$

故

$$(\sin x)'=\cos x.$$

例 10 设函数 $f(x)=\begin{cases}\dfrac{1}{x}\sin^2 x, & x\neq 0,\\[2mm] 0, & x=0,\end{cases}$ 试求 $f(x)$ 在点 $x=0$ 处的导数.

解 分段函数在分界点处的导数,根据导数的定义式有

$$f'(0)=\lim_{\Delta x\to 0}\frac{f(0+\Delta x)-f(0)}{\Delta x}=\lim_{\Delta x\to 0}\frac{\frac{\sin^2 \Delta x}{\Delta x}-0}{\Delta x}=\lim_{\Delta x\to 0}\frac{\sin^2 \Delta x}{(\Delta x)^2}=1.$$

利用定义求函数的导数,在取极限这一步往往计算难度较大.我们以后求导数,主要是利用基本初等函数的求导公式和相关的求导法则进行,而利用定义求导数则主要是作为推导一些基本求导公式的工具.

5. 基本初等函数的导数公式

(1) $(C)'=0$；

(2) $(x^\mu)'=\mu x^{\mu-1}$；

(3) $(\sin x)'=\cos x$；

(4) $(\cos x)'=-\sin x$；

(5) $(\tan x)'=\sec^2 x$；

(6) $(\cot x)'=-\csc^2 x$；

(7) $(\sec x)'=\sec x\cdot\tan x$；

(8) $(\csc x)'=-\csc x\cdot\cot x$；

(9) $(a^x)'=a^x\ln a$；

(10) $(\mathrm{e}^x)'=\mathrm{e}^x$；

(11) $(\log_a x)'=\dfrac{1}{x\ln a}$；

(12) $(\ln x)'=\dfrac{1}{x}$；

(13) $(\arcsin x)'=\dfrac{1}{\sqrt{1-x^2}}$；

(14) $(\arccos x)'=-\dfrac{1}{\sqrt{1-x^2}}$；

(15) $(\arctan x)'=\dfrac{1}{1+x^2}$；

(16) $(\mathrm{arccot}\,x)'=-\dfrac{1}{1+x^2}$.

6. 导数的几何意义

函数 $y=f(x)$ 在点 x_0 处的导数 $f'(x_0)$,就是曲线 $y=f(x)$ 在点 $(x_0,f(x_0))$ 处的切线斜率,这就是导数的几何意义.所以,曲线 $y=f(x)$ 在点 $M_0(x_0,y_0)$ 处的切线方程为

$$y-y_0=f'(x_0)(x-x_0),$$

曲线 $y=f(x)$ 在点 $M_0(x_0, y_0)$ 处的法线方程为

$$y-y_0=-\frac{1}{f'(x_0)}(x-x_0) \quad (f'(x_0)\neq 0).$$

例 11　求曲线 $y=\sqrt{x}$ 在点 $(1, 1)$ 处的切线方程和法线方程.

解　$y'=(\sqrt{x})'=\frac{1}{2}x^{-\frac{1}{2}}$, $k=y'|_{x=1}=\frac{1}{2}$.

切线方程为 $y-1=\frac{1}{2}(x-1)$, 即 $x-2y+1=0$.

法线方程为 $y-1=-2(x-1)$, 即 $2x+y-3=0$.

7. 函数的可导性与连续性的关系

定理　如果函数 $y=f(x)$ 在 $x=x_0$ 点可导, 那么在该点必连续.

证明　由条件知 $\lim\limits_{\Delta x\to 0}\dfrac{\Delta y}{\Delta x}=f'(x_0)$ 是存在的, 其中 $\Delta x=x-x_0$, $\Delta y=f(x)-f(x_0)$,

所以 $\dfrac{\Delta y}{\Delta x}=f'(x_0)+\alpha$ (α 为无穷小), 即 $\Delta y=f'(x_0)\Delta x+\alpha\Delta x$, 显然当 $\Delta x\to 0$ 时, 有 $\Delta y\to 0$, 所以函数 $y=f(x)$ 在 $x=x_0$ 点连续, 证毕.

注意: 这个定理的逆命题不成立, 即连续是可导的必要条件, 不是充分条件.

例 12　讨论函数 $f(x)=\begin{cases} x, & x\geq 0, \\ -x, & x<0 \end{cases}$ 在点 $x=0$ 处的可导性与连续性.

解　因为

$$\lim_{x\to 0^+}f(x)=\lim_{x\to 0^+}x=0,$$

$$\lim_{x\to 0^-}f(x)=\lim_{x\to 0^-}(-x)=0,$$

$$\lim_{x\to 0^+}f(x)=\lim_{x\to 0^-}f(x)=0=f(0),$$

所以 $f(x)$ 在 $x=0$ 处连续, 又因为

$$f'_+(0)=\lim_{\Delta x\to 0^+}\frac{\Delta y}{\Delta x}=\lim_{\Delta x\to 0^+}\frac{\Delta x}{\Delta x}=1, \quad f'_-(0)=\lim_{\Delta x\to 0^-}\frac{\Delta y}{\Delta x}=-\lim_{\Delta x\to 0^-}\frac{\Delta x}{\Delta x}=-1,$$

即 $f'_+(0)\neq f'_-(0)$, 所以 $f'(0)$ 不存在.

例 13　求常数 a, b 使得 $f(x)=\begin{cases} e^x, & x\geq 0, \\ ax+b, & x<0 \end{cases}$ 在点 $x=0$ 处可导.

解　要使 $f(x)$ 在 $x=0$ 点可导, 必使之在 $x=0$ 点连续, 故

$$\lim_{x\to 0^+}f(x)=\lim_{x\to 0^-}f(x)=f(0),$$

所以 $e^0=a\cdot 0+b$, 则 $b=1$.

又若使 $f(x)$ 在 $x=0$ 点可导, 必使之左右导数存在且相等, 由题知, 左右导数是存在的, 且

$$f'_-(0)=\lim_{x\to 0^-}\frac{(ax+b)-e^0}{x-0}=a,$$

$$f'_+(0)=\lim_{x\to 0^+}\frac{e^x-e^0}{x-0}=\lim_{x\to 0^+}\frac{x}{x}=1,$$

若有 $a=1$，则 $f'_-(0)=f'_+(0)$，此时 $f(x)$ 在 $x=0$ 点可导，所以所求常数为 $a=b=1$.

习题

A 组

1. 利用导数的定义计算函数 $y=2x$ 的导数.

2. 利用基本初等函数的导数公式计算下列函数的导数.

(1) $y=\sqrt{x}$；　　　　　(2) $y=\dfrac{1}{x^2}$；　　　　　(3) $y=2^x$；

(4) $y=\dfrac{1}{3^x}$；　　　　(5) $y=\log_2 x$；　　　　(6) $y=\sin\dfrac{\pi}{6}$.

3. 求下列函数在指定点处的导数.

(1) $y=\ln x$ 在点 $x=2$ 处；　　　　　(2) $y=\cos x$ 在点 $x=\dfrac{\pi}{4}$ 处.

4. 已知 $f(x)=10x^2$，求 $f'(0)$，$f'(-2)$.

B 组

1. 若函数 $f(x)$ 在 x_0 处可导，求 $\lim\limits_{\Delta x\to 0}\dfrac{f(x_0+2\Delta x)-f(x_0)}{\Delta x}$ 的值.

2. 若函数 $f(x)$ 在 $x=0$ 处可导，且 $f'(0)=2$，求 $\lim\limits_{x\to 0}\dfrac{f(2x)-f(0)}{x}$.

3. 计算下列函数的导数.

(1) $y=x^2\sqrt{x}$；　　　　　　　(2) $y=\dfrac{x^2}{\sqrt{x}}$；

(3) $y=2^x\cdot 3^x$；　　　　　　　(4) $y=\dfrac{2^x}{5^x}$.

4. 讨论函数 $f(x)=\begin{cases}x^2\sin\dfrac{1}{x}, & x\neq 0,\\ 0, & x=0\end{cases}$ 在点 $x=0$ 处的连续性和可导性.

5. 设 $f(x)$ 在点 $x=2$ 处连续，且 $\lim\limits_{x\to 2}\dfrac{f(x)}{x-2}=1$，求 $f'(2)$.

6. 设 $\varphi(x)$ 在点 $x=a$ 处连续，且 $f(x)=(x^2-a^2)\varphi(x)$，求 $f'(a)$.

7. 求曲线 $y=x-\dfrac{1}{x}$ 在与 x 轴交点处的切线方程.

二、导数的四则运算法则与高阶导数

学习目标：

熟练掌握导数的四则运算法则.

理解高阶导数的概念.

知识导图：

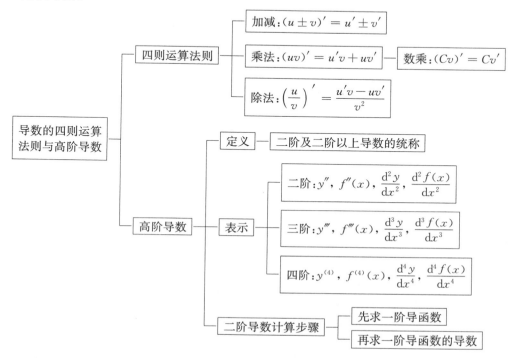

1. 导数的四则运算法则

法则 1 如果 $u=u(x)$，$v=v(x)$ 都是 x 的可导函数，则 $y=u\pm v$ 也是 x 的可导函数，并且

$$y'=(u\pm v)'=u'\pm v'.$$

这个法则可以推广到有限个可导函数的和的情形，即

$$(u_1\pm u_2\pm\cdots\pm u_n)'=u_1'\pm u_2'\pm\cdots\pm u_n'.$$

例 1 求函数 $y=x^2-\sin x+1$ 的导数.

解 $y'=(x^2-\sin x+1)'=(x^2)'-(\sin x)'+1'=2x-\cos x.$

法则 2 如果 $u=u(x)$，$v=v(x)$ 都是 x 的可导函数，则 $y=uv$ 也是 x 的可导函数，并且

$$y'=(uv)'=u'v+uv'.$$

特别地，若 $u=C(C$ 为常数)，则

$$y'=(Cv)'=Cv'.$$

即常数因子可以从导数记号里提出来.

这法则也可以推广到有限个可导函数积的情形，例如

$$(uv\omega)' = u'v\omega + uv'\omega + uv\omega'.$$

例2　求函数 $y = x^3 \ln x$ 的导数.

解　$y' = (x^3)' \ln x + x^3 (\ln x)' = 3x^2 \ln x + x^2.$

例3　设 $f(x) = (1 + x^2)\left(1 - \dfrac{1}{x^2}\right)$，求 $f'(1)$，$f'(-1)$.

解法一　$f'(x) = (1 + x^2)'\left(1 - \dfrac{1}{x^2}\right) + (1 + x^2)\left(1 - \dfrac{1}{x^2}\right)'$

$$= 2x\left(1 - \frac{1}{x^2}\right) + (1 + x^2)\frac{2}{x^3} = 2x - \frac{2}{x} + \frac{2}{x} + \frac{2}{x^3} = 2x + \frac{2}{x^3},$$

所以

$$f'(1) = 4,\ f'(-1) = -4.$$

解法二　$f(x) = (1 + x^2)\left(1 - \dfrac{1}{x^2}\right) = 1 - \dfrac{1}{x^2} + x^2 - 1 = x^2 - \dfrac{1}{x^2}$，则 $f'(x) = 2x + \dfrac{2}{x^3}$，

所以

$$f'(1) = 4,\ f'(-1) = -4.$$

法则3　设 $u = u(x)$，$v = v(x)$ 都是 x 的可导函数，且 $v \neq 0$，则函数 $y = \dfrac{u}{v}$ 也是 x 的可导函数，并且

$$y' = \left(\frac{u}{v}\right)' = \frac{u'v - uv'}{v^2}.$$

例4　求函数 $y = \tan x$ 的导数.

解　$y' = \left(\dfrac{\sin x}{\cos x}\right)' = \dfrac{\cos^2 x - (-\sin^2 x)}{\cos^2 x} = \dfrac{1}{\cos^2 x} = \sec^2 x$，所以

$$(\tan x)' = \sec^2 x.$$

类似地有

$$(\cot x)' = -\csc^2 x.$$

例5　求函数 $y = \dfrac{2 - x}{2 + x}$ 的导数.

解　$y' = \dfrac{(2 - x)'(2 + x) - (2 - x)(2 + x)'}{(2 + x)^2} = \dfrac{-(2 + x) - (2 - x)}{(2 + x)^2} = -\dfrac{4}{(2 + x)^2}.$

例6　设 $f(x) = \begin{cases} \dfrac{1}{x}\sin^2 x, & x < 0, \\ \ln(1 + x), & x \geq 0, \end{cases}$，求 $f'(x)$.

解　当 $x < 0$ 时，$f'(x) = \dfrac{2\sin x\cos x \cdot x - \sin^2 x}{x^2} = \dfrac{x\sin 2x - \sin^2 x}{x^2}.$

当 $x > 0$ 时，$f'(x) = \dfrac{1}{1 + x}.$

$$f'_-(0) = \lim_{x \to 0^-} \frac{f(x) - f(0)}{x - 0} = \lim_{x \to 0^-} \frac{\dfrac{1}{x}\sin^2 x - 0}{x} = \lim_{x \to 0^-} \frac{\sin^2 x}{x^2} = 1,$$

$$f'_+(0)=\lim_{x\to 0^+}\frac{f(x)-f(0)}{x-0}=\lim_{x\to 0^+}\frac{\ln(1+x)-0}{x}=1,$$

$f'_-(0)=f'_+(0)=1$，所以 $f'(0)=1$，于是

$$f'(x)=\begin{cases}\dfrac{x\sin 2x-\sin^2 x}{x^2}, & x<0,\\[2mm] 1, & x=0,\\[2mm] \dfrac{1}{1+x}, & x>0.\end{cases}$$

例 7　求曲线 $y=x^3+x$ 在点 $(1,2)$ 处的切线方程和法线方程.

解　因为 $y=x^3+x$，有

$$y'=(x^3)'+x'=3x^2+1,$$

所以

$$k_{切}=y'|_{x=1}=3\times 1+1=4,\ k_{法}=-\frac{1}{k_{切}}=-\frac{1}{4}.$$

于是，曲线在点 $(1,2)$ 的切线方程为 $y-2=4\times(x-1)$，即 $4x-y-2=0$；曲线在点 $(1,2)$ 的法线方程为 $y-2=-\dfrac{1}{4}\times(x-1)$，即 $x+4y-9=0$.

2. 高阶导数

一般说来，函数 $y=f(x)$ 的导数 $y'=f'(x)$ 仍然是 x 的函数.

定义　如果 $f'(x)$ 仍可求导，则称 $y'=f'(x)$ 的导数 $(y')'=[f'(x)]'$ 是函数 $y=f(x)$ 的**二阶导数**，记为

$$y'',\ f''(x),\ \frac{\mathrm{d}^2 y}{\mathrm{d}x^2}或\frac{\mathrm{d}^2 f(x)}{\mathrm{d}x^2},$$

即

$$y''=(y')',\ f''(x)=[f'(x)]',\ \frac{\mathrm{d}^2 y}{\mathrm{d}x^2}=\frac{\mathrm{d}}{\mathrm{d}x}\left(\frac{\mathrm{d}y}{\mathrm{d}x}\right).$$

相应地，把 $y=f(x)$ 的导数 $f'(x)$ 称为函数 $y=f(x)$ 的**一阶导数**.

类似地，如果 $y''=f''(x)$ 的导数存在，则称 y'' 的导数为 $y=f(x)$ 的**三阶导数**，一般地，如果 $y=f(x)$ 的 $(n-1)$ 阶导数的导数存在，则称为 $y=f(x)$ 的 **n 阶导数**，它们分别记为

$$y''',\ y^{(4)},\ \cdots,\ y^{(n)},或 f'''(x),\ f^{(4)}(x),\ \cdots,\ f^{(n)}(x),或\frac{\mathrm{d}^3 y}{\mathrm{d}x^3},\ \frac{\mathrm{d}^4 y}{\mathrm{d}x^4},\ \cdots,\ \frac{\mathrm{d}^n y}{\mathrm{d}x^n}.$$

二阶及二阶以上的导数统称为高阶导数.

根据高阶导数的意义，求高阶导数时仍用前述的求导方法.

例 8　求函数的二阶导数.

(1) $y=\mathrm{e}^x+\ln x+2$；　　　　　　　　(2) $y=x^2\sin 3x$.

解　(1) $y'=\mathrm{e}^x+\dfrac{1}{x}$，$y''=\mathrm{e}^x-\dfrac{1}{x^2}$.

(2) $y'=2x\sin 3x+3x^2\cos 3x$，

$y''=2\sin 3x+6x\cos 3x+6x\cos 3x-9x^2\sin 3x=(2-9x^2)\sin 3x+12x\cos 3x$.

例 9 已知 $y=\sin x$，求 n 阶导数.

解 $y=\sin x$，$y'=\cos x=\sin\left(x+\dfrac{\pi}{2}\right)$，

$$y''=-\sin x=\sin(x+\pi)=\sin\left(x+2\cdot\dfrac{\pi}{2}\right),$$

$$y'''=-\cos x=-\sin\left(x+\dfrac{\pi}{2}\right)=\sin\left(x+\dfrac{\pi}{2}+\pi\right)=\sin\left(x+3\cdot\dfrac{\pi}{2}\right),$$

$$y^{(4)}=\sin x=\sin(x+2\pi)=\sin\left(x+4\cdot\dfrac{\pi}{2}\right),\cdots.$$

一般地，有 $y^{(n)}=\sin\left(x+n\,\dfrac{\pi}{2}\right)$，即 $(\sin x)^{(n)}=\sin\left(x+n\,\dfrac{\pi}{2}\right)$.

同样可求得 $(\cos x)^{(n)}=\cos\left(x+n\,\dfrac{\pi}{2}\right)$.

例 10 已知 $y=\ln(1+x)$，求 y 的 n 阶导数.

解 $y=\ln(1+x)$，$y'=\dfrac{1}{1+x}$，$y''=-\dfrac{1}{(1+x)^2}$，$y'''=\dfrac{1\cdot2}{(1+x)^3}$，$y^{(4)}=-\dfrac{1\cdot2\cdot3}{(1+x)^4}$，$\cdots$.

一般地，有 $y^{(n)}=(-1)^{n-1}\dfrac{(n-1)!}{(1+x)^n}$，即

$$(\ln(1+x))^{(n)}=(-1)^{n-1}\dfrac{(n-1)!}{(1+x)^n}.$$

例 11 验证 $y=\dfrac{x-3}{x-4}$ 满足关系式：$2(y')^2=(y-1)y''$.

解

$$y=\dfrac{x-3}{x-4}=1+\dfrac{1}{x-4},$$

所以

$$y'=-\dfrac{1}{(x-4)^2},\quad y''=\dfrac{1\cdot2}{(x-4)^3},$$

又因为

$$2(y')^2-(y-1)y''=2\cdot\dfrac{1}{(x-4)^4}-\dfrac{1}{x-4}\cdot\dfrac{2}{(x-4)^3}=0,$$

所以

$$2(y')^2-(y-1)y''=0.$$

例 12 飞机起飞的一段时间内，设飞机运动的路程 s（单位：m）与时间 t（单位：s）的关系满足：$s=t^3-2\sqrt{t}$，求当 $t=4$ s 时，飞机的加速度.

解 因为

$$s'=(t^3-2\sqrt{t})'=3t^2-\dfrac{1}{\sqrt{t}},$$

$$s''=\left(3t^2-\dfrac{1}{\sqrt{t}}\right)'=6t+\dfrac{1}{2t\sqrt{t}},$$

所以当 $t=4\,\mathrm{s}$ 时,飞机的加速度为

$$a=s''|_{t=4}=6\times4+\frac{1}{2\times4\sqrt{4}}=24\,\frac{1}{16}\,(\mathrm{m/s^2}).$$

习题

A 组

1. 求下列函数的导数.

　　(1) $y=\tan x+\log_2 x$;　　　　　　(2) $y=3^x-\dfrac{1}{x}$;

　　(3) $y=3x^3-5^x+\cos x$;　　　　　(4) $y=\left(1+\dfrac{1}{\sqrt{x}}\right)(1+\sqrt{x})$;

　　(5) $y=x\mathrm{e}^x-\mathrm{e}^x$;　　　　　　　(6) $y=(x^2-3)\sin x$;

　　(7) $y=\dfrac{3x^2}{\sin x}$;　　　　　　　　(8) $y=\dfrac{1-\ln x}{1+\ln x}$.

2. 求下列函数在给定点处的导数值.

　　(1) 已知 $f(t)=t^2+\cos^2 t+3$,求 $f'(0)$,$f'\left(\dfrac{\pi}{2}\right)$.

　　(2) 已知 $f(x)=\dfrac{3}{5-x}+\dfrac{x^2}{5}$,求 $f'(0)$,$f'(2)$.

B 组

1. 选择题.

　　(1) 设 $f(x)=x(x-1)(x-2)\cdots(x-100)$,则 $f'(0)$ 等于　　　　　　　　(　　)

　　　　A. -100　　　　　B. 0　　　　　C. 100　　　　　D. $100!$

　　(2) 设函数 $y=y(x)$ 在 x_0 存在二阶导数 $y''(x_0)$,则下面结论不一定正确的是

　　　　　　　　　　　　　　　　　　　　　　　　　　　　(　　)

　　　　A. $y''(x)$ 在 x_0 连续　　　　　B. $y'(x)$ 在 x_0 连续

　　　　C. $y(x)$ 在 x_0 连续　　　　　D. $y'(x_0)$ 存在

2. 求下列函数的导数.

　　(1) $y=\ln(\tan x)$;　　　　　　　(2) $y=\cos \mathrm{e}^x$;

　　(3) $y=\sqrt{x}\,\mathrm{e}^x+2x\sin x-5$;　　(4) $y=\dfrac{2x^2-3x+\sqrt{x}+1}{\sqrt{x}}$;

　　(5) $y=\dfrac{1+\sin x}{1-\sin x}$;　　　　　　(6) $y=x\ln x-x(x-1)$.

3. 已知曲线 $y=ax^2$ 与 $y=\ln x$ 相切,求 a 的值.

4. 求下列函数的二阶导数.

　　(1) $y=x\cos x$;　　　　　　　　(2) $y=\ln(1-x)$;

　　(3) $y=\dfrac{\mathrm{e}^x}{x}$;　　　　　　　　　(4) $y=x\mathrm{e}^x$.

三、复合函数的导数与反函数的导数

学习目标:

掌握复合函数的求导法则.

能熟练运用复合函数的求导法则求复合函数的导数.

了解反函数的求导方法.

知识导图:

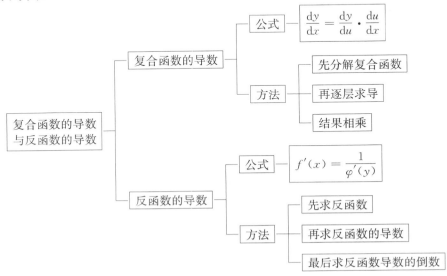

1. 复合函数的导数

能不能根据公式 $(\sin x)'=\cos x$ 直接得出 $(\sin 2x)'=\cos 2x$？回答是否定的,其原因在于 $y=\sin 2x$ 不是基本初等函数,而是 x 的复合函数.

事实上,读者容易验证: $(\sin 2x)'=2\cos 2x$.

法则　如果函数 $u=\varphi(x)$ 在点 x 处可导,函数 $y=f(u)$ 在对应点 $u=\varphi(x)$ 可导,则复合函数 $y=f[\varphi(x)]$ 在点 x 可导,且

$$y'=\{f[\varphi(x)]\}'_x=f'(u)\varphi'(x).$$

上述法则可写成 $y'_x=y'_u \cdot u'_x$ 或 $\dfrac{\mathrm{d}y}{\mathrm{d}x}=\dfrac{\mathrm{d}y}{\mathrm{d}u} \cdot \dfrac{\mathrm{d}u}{\mathrm{d}x}$.

复合函数的求导法则又称为**链式法则**.它可以推广到多个函数复合的情形.

注意:(1) 如果先引入中间变量,则求复合函数的导数的步骤可以概括为"一分解、二求导、三算乘积".

(2) 求复合函数的导数时,首先要分清函数的复合层次,然后由外向里,逐次推进求导,力求做到不重复、不遗漏.

(3) 在求导数的过程中,始终要明确是哪个函数对哪个变量求导(不论是自变量还是中间变量).

例 1　求函数 $y=(x^2-x)^3$ 的导数.

解　函数 $y=(x^2-x)^3$ 可以看成由 $y=u^3$ 和 $u=x^2-x$ 复合而成的,因此

$$\frac{dy}{dx}=\frac{dy}{du}\frac{du}{dx}=(u^3)'(x^2-x)'=3u^2\cdot(2x-1)=3(2x-1)(x^2-x)^2.$$

例2 求函数 $y=\ln\cos 2x$ 的导数.

解 函数 $y=\ln\cos 2x$ 可以分解为 $y=\ln u$，$u=\cos v$，$v=2x$，因此

$$y'=(\ln\cos 2x)'=\frac{1}{\cos 2x}(\cos 2x)'=\frac{-\sin 2x}{\cos 2x}(2x)'=-2\tan 2x.$$

从这些例题可以看出：求复合函数的导数，首先要分析清楚函数的复合结构，求出每一层次函数的导数，再用链式法则，得到复合函数的导数.

当运算熟练后，在求复合函数的导数时，不必将中间变量写出.

例3 求下列函数的导数：

(1) $y=\sin^3(2x+1)$；　(2) $y=e^{\tan\frac{1}{x}}$；　(3) $y=\ln|x|$.

解 (1) $y'=[\sin^3(2x+1)]'=3\sin^2(2x+1)(\sin(2x+1))'$
$=3\sin^2(2x+1)\cos(2x+1)(2x+1)'=6\sin^2(2x+1)\cos(2x+1)$
$=3\sin(2x+1)\sin(4x+2).$

(2) $y'=(e^{\tan\frac{1}{x}})'=e^{\tan\frac{1}{x}}\left(\tan\frac{1}{x}\right)'=e^{\tan\frac{1}{x}}\sec^2\frac{1}{x}\left(\frac{1}{x}\right)'$
$=e^{\tan\frac{1}{x}}\sec^2\frac{1}{x}\cdot\left(-\frac{1}{x^2}\right)=-\frac{1}{x^2}\sec^2\frac{1}{x}e^{\tan\frac{1}{x}}.$

(3) 因为 $y=\ln|x|=\begin{cases}\ln x,&x>0\\\ln(-x),&x<0\end{cases}$，所以

$$y'=\begin{cases}\dfrac{1}{x},&x>0,\\[2mm]\dfrac{1}{-x}(-x)'=\dfrac{1}{x},&x<0,\end{cases}$$

即

$$y'=(\ln|x|)'=\frac{1}{x}.$$

该导数也可以下面的方法求得.

因为

$$y=\ln|x|=\ln\sqrt{x^2},$$

所以

$$y'=\frac{1}{\sqrt{x^2}}\cdot\frac{1}{2\sqrt{x^2}}\cdot 2x=\frac{1}{x}(x\neq 0).$$

例4 确定 a，b 值，使函数 $f(x)=\begin{cases}\sin ax,&x\leqslant 0\\\ln(1+x)+b,&x>0\end{cases}$ 在 $(-\infty,+\infty)$ 上处处可导.

解 $f(x)$ 在 $(-\infty,+\infty)$ 上可导，则 $f(x)$ 在 $x=0$ 处连续且可导. 而

$$\lim_{x\to 0^-}f(x)=\lim_{x\to 0^-}\sin ax=0,\quad \lim_{x\to 0^+}f(x)=\lim_{x\to 0^+}[\ln(1+x)+b]=b,$$

由连续性,可得 $b=0$,又

$$f'_-(0)=\lim_{x\to 0^-}\frac{f(x)-f(0)}{x-0}=\lim_{x\to 0^-}\frac{\sin ax}{x}=a,$$

$$f'_+(0)=\lim_{x\to 0^+}\frac{f(x)-f(0)}{x-0}=\lim_{x\to 0^+}\frac{\ln(1+x)}{x}=\lim_{x\to 0^+}\ln(1+x)^{\frac{1}{x}}=1,$$

又由可导性得

$$f'_-(0)=f'_+(0),\text{故}\ a=1.$$

例 5   已知 $y=\mathrm{e}^{\sqrt{1-\sin x}}$,求 y'.

解 $y'=(\mathrm{e}^{\sqrt{1-\sin x}})'=\mathrm{e}^{\sqrt{1-\sin x}}\cdot(\sqrt{1-\sin x})'=\mathrm{e}^{\sqrt{1-\sin x}}\cdot\frac{1}{2}\cdot\frac{(1-\sin x)'}{\sqrt{1-\sin x}}$

$$=\frac{1}{2}\mathrm{e}^{\sqrt{1-\sin x}}\cdot\frac{-\cos x}{\sqrt{1-\sin x}}=-\frac{1}{2}\frac{\cos x}{\sqrt{1-\sin x}}\mathrm{e}^{\sqrt{1-\sin x}}.$$

例 6   已知 $y=\arcsin(2\cos(x^2-1))$,求 y'.

解 $y'=(\arcsin(2\cos(x^2-1)))'=\dfrac{1}{\sqrt{1-[2\cos(x^2-1)]^2}}(2\cos(x^2-1))'$

$$=\frac{1}{\sqrt{1-4\cos^2(x^2-1)}}\cdot 2[-\sin(x^2-1)]\cdot(x^2-1)'$$

$$=\frac{-2\sin(x^2-1)}{\sqrt{1-4\cos^2(x^2-1)}}\cdot 2x=-\frac{4x\sin(x^2-1)}{\sqrt{1-4\cos^2(x^2-1)}}.$$

例 7   求函数 $y=\dfrac{1}{x+\sqrt{x^2+1}}$ 的导数.

解   先有理化分母得

$$y=\frac{x-\sqrt{x^2+1}}{(x+\sqrt{x^2+1})(x-\sqrt{x^2+1})}=\sqrt{x^2+1}-x,$$

然后求导数得

$$y'=(\sqrt{1+x^2}-x)'=\frac{2x}{2\sqrt{1+x^2}}-1=\frac{x}{\sqrt{1+x^2}}-1.$$

一般地,在求一个函数的导数时,先看原来的函数是否可以化简,再求导,以便降低解题的难度和提高解题的速度.

例 8   【应用案例】已知在交流电路中,通过的电量 Q 是时间 t 的函数 $Q=Q_m\sin(wt+\varphi_0)$(其中 Q_m、φ_0、ω 均为常数),求电流 i.

解   由电学知识和导数定义,电流 i 是电量 Q 对时间 t 的导数,

$$i=\frac{\mathrm{d}Q}{\mathrm{d}t}=[Q_m\sin(wt+\varphi_0)]'=Q_m\cos(wt+\varphi_0)(wt+\varphi_0)'=Q_mw\cos(wt+\varphi_0).$$

例 9   【应用案例】假设某钢棒的长度 L(单位:cm)取决于气温 H(单位:℃),而气温 H 又取决于时间 t(单位:h),如果气温每升高 1 ℃,钢棒长度增加 2 cm,而每隔 1 h,气温上升 3 ℃,问钢棒长度关于时间的增加率?

解   已知长度对气温的变化率为 $\dfrac{\mathrm{d}L}{\mathrm{d}H}=2$ cm/℃,气温对时间的变化率为 $\dfrac{\mathrm{d}H}{\mathrm{d}t}=3$ ℃/h,

要求长度对时间的变化率，即$\dfrac{\mathrm{d}L}{\mathrm{d}t}$.

将 L 看作 H 的函数，H 看作 t 的函数，由复合函数的链式法则得

$$\frac{\mathrm{d}L}{\mathrm{d}t}=\frac{\mathrm{d}L}{\mathrm{d}H}\cdot\frac{\mathrm{d}H}{\mathrm{d}t}=2\times3=6(\mathrm{cm/h}).$$

故长度关于时间的增长率为 6 cm/h.

2. 反函数的导数

定理　若单调函数 $x=\varphi(y)$ 在 (a,b) 内可导，且 $\varphi'(y)\neq0$，则它的反函数 $y=f(x)$ 在对应的区间内也可导，且

$$f'(x)=\frac{1}{\varphi'(y)}\text{或}\,y'_x=\frac{1}{x'_y}.$$

也就是说，一个函数的导数，等于它反函数导数的倒数，利用这个定理可以来计算一些特殊函数的导数，这里主要是用它来推导反三角函数的导数公式.

在基本初等函数的导数公式中已经介绍了四个反三角函数的求导公式，现在利用反函数的导数定理来证明这些公式.

例 10　求 $y=\arcsin x\,(-1<x<1)$ 的导数.

解　因为 $y=\arcsin x$ 的反函数是 $x=\sin y\left(-\dfrac{\pi}{2}<y<\dfrac{\pi}{2}\right)$，且 $\dfrac{\mathrm{d}x}{\mathrm{d}y}=\cos y>0$，所以

$$\frac{\mathrm{d}y}{\mathrm{d}x}=\frac{1}{\dfrac{\mathrm{d}x}{\mathrm{d}y}}=\frac{1}{\cos y}=\frac{1}{\sqrt{1-\sin^2 y}}=\frac{1}{\sqrt{1-x^2}},$$

即

$$(\arcsin x)'=\frac{1}{\sqrt{1-x^2}}.$$

同理可得

$$(\arccos x)'=-\frac{1}{\sqrt{1-x^2}},\ (\arctan x)'=\frac{1}{1+x^2},\ (\mathrm{arccot}\,x)'=-\frac{1}{1+x^2}.$$

习题

A 组

1. 求下列函数的导数.

 (1) $y=3^{2x}$；   (2) $y=\cos 5x$；

 (3) $y=\sin^2 x$；   (4) $y=(2x-5)^7$；

 (5) $y=(\ln x)^3$；   (6) $y=\mathrm{e}^{\sin x}$；

 (7) $y=\ln(\ln x)$；   (8) $y=\ln(x^2+1)$；

 (9) $y=\sqrt{\sin x}$；   (10) $y=\mathrm{e}^{-x^2}$.

2. 计算下列函数在给定点的导数.

 (1) $y=\ln\tan x$，在点 $x=\dfrac{\pi}{3}$ 处的导数； (2) $y=\sqrt{1+\ln^2 x}$，在点 $x=\mathrm{e}$ 处的导数.

B 组

1. 求下列函数的导数.

   (1) $y = \arctan \sqrt{x}$；(2) $y = \ln \sin x$；

   (3) $y = e^{\sin x^2}$；(4) $y = \arcsin \sqrt{\sin x}$；

   (5) $y = \arctan \dfrac{1-x}{1+x}$；(6) $y = \ln \dfrac{x + \sqrt{1-x^2}}{x}$.

2. 设 $f(x)$ 可导，求函数 $y = f(e^{x^2})$ 的导数 $\dfrac{\mathrm{d}y}{\mathrm{d}x}$.

3. 若 $f''(x)$ 存在，求下列函数的二阶导数：

   (1) $y = f(x^2)$；(2) $y = \ln f(x)$.

四、隐函数的导数及参数方程的导数

学习目标：

会求隐函数的导数.

掌握对数求导法.

了解参数方程的求导方法.

知识导图：

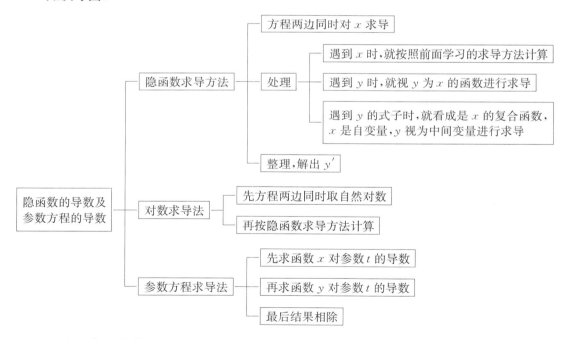

1. 隐函数的导数

由方程 $F(x,y) = 0$ 所确定的 y 与 x 的函数关系，称为**由方程 $F(x,y) = 0$ 所确定的隐函数**，其中因变量 y 不一定能用自变量 x 表示出来，例如：$e^y - 2xy + 1 = 0$ 不能写成 $y = f(x)$（显函数）的形式.

求隐函数 $F(x,y)=0$ 的导数 y_x'（或 y'），从方程 $F(x,y)=0$ 出发，将方程 $F(x,y)=0$ 左右两端同时对 x 求导，遇到 y 时，就视 y 为 x 的函数；遇到 y 的式子时，就看成是 x 的复合函数，x 是自变量，y 视为中间变量，然后从所得的等式中解出 y_x'（或 y'），即得到隐函数的导数.

例 1 求隐函数 $xy^2-x^2y+y^4+1=0$ 的导数 y'.

解 两边同时对 x 求导得

$$y^2+2xyy'-2xy-x^2y'+4y^3y'=0,$$

解出 y' 得

$$y'=\frac{y(2x-y)}{2xy-x^2+4y^3}.$$

例 2 求隐函数 $\mathrm{e}^{xy}-3\sin y=5x$ 的导数 y'.

解 两边同时对 x 求导得 $\mathrm{e}^{xy}(xy)'-3(\cos y)y'=5$，即

$$\mathrm{e}^{xy}(y+xy')-3y'\cos y=5,$$

解出 y' 得

$$y'=\frac{5-y\mathrm{e}^{xy}}{x\mathrm{e}^{xy}-3\cos y}.$$

例 3 求函数 $y=x^x(x>0)$ 的导数 y'.

解法一 $y=x^x$ 可以变形为 $y=\mathrm{e}^{x\ln x}$ 后再求导.

解法二 对 $y=x^x$ 左右两边同时取自然对数，得 $\ln y=x\ln x$，两边同时对 x 求导，得

$$\frac{1}{y}\cdot y'=\ln x+x\cdot\frac{1}{x},$$

因此

$$y'=y(1+\ln x)=x^x(1+\ln x).$$

例 4 求由方程 $xy+\ln y=1$ 所确定的函数 $y=f(x)$ 在点 $M(1,1)$ 的切线方程.

解 两边同时对 x 求导，得

$$y+xy'+\frac{1}{y}y'=0,$$

解出 y' 得

$$y'=-\frac{y^2}{xy+1},$$

所以

$$k=y'\Big|_{\substack{x=1\\y=1}}=-\frac{1}{2}.$$

于是在点 $M(1,1)$ 的切线方程为

$$y-1=-\frac{1}{2}(x-1),$$

即

$$x+2y-3=0.$$

像这样,先对等式两边取自然对数,然后用隐函数的求导方法求其导数,这种方法称为**对数求导法**.对数求导法适合于求形式为积、商、幂、方根的函数的导数.

例 5　求函数 $y=\sqrt{\dfrac{(x-1)(x-2)}{(x-3)(x-4)}}$ 的导数(其中 $x>4$).

解　对函数两边取自然对数得

$$\ln y=\frac{1}{2}\big[\ln(x-1)+\ln(x-2)-\ln(x-3)-\ln(x-4)\big],$$

两边同时对 x 求导,得

$$\frac{1}{y}y'=\frac{1}{2}\Big(\frac{1}{x-1}+\frac{1}{x-2}-\frac{1}{x-3}-\frac{1}{x-4}\Big),$$

所以

$$y'=y\cdot\frac{1}{2}\Big(\frac{1}{x-1}+\frac{1}{x-2}-\frac{1}{x-3}-\frac{1}{x-4}\Big)$$

$$=\frac{1}{2}\Big(\frac{1}{x-1}+\frac{1}{x-2}-\frac{1}{x-3}-\frac{1}{x-4}\Big)\sqrt{\frac{(x-1)(x-2)}{(x-3)(x-4)}}.$$

例 6　【应用案例】一气球从离开观察员 500 m 处离地面铅直上升,其速度为 140 m/min.当气球高度为 500 m 时,观察员视线的仰角增加率是多少?

解　设气球上升 t 后,其高度为 h,观察员视线的仰角为 α,则

$$\tan\alpha=\frac{h}{500},$$

其中 α 及 h 都是时间 t 的函数.上式两边对 t 求导,得

$$\sec^{2}\alpha\cdot\frac{\mathrm{d}\alpha}{\mathrm{d}t}=\frac{1}{500}\cdot\frac{\mathrm{d}h}{\mathrm{d}t}.$$

已知 $\dfrac{\mathrm{d}h}{\mathrm{d}t}=140$ m/min.又当 $h=500$ m 时,$\tan\alpha=1$,$\sec^{2}\alpha=2$ 代入上式得

$$2\frac{\mathrm{d}\alpha}{\mathrm{d}t}=\frac{1}{500}\cdot140,$$

所以

$$\frac{\mathrm{d}\alpha}{\mathrm{d}t}=\frac{70}{500}=0.14\ \mathrm{rad/min}.$$

即观察员视线的仰角增加率是 0.14 rad/min.

2. 由参数方程所确定的函数的导数

一般说来,参数方程

$$\begin{cases}x=\varphi(t),\\ y=\psi(t),\end{cases}\quad a\leqslant t\leqslant\beta. \tag{1}$$

确定了 y 是 x 的函数,有时需要计算由参数方程(1)所确定的函数 y 对 x 的导数 $\dfrac{\mathrm{d}y}{\mathrm{d}x}$,但从方程(1)中消去参数 t 有时会比较困难,因此有必要寻求一种能直接由参数方程(1)来计算它所确定的函数导数的方法.

在参数方程(1)中,如果函数 $x=\varphi(t)$ 具有单调连续反函数 $t=\varphi^{-1}(x)$,则由参数方程(1)所确定的函数 y 可以看成是 $y=\psi(t)$ 和 $t=\varphi^{-1}(x)$ 复合而成的函数 $y=\psi[\varphi^{-1}(x)]$,假定 $x=\varphi(t)$、$y=\psi(t)$ 都可导,且 $\varphi'(t)\neq 0$,则由复合函数的求导法则和反函数的求导法则得

$$\frac{\mathrm{d}y}{\mathrm{d}x}=\frac{\mathrm{d}y}{\mathrm{d}t}\frac{\mathrm{d}t}{\mathrm{d}x}=\frac{\mathrm{d}y}{\mathrm{d}t}\frac{1}{\dfrac{\mathrm{d}x}{\mathrm{d}t}}=\frac{\dfrac{\mathrm{d}y}{\mathrm{d}t}}{\dfrac{\mathrm{d}x}{\mathrm{d}t}},$$

即

$$\frac{\mathrm{d}y}{\mathrm{d}x}=\frac{\dfrac{\mathrm{d}y}{\mathrm{d}t}}{\dfrac{\mathrm{d}x}{\mathrm{d}t}} \text{ 或 } \frac{\mathrm{d}y}{\mathrm{d}x}=\frac{\psi'(t)}{\phi'(t)}.$$

例 7   求由参数方程 $\begin{cases}x=a\cos^3 t,\\ y=b\sin^3 t\end{cases}$ 所确定函数的导数 $\dfrac{\mathrm{d}y}{\mathrm{d}x}$.

解   因为

$$\frac{\mathrm{d}x}{\mathrm{d}t}=a(3\cos^2 t)(\cos t)'=-3a\sin t\cos^2 t,$$

$$\frac{\mathrm{d}y}{\mathrm{d}t}=b(3\sin^2 t)(\sin t)'=3b\sin^2 t\cos t,$$

所以

$$\frac{\mathrm{d}y}{\mathrm{d}x}=\frac{\dfrac{\mathrm{d}y}{\mathrm{d}t}}{\dfrac{\mathrm{d}x}{\mathrm{d}t}}=\frac{3b\sin^2 t\cos t}{-3a\sin t\cos^2 t}=-\frac{b}{a}\tan t.$$

习题

A 组

1. 求由方程所确定的隐函数 y 对 x 的导数.

(1) $x^2+3xy-5y^2=9$;　　　　　(2) $\mathrm{e}^y-y\sin x=\mathrm{e}$;

(3) $y=6-x\mathrm{e}^y$;　　　　　　　(4) $x\sin y-y^2=2x$;

(5) $x^3 y+3y^2=5$;　　　　　　　(6) $\mathrm{e}^x y^2+x^2-1=0$.

2. 求由方程所确定的隐函数 y 在指定点的导数.

(1) $\mathrm{e}^y-y\sin x=\mathrm{e}$,在点 $(0,1)$ 处;　　　(2) $\mathrm{e}^y-\mathrm{e}^{-x}+xy=0$,在点 $x=0$ 处.

B 组

1. 求由方程所确定的隐函数 y 对 x 的导数.

    (1) $e^x y^2 + x^2 - 1 = 0$;   (2) $\ln\sqrt{x^2 + y^2} = \arctan\dfrac{y}{x}$.

2. 用对数求导法求下列函数的导数.

    (1) $y = x^{\sin x}$（其中 $x > 0$）;

    (2) $y = \sqrt[3]{(x-1)^2} \cdot (2x+1)$ $\left(\text{其中 } x > -\dfrac{1}{2} \text{ 且 } x \neq 1\right)$;

    (3) $y = (x-1)(x-2)(x-3)$（其中 $x > 3$）;

3. 设 $f(x)$ 是可导函数, 且 $f(x+3) = x^5$ 求 $f'(x)$.

4. 求曲线 $x^2 + y^2 + xy = 4$ 上点 $(2, -2)$ 处的切线方程.

5. 求由参数方程 $\begin{cases} x = \arctan t, \\ y = \ln(1+t^2) \end{cases}$ 所确定函数的导数 $\dfrac{dy}{dx}$.

五、微分及其在近似计算中的应用

学习目标:

理解微分的概念.

熟悉微分在近似计算中的应用.

知识导图:

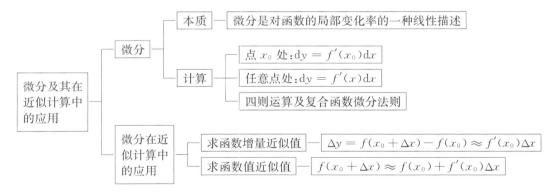

1. 微分的概念

在实际问题中, 常常需要计算当自变量有一微小改变量时, 相应的函数有多大变化的问题.

例如, 一块正方形的金属薄片受温度变化的影响, 其边长由 x_0 变到 $x_0 + \Delta x$ 时, 薄片的面积改变了多少?

设正方形的边长为 x, 面积为 y, 则 $y = f(x) = x^2$, 此时薄片受温度变化的影响时面积的改变量, 可看作是当自变量 x 在 x_0 取得增量 Δx 时, 函数 y 的相应的改变量 Δy, 即

$$\Delta y = (x_0 + \Delta x)^2 - x_0^2 = 2x_0\Delta x + (\Delta x)^2.$$

它由两部分所组成, 第一部分 $2x_0\Delta x$, 它是 Δx 的线性函数, 当 $\Delta x \to 0$ 时, 它是 Δx 的

同阶无穷小;第二部分 $(\Delta x)^2$,当 $\Delta x \rightarrow 0$ 时它是 Δx 的高阶无穷小.

由此可见,当 $f'(x) \neq 0$ 时,在函数的改变量 Δy 中起主要作用的是 $f'(x_0)\Delta x$,它与 Δy 的差是一个 Δx 的高阶无穷小.因此,$f'(x_0)\Delta x$ 是 Δy 的主要部分;又由于 $f'(x_0)\Delta x$ 是 Δx 的线性关系式,所以通常称 $f'(x_0)\Delta x$ 为 Δy 的**线性主部**.

当 $|\Delta x|$ 很小时,可用函数改变量的线性主部来近似地代替函数的改变量,即

$$\Delta y \approx f'(x_0)\Delta x.$$

定义　设函数 $y=f(x)$ 在点 x_0 处可导,则称 $\boldsymbol{f'(x_0)\Delta x}$ 为函数 $\boldsymbol{f(x)}$ 在点 $\boldsymbol{x_0}$ 的微分,记为 $\mathrm{d}y$ 或 $\mathrm{d}f(x)$,即 $\mathrm{d}y=f'(x_0)\Delta x$ 或 $\mathrm{d}f(x)=f'(x_0)\Delta x$.

若不特别指明函数在哪一点的微分,一般就记为

$$\mathrm{d}y=f'(x)\Delta x \text{ 或 } \mathrm{d}f(x)=f'(x)\Delta x.$$

若令 $y=x$,则 $\mathrm{d}y=\mathrm{d}x=x'\Delta x=\Delta x$,即

$$\mathrm{d}x=\Delta x.$$

这就是说,自变量 x 的微分 $\mathrm{d}x$ 就是它的改变量 Δx,因此,微分表达式中可用 $\mathrm{d}x$ 代替 Δx,即

$$\mathrm{d}y=f'(x)\mathrm{d}x.$$

2. 函数可微的条件

设 $y=f(x)$ 在点 x_0 处可微,即有 $\Delta y=A \cdot \Delta x+o(\Delta x)$,两边除以 Δx,得

$$\frac{\Delta y}{\Delta x}=A+\frac{o(\Delta x)}{\Delta x},$$

当 $\Delta x \rightarrow 0$ 时,由上式即可得 $A=\lim\limits_{\Delta x \to 0}\frac{\Delta y}{\Delta x}=f'(x_0)$,即函数 $y=f(x)$ 在点 x_0 处可导.

反之,若函数在 $y=f(x)$ 点 x_0 处可导,即有 $\lim\limits_{\Delta x \to 0}\frac{\Delta y}{\Delta x}=f'(x_0)$.

根据极限与无穷小的关系,得 $\dfrac{\Delta y}{\Delta x}=f'(x_0)+\alpha$(其中 $\Delta x \rightarrow 0$ 时 $\alpha \rightarrow 0$),此时

$$\Delta y=f'(x_0) \cdot \Delta x+\alpha \cdot \Delta x,$$

由微分的定义知 $y=f(x)$ 在点 x_0 处可微.

定理　$y=f(x)$ 在点 x_0 处可微的充分必要条件是函数在 $y=f(x)$ 点 x_0 处可导.

例 1　求函数 $y=x^2$ 在 $x=3$,$\Delta x=0.01$ 时的 $\mathrm{d}y$ 和 Δy.

解　因为 $\mathrm{d}y=2x\mathrm{d}x$,所以当 $x=3$,$\Delta x=0.01$ 时,$\mathrm{d}y=2 \times 3 \times 0.01=0.06$.

而

$$\Delta y=(x+\Delta x)^2-x^2=2x\Delta x+(\Delta x)^2=2 \times 3 \times 0.01+(0.01)^2=0.060\ 1.$$

例 2　求下列函数的微分.

(1) $y=\ln \sin x$;　　　　　　(2) $y=x\sin x$.

解　(1) $\mathrm{d}y=(\ln \sin x)'\mathrm{d}x=\cot x\mathrm{d}x$;

(2) $\mathrm{d}y=(x\sin x)'\mathrm{d}x=(\sin x+x\cos x)\mathrm{d}x.$

3. 微分的运算法则

由函数微分的定义 $\mathrm{d}y=f'(x)\mathrm{d}x$ 可知,要计算函数的微分,只须求出函数的导数,再乘以自变量的微分即可.因此,微分的运算法则可由导数的基本公式和运算法则直接推出.

(1) 函数和、差、积、商的微分运算法则

设函数 $u(x)$ 与 $v(x)$ 均可微,C 是常数,则

① $\mathrm{d}[u(x)\pm v(x)]=\mathrm{d}u(x)\pm\mathrm{d}v(x)$;

② $\mathrm{d}[u(x)v(x)]=v(x)\mathrm{d}u(x)+u(x)\mathrm{d}v(x)$;

特别地,$\mathrm{d}[Cu(x)]=C\mathrm{d}u(x)$($C$ 为常数).

③ $\mathrm{d}\left[\dfrac{u(x)}{v(x)}\right]=\dfrac{v(x)\mathrm{d}u(x)-u(x)\mathrm{d}v(x)}{v^2(x)}$ $(v(x)\neq0)$;

④ $\mathrm{d}\left[\dfrac{C}{v(x)}\right]=-\dfrac{C\mathrm{d}v(x)}{v^2(x)}$($C$ 为常数,$v(x)\neq0$).

(2) 复合函数的微分法则

设函数 $y=f(u)$ 与 $u=\varphi(x)$ 均可微,则复合函数 $y=f[\varphi(x)]$ 的微分为

$$\mathrm{d}y=\{f[\varphi(x)]\}_x'\mathrm{d}x=f'(u)\varphi'(x)\mathrm{d}x.$$

由于 $\mathrm{d}u=\varphi'(x)\mathrm{d}x$,因此复合函数 $y=f[\varphi(x)]$ 的微分公式也可写成

$$\mathrm{d}y=f'(u)\mathrm{d}u$$

这个公式与 $\mathrm{d}y=f'(x)\mathrm{d}x$ 在形式上完全一致,所含的内容却广泛得多,即无论 u 是自变量还是中间变量,$y=f(u)$ 的微分都可用 $f'(u)\mathrm{d}u$ 表示,这一性质称为**一阶微分形式不变性**.有时,利用一阶微分形式不变性求复合函数的微分比较方便.

例 3　利用微分形式的不变性,求下列函数的微分

(1) $y=\mathrm{e}^{\sin x}$;　　　　　　(2) $y=\sin(2x^2+3)$.

解　(1) $\mathrm{d}y=\mathrm{d}(\mathrm{e}^{\sin x})=\mathrm{e}^{\sin x}\mathrm{d}(\sin x)=\mathrm{e}^{\sin x}\cos x\mathrm{d}x$.

(2) $\mathrm{d}y=\cos(2x^2+3)\mathrm{d}(2x^2+3)=4x\cos(2x^2+3)\mathrm{d}x$.

例 4　$y=\mathrm{e}^{-ax}\sin(x^2+1)$,求 $\mathrm{d}y$.

解　$\begin{aligned}\mathrm{d}y&=\mathrm{d}(\mathrm{e}^{-ax}\sin(x^2+1))=\sin(x^2+1)\mathrm{d}(\mathrm{e}^{-ax})+\mathrm{e}^{-ax}\mathrm{d}[\sin(x^2+1)]\\&=\sin(x^2+1)\mathrm{e}^{-ax}\mathrm{d}(-ax)+\mathrm{e}^{-ax}\cos(x^2+1)\mathrm{d}(x^2+1)\\&=-a\mathrm{e}^{-ax}\sin(x^2+1)\mathrm{d}x+2x\mathrm{e}^{-ax}\cos(x^2+1)\mathrm{d}x\\&=\mathrm{e}^{-ax}[2x\cos(x^2+1)-a\sin(x^2+1)]\mathrm{d}x.\end{aligned}$

例 5　求由方程 $\mathrm{e}^{xy}=2x+y^3$ 所确定的隐函数 $y=f(x)$ 的微分 $\mathrm{d}y$

解法一　方程 $\mathrm{e}^{xy}=2x+y^3$ 两边同时对 x 求导,得

$$\mathrm{e}^{xy}\left(y+x\frac{\mathrm{d}y}{\mathrm{d}x}\right)=2+3y^2\frac{\mathrm{d}y}{\mathrm{d}x},$$

解得

$$\frac{\mathrm{d}y}{\mathrm{d}x}=\frac{2-y\mathrm{e}^{xy}}{x\mathrm{e}^{xy}-3y^2},$$

$$\mathrm{d}y=\frac{2-y\mathrm{e}^{xy}}{x\mathrm{e}^{xy}-3y^2}\mathrm{d}x.$$

解法二 方程 $e^{xy}=2x+y^3$ 两边求微分 得

$$d(e^{xy})=d(2x+y^3),$$

$$e^{xy}d(xy)=d(2x)+d(y^3),$$

$$e^{xy}(ydx+xdy)=2dx+3dy,$$

解得

$$dy=\frac{2-ye^{xy}}{xe^{xy}-3y^2}dx.$$

（3）微分在近似计算中的应用

从微分的定义可知，$\Delta y \approx dy(|\Delta x|$ 很小$)$，即

$$\Delta y=f(x_0+\Delta x)-f(x_0)\approx f'(x_0)\Delta x,$$

因此

$$f(x_0+\Delta x)\approx f(x_0)+f'(x_0)\Delta x.$$

上面两式提供了求函数增量与函数值近似值的方法.

若令上式中 $x=x_0+\Delta x$ 且 $x_0=0$，则得

$$f(x)\approx f(0)+f'(0)x(|x| \text{ 很小}),$$

此公式提供了求在 $x=0$ 附近用一次函数来近似函数 $f(x)$ 的方法.

当 $|x|$ 很小时，由上式可得如下工程上常用的近似公式.

① $e^x\approx 1+x$； ② $\ln(1+x)\approx x$； ③ $\sin x\approx x$；

④ $\tan x\approx x$； ⑤ $\sqrt[n]{1+x}\approx 1+\dfrac{x}{n}$； ⑥ $\arcsin x\approx x$.

例 6 计算 $\tan 45°30'$ 的近似值.

解 设 $f(x)=\tan x$，则 $f'(x)=\sec^2 x$.

由于 $45°30'=\dfrac{\pi}{4}+\dfrac{\pi}{360}$，此处应取 $x_0=\dfrac{\pi}{4}$，$\Delta x=\dfrac{\pi}{360}$.

因为 $\dfrac{\pi}{360}$ 比较小，将这些数据代入公式得

$$\tan 45°30'=\tan\left(\frac{\pi}{4}+\frac{\pi}{360}\right)\approx\tan\frac{\pi}{4}+\sec^2\frac{\pi}{4}\cdot\frac{\pi}{360}=1+2\times\frac{\pi}{360}\approx 1.017\,4,$$

即

$$\tan 45°30'\approx 1.017\,4.$$

例 7 计算 $\sqrt[3]{998.5}$ 的近似值.

解 设 $f(x)=\sqrt[3]{x}$，则 $f'(x)=\dfrac{1}{3}x^{-\frac{2}{3}}$.

因为

$$\sqrt[3]{998.5}=10\sqrt[3]{1-0.001\,5},$$

这里取 $x_0=1$，$\Delta x=0.0015$（若取 $x_0=1\,000$，$\Delta x=-1.5$，此时的 $|\Delta x|$ 较大，自然会增大误差），则

$$\sqrt[3]{998.5}=10\sqrt[3]{1-0.0015}=10[f(1)+f'(1)\Delta x]=10\left[1+\frac{1}{3}(-0.0015)\right]\approx9.995.$$

例8　【应用案例】某工厂每周生产 x 件产品所获利润为 y 元，已知 $y=6\sqrt{1\,000x-x^2}$，当每周产量由 100 件增至 102 件时，试用微分求其利润增加的近似值.

解　由题知 $f(x)=6\sqrt{1\,000x-x^2}$，$x_0=100$，$\Delta x=2$.

因为

$$f'(x)=(6\sqrt{1\,000x-x^2})'=\frac{6(500-x)}{\sqrt{1\,000x-x^2}},$$

故

$$f'(100)=\frac{6(500-100)}{\sqrt{1\,000\times100-100^2}}=8,$$

所以

$$\Delta y\approx f'(x_0)\Delta x=8\times2=16(元).$$

即每周产量由 100 件增至 102 件可增加利润约 16 元.

习题

A 组

1. 求下列函数的微分.

　　(1) $y=\ln x+2\sqrt{x}$；　　　　　　　　(2) $y=\cos^2 x$；

　　(3) $y=x^2\ln x$；　　　　　　　　　　(4) $y=x\sin 2x$.

2. 利用微分求 $\sqrt[3]{1.003}$ 的近似值.

B 组

1. 求下列函数的微分.

　　(1) $y=\ln\sqrt{1-x^2}$；　　　　　　　　(2) $y=\sqrt{x-\sqrt{x}}$；

　　(3) $y=(e^x+e^{-x})^2$；　　　　　　　　(4) $y=\arctan\dfrac{1-x^2}{1+x^2}$.

2. 设 $y=\sqrt{\ln x}$，求 $\mathrm{d}y$ 和 $\mathrm{d}y|_{x=e}$.

3. 设 $y=y(x)$ 是由 $xy=e^{x-y}$ 所确定，求 $\mathrm{d}y$.

4. 计算下列各式的近似值.

　　(1) $\cos 29°$；　　　　　　　　　　(2) $\sqrt[100]{1.002}$.

六、函数的单调区间与极值

学习目标：

掌握利用导数判定函数单调性的方法.

会求函数的单调区间.

会求函数的极值.

知识导图：

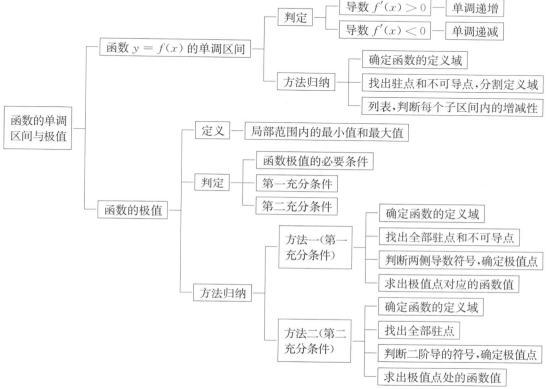

1. 函数单调性的判定

以前,我们用定义来判断函数的单调性.在假设 $x_1 < x_2$ 的前提下,比较 $f(x_1)$ 与 $f(x_2)$ 的大小,但在函数 $y = f(x)$ 比较复杂的情况下,比较 $f(x_1)$ 与 $f(x_2)$ 的大小并不很容易.如果利用导数来判断函数的单调性就比较简单.

定理　设函数 $y = f(x)$ 在 $[a, b]$ 上连续,在 (a, b) 内可导,有

(1) 如果在 (a, b) 内 $f'(x) > 0$,那么函数在 $[a, b]$ 上单调增加；

(2) 如果在 (a, b) 内 $f'(x) < 0$,那么函数在 $[a, b]$ 上单调减少.

证明　任取两点 $x_1, x_2 \in [a, b]$,且不妨设 $x_1 < x_2$.

由拉格朗日中值定理知,存在 $\xi(x_1 < \xi < x_2)$ 使得

$$f(x_2) - f(x_1) = f'(\xi)(x_2 - x_1).$$

若在 (a, b) 内, $f'(x) > 0$,则

$$f'(\xi) > 0, \text{又 } x_1 < x_2,$$

所以

$$f(x_2)>f(x_1),$$

即 $y=f(x)$ 在 $[a,b]$ 上单调递增.

若在 (a,b) 内,$f'(x)<0$,则

$$f'(\xi)<0,\ 又\ x_1<x_2,$$

所以

$$f(x_2)<f(x_1),$$

即 $y=f(x)$ 在 $[a,b]$ 上单调递减.

例 1　求函数 $f(x)=\dfrac{\ln x}{x}$ 的单调区间.

解　函数 $f(x)=\dfrac{\ln x}{x}$ 的定义域为 $(0,+\infty)$,又 $f'(x)=\dfrac{1-\ln x}{x^2}$,令 $f'(x)=0$,得 $x=\mathrm{e}$.

在区间 $(0,\mathrm{e})$ 内,$\ln x<1$ 所以 $f'(x)>0$,因此 $f(x)$ 在 $(0,\mathrm{e})$ 内单调递增;

在区间 $(\mathrm{e},+\infty)$ 内,$\ln x>1$ 所以 $f'(x)<0$,因此 $f(x)$ 在 $(\mathrm{e},+\infty)$ 内单调递减.

例 2　求函数 $y=x^3-3x$ 的单调区间.

解　函数 $y=x^3-3x$ 的定义域为 $(-\infty,+\infty)$,$f'(x)=3x^2-3$,令 $f'(x)=0$,解方程得 $x_1=-1$,$x_2=1$.

x_1 和 x_2 把 $(-\infty,+\infty)$ 分成三个部分区间 $(-\infty,-1]$、$(-1,1)$、$[1,+\infty)$.

在区间 $(-\infty,-1)$ 内,$f'(x)>0$,因此 $f(x)$ 在区间 $(-\infty,-1)$ 内单调递增;

在区间 $(-1,1)$ 内,$f'(x)<0$,因此 $f(x)$ 在区间 $(-1,1)$ 内单调递减;

在区间 $(1,+\infty)$ 内,$f'(x)>0$,因此 $f(x)$ 在区间 $(1,+\infty)$ 内单调递增.

现将 $f(x)$、$f'(x)$ 在各个部分区间的变化情况列表如下.

x	$(-\infty,-1)$	-1	$(-1,1)$	1	$(1,+\infty)$
$f'(x)$	$+$	0	$-$	0	$+$
$f(x)$	↗		↘		↗

从例 2 可以看出,有些函数虽然在它的定义区间上不是单调的,对于在定义区间有连续导数的函数,用导数等于零的点(称为**驻点**)来划分它的定义区间以后,就可以使函数在每个部分区间具有单调性.如果函数在某些点处不可导,则划分定义区间的点还应包括这些不可导的点.

求函数 $f(x)$ 的单调区间的一般步骤是:

(1) 确定函数 $f(x)$ 的定义域;

(2) 求出 $f(x)$ 的全部驻点(即使得 $f'(x)=0$ 的 x 的值)和导数 $f'(x)$ 不存在的点,并用这些点按从小到大的顺序把定义区间划分为若干部分区间;

(3) 列表,并将表上的有关内容填上(参照例2).

例 3　求 $y=(2x-5)^3\sqrt{x^2}$ 的单调区间.

解　$y=2x^{\frac{5}{3}}-5x^{\frac{2}{3}}$ 在 $(-\infty,+\infty)$ 上连续,当 $x\neq0$ 时,

$$y'=\frac{10}{3}x^{\frac{2}{3}}-\frac{10}{3}x^{-\frac{1}{3}}=\frac{10}{3}\times\frac{x-1}{\sqrt[3]{x}},$$

再令 $y'=0$，解得 $x=1$ 为导数等于 0 的点.

又当 $x=0$ 时，函数的导数不存在，所以 $x=0$ 为不可导的点.

现用 $x=0$ 和 $x=1$ 作为分点来将 $(-\infty,+\infty)$ 分为 $(-\infty,0)$、$[0,1]$ 和 $(1,+\infty)$ 三个区间.

在区间 $(-\infty,0)$ 上，$f'(x)>0$，所以 $f(x)$ 在 $(-\infty,0)$ 上为单增函数；

在区间 $[0,1]$ 上，$f'(x)<0$，所以 $f(x)$ 在 $[0,1]$ 上单减；

在区间 $(1,+\infty)$ 上，$f'(x)>0$，所以 $f(x)$ 在 $(1,+\infty)$ 上单增.

例 4　试证：当 $x>0$ 时，$\ln(1+x)<x$.

证明　设 $f(x)=\ln(1+x)-x$，则 $f'(x)=\dfrac{1}{1+x}-1=\dfrac{-x}{1+x}$.

当 $x>0$ 时，$\dfrac{-x}{1+x}<0$，即 $f'(x)<0$，所以函数 $f(x)=\ln(1+x)-x$ 在 $(0,+\infty)$ 上单调递减.

又 $f(0)=0$，所以当 $x>0$ 时 $f(x)<0$，即 $\ln(1+x)<x$.

例 5　已知函数 $f(x)$ 在 $[0,+\infty)$ 上连续，在 $(0,+\infty)$ 内可导，且 $f'(x)$ 在 $(0,+\infty)$ 单调增加，$f(0)=0$. 证明：$\dfrac{f(x)}{x}$ 在 $(0,+\infty)$ 内单调增加.

证明　令 $g(x)=xf'(x)-f(x)$，因为 $f'(x)$ 在 $(0,+\infty)$ 单调增加，则

$$f''(x)>0,\ g'(x)=f'(x)+xf''(x)-f'(x)=xf''(x)>0,$$

$g(x)$ 在 $[0,+\infty)$ 单调增加，$g(x)>g(0)=0$，

所以 $\left(\dfrac{f(x)}{x}\right)'=\dfrac{xf'(x)-f(x)}{x^2}>0$，$\dfrac{f(x)}{x}$ 在 $(0,+\infty)$ 内单调增加.

2. 函数的极值

定义　设函数 $f(x)$ 在区间 (a,b) 内有定义，x_0 是 (a,b) 内一点，若对于 x_0 的某个去心邻域内任何点 x（x_0 点除外），若

(1) $f(x)\leqslant f(x_0)$ 均成立，则称 $f(x_0)$ 是 $f(x)$ 的一个**极大值**，点 x_0 是 $f(x)$ 的**极大点**；

(2) $f(x)\geqslant f(x_0)$ 均成立，则称 $f(x_0)$ 是 $f(x)$ 的一个**极小值**，点 x_0 是 $f(x)$ 的**极小点**.

函数的极大值与极小值统称为函数的**极值**，极大点与极小点统称为**极值点**.

应当注意，一般而言，函数极值是一个局部性概念，而不是整体性概念，如果 $f(x_0)$ 是 $f(x)$ 的一个极大值（或极小值），只是就 x_0 邻近的一个局部范围内来说，$f(x_0)$ 是最大的（或最小的），但就函数的整个定义域来说，$f(x_0)$ 却不一定是最大值（或最小值）.

根据极值的定义，函数的极值点应该是函数增与减的分界点，也就是说，函数的极值只可能在驻点（使 $f'(x)=0$ 的点）和 $f'(x)$ 不存在的点处取到.

定理（函数极值的必要条件）　如果 $f(x)$ 在 x_0 处可导，且 $f(x)$ 在 x_0 处取得极值，那么 $f'(x_0)=0$.

证明　不妨设 x_0 是 $f(x)$ 的一极值点，由定义可知，$f(x)$ 在 x_0 的某个领域内有定义，且当 $|\Delta x|$ 很小时，恒有 $\Delta y=f(x_0+\Delta x)-f(x_0)\geqslant 0$. 于是

$$f'_-(x_0)=\lim_{\Delta x\to 0^-}\frac{\Delta y}{\Delta x}\leqslant 0,\ f'_+(x_0)=\lim_{\Delta x\to 0^+}\frac{\Delta y}{\Delta x}\geqslant 0.$$

因为 $f(x)$ 在 x_0 处可导，所以 $f'(x_0)=f'_-(x_0)=f'_+(x_0)$，故 $f'(x_0)=0$.

应该怎样判断这些 $f'(x)=0$ 和 $f'(x)$ 不存在的点是否是极值点呢？下面介绍两种

判断极值(极值点)的方法.

定理(第一充分条件) 设函数 $f(x)$ 在点 x_0 连续,在点 x_0 的左右附近可导(点 x_0 可除外),有

(1) 如果在点 x_0 的左侧附近,$f'(x) > 0$,在点 x_0 的右侧邻近,$f'(x) < 0$,则 $f(x_0)$ 是 $f(x)$ 的极大值;

(2) 如果在点 x_0 的左侧附近,$f'(x) < 0$,在点 x_0 的右侧邻近,$f'(x) > 0$,则 $f(x_0)$ 是 $f(x)$ 的极小值;

(3) 如果在点 x_0 的左、右两侧附近(点 x_0 除外),$f'(x)$ 同号,则 $f(x_0)$ 不是极值.

易知,应用第一充分条件,求函数极值的一般步骤可归纳如下.

(1) 确定所给函数的定义域,并找出所有的驻点和一阶导数不存在的点;

(2) 考察上述点两侧导数的符号,确定极值点;

(3) 求出极值点处的函数值,得到极值.

定理(第二充分条件) 设函数 $f(x)$ 在点 x_0 处有一、二阶导数,且 $f'(x_0) = 0$,$f''(x_0) \neq 0$,

(1) 如果 $f''(x_0) > 0$,则函数 $f(x)$ 在点 x_0 处有极小值 $f(x_0)$;

(2) 如果 $f''(x_0) < 0$,则函数 $f(x)$ 在点 x_0 处有极大值 $f(x_0)$.

易知,应用第二充分条件求函数极值的一般步骤可归纳如下.

(1) 确定所给函数的定义域,并找出所有的驻点;

(2) 考察上述函数的二阶导数在驻点处的符号,确定极值点;

(3) 求出极值点处的函数值,得到极值.

注意:应用第二充分条件只能判断驻点是否是极值点,而要确定一阶导数不存在的点是不是极值点,则应用第一充分条件来判断.

例 6 求函数 $f(x) = \dfrac{2}{3}x - x^{\frac{2}{3}}$ 的极值.

解 函数 $f(x)$ 的定义域为 $(-\infty, +\infty)$.

$$f'(x) = \frac{2}{3} - \frac{2}{3}x^{-\frac{1}{3}} = \frac{2}{3}\left(1 - \frac{1}{\sqrt[3]{x}}\right) = \frac{2}{3} \cdot \frac{\sqrt[3]{x} - 1}{\sqrt[3]{x}}$$

令 $f'(x) = 0$,解得 $x = 1$.而当 $x = 0$ 时,$f'(x)$ 不存在.

$x = 0$ 和 $x = 1$ 将 $f(x)$ 的定义域分成 $(-\infty, 0)$、$(0, 1)$、$(1, +\infty)$ 三个子区间,列表讨论如下.

x	$(-\infty, 0)$	0	$(0, 1)$	1	$(1, +\infty)$
$\sqrt[3]{x}$	$-$		$+$		$+$
$\sqrt[3]{x} - 1$	$-$		$-$		$+$
$f'(x)$	$+$	不存在	$-$	0	$+$
$f(x)$	↗	极大值 0	↘	极小值 $-\dfrac{1}{3}$	↗

所以函数的极大值为 $f(0) = 0$,极小值为 $f(1) = -\dfrac{1}{3}$.

例 7 求函数 $y = (x-1)^2(x+1)^3$ 的极值点和极值.

解　所给函数的定义域为 $(-\infty, +\infty)$.

$$y' = (x-1)(x+1)^2(5x-1)$$

令 $y'=0$，得函数的三个驻点：$x_1=-1$、$x_2=\dfrac{1}{5}$、$x_3=1$，因为

$$y'' = (x+1)^2(5x-1) + 2(x-1)(x+1)(5x-1) + 5(x-1)(x+1)^2$$
$$= 4(x+1)(5x^2-2x-1),$$

$$y''(1) = 16 > 0,\quad y''\left(\frac{1}{5}\right) = -\frac{144}{25} < 0,\quad y''(-1) = 0,$$

可知 $x_1=1$ 是函数的极小点，相应的极小值为 $y\,|_{x=1}=0$；$x_2=\dfrac{1}{5}$ 是函数的极大点，相应的

极大值为 $y\,|_{x=\frac{1}{5}}=\dfrac{3\,456}{3\,125}$.

由于 $y''(-1)=0$，故不能用第二充分条件判别 $x_1=-1$ 是否为极值点，改用第一充分条件判别知道 $x_1=-1$ 不是极值点.

习题

A组

1. 求下列函数的单调区间.

(1) $y=2x^2-\ln x$；

(2) $y=x-\mathrm{e}^x$；

(3) $f(x)=x^3-4x^2-3x$；

(4) $y=x^3-3x^2-9$；

(5) $y=\dfrac{x^2}{1+x}$；

(6) $f(x)=\dfrac{2}{3}x-\sqrt[3]{x^2}$.

2. 求下列函数的极值.

(1) $f(x)=x^3-3x$；

(2) $y=x-\ln(1+x)$；

(3) $y=x+\sqrt{1-x}$；

(4) $y=x^2\mathrm{e}^{-x}$.

B组

1. 求下列函数的单调区间.

(1) $f(x)=x^{\frac{3}{2}}-4x^{\frac{1}{2}}$；

(2) $y=x-2\sin x\,(0\leqslant x\leqslant 2\pi)$；

(3) $f(x)=(x-1)(x+1)^3$；

(4) $y=x(1+\sqrt{x})$.

2. 求下列函数的极值.

(1) $f(x)=\dfrac{3x}{1+x^2}$；

(2) $f(x)=(x^2-1)^3+1$；

(3) $y=(x-4)\sqrt[3]{(x+1)^2}$；

(4) $y=x+\tan x$.

3. 证明下列不等式.

(1) 当 $x>4$ 时，$2^x>x^2$；

(2) 当 $x>0$ 时，$1+\dfrac{1}{2}x>\sqrt{1+x}$；

(3) 当 $0<x<\dfrac{\pi}{2}$ 时，$\tan x>x+\dfrac{1}{3}x^2$.

七、函数的最值

学习目标：

会求函数的最值.

能解决实际问题中的最优问题.

知识导图：

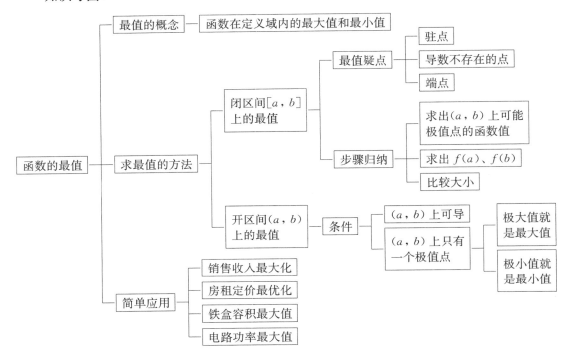

1. 函数的最大值与最小值

在实际应用中，常常需要解决在一定条件下，用料最省、耗能最少、效率最高、成本最低、利润最大等问题.这些问题反映在数学上往往可以归结为求某一函数（通常称为**目标函数**）的最大值或最小值.我们通常将最大值与最小值简称为**最值**.

函数的最值和函数的极值是有差别的，函数的极值是对极值点 x_0 的某个邻域而言的局部概念，它只能在区间内的点取得.而函数的最值是对函数的整个定义区间而言的整体概念，它可能在区间内的点取得，也可能在区间的端点取得.

2. 连续函数在闭区间上的最值

由闭区间上连续函数的性质，若 $f(x)$ 在 $[a,b]$ 上连续，则 $f(x)$ 在 $[a,b]$ 上一定存在最大值、最小值.此时函数的最值只可能在以下几点处取得.

(1)驻点；(2)导数不存在的点；(3)端点.

因此求函数 $f(x)$ 在闭区间 $[a,b]$ 上的最值的步骤为：

(1) 求出 $f(x)$ 在 (a,b) 内的所有可能极值点处的函数值，可以不判定是不是极值；

(2) 求出函数值 $f(a)$、$f(b)$；

(3) 比较 $f(a)$、$f(b)$ 和所有可能为极值点处的函数值的大小，其中最大函数值为最大值，最小函数值为最小值.

例 1 求函数 $f(x)=\sqrt{4-x^2}$ 在区间 $[-1,2]$ 上的最值.

解 因为

$$f'(x)=\frac{-2x}{2\sqrt{4-x^2}}=\frac{-x}{\sqrt{4-x^2}},$$

令 $f'(x)=0$ 得 $x=0$,又

$$f(-1)=\sqrt{3},\ f(0)=2,\ f(2)=0,$$

所以函数 $f(x)=\sqrt{4-x^2}$ 在区间 $[-1,2]$ 上的最大值为 $f(0)=2$,最小值为 $f(2)=0$.

3. 函数在开区间上的最值

(1) 如果函数 $f(x)$ 在开区间 (a,b) 内可导,且只有一个极值点,当 $f(x_0)$ 是极大值时,则 $f(x_0)$ 为 $f(x)$ 在 (a,b) 内的**最大值**;当 $f(x_0)$ 是极小值时,则 $f(x_0)$ 为 $f(x)$ 在 (a,b) 内的**最小值**.

例 2 求函数 $f(x)=x^2-\dfrac{54}{x}$ 在 $(-\infty,0]$ 上的最值.

解 因为 $f'(x)=2x+\dfrac{54}{x^2}$,令 $f'(x)=0$ 得驻点 $x=-3$.又

$$f'(x)=2-\frac{108}{x^3},\ f''(-3)=6>0,$$

故 $x=-3$ 为 $f(x)$ 在 $(-\infty,0)$ 内的唯一极小值点,函数 $f(x)$ 在 $(-\infty,0)$ 上的最小值为 $f(-3)=27$,$f(x)$ 在 $(-\infty,0)$ 上无最大值.

(2) 如果函数 $f(x)$ 在开区间 (a,b) 内可导,且有多个极值点,则需要进一步讨论.此时的极值点不一定就是 $f(x)$ 的最值点.

4. 函数最值应用举例

在经济管理中,有时需要寻求企业的最小生产成本或制订获得利润最大的一系列价格策略等.这些问题都可归结为求函数的最大值和最小值问题.

在用导数研究应用问题的最值时,如果所建立的函数 $f(x)$ 在区间 (a,b) 内可导,并且 $f(x)$ 在 (a,b) 内只有一个驻点 x_0,又根据问题本身的实际意义,可判定在 (a,b) 内必有最大(小)值,则 $f(x_0)$ 就是所求的最大(小)值,不必再进行数学判断.

例 3 【销售收入最大化】某工厂生产一批大型柴油发动机,厂家经过测算后作如下规定:如订购套数不超过 200 台,每台售价 30 000 元;如订购套数超过 200 台,则每超过一台可以少付 100 元,问怎样的订购数量,才能使工厂销售收入最大?

解 (先建立数学模型)设订购套数 x,那么订购套数不超过 200 台时,每套价格为 30 000 元,订购套数超过 200 台时,每台售价为

$$p=30\ 000-100\times(x-200)=50\ 000-100x,$$

即每台柴油发动机的售价为

$$p(x)=\begin{cases}30\ 000, & 0<x\leqslant 200,\\ 50\ 000-100x, & x>200.\end{cases}$$

由此可得总收入函数

$$R(x) = \begin{cases} 30\ 000x, & 0 < x \leqslant 200, \\ 50\ 000x - 100x^2, & x > 200. \end{cases}$$

下面求使工厂销售收入最大时的订购台数,

$$R'(x) = \begin{cases} 30\ 000, & 0 < x \leqslant 200, \\ 50\ 000 - 200x, & x > 200, \end{cases}$$

令 $R'(x) = 0$,得驻点 $x = 250$.又因为 $x = 250$ 是不可导点,当 $x < 250$, $R'(x) > 0$;当 $x > 250$, $R'(x) < 0$,所以 $x = 250$ 是极大值点,也是最大值点.

故工厂想要获得最大销售收入,应当将销售量控制在 300 台左右.

例 4 【房租定价最优化】一房产公司有 50 套公寓要出租.当月租金定为 1 000 元时,公寓会全部租出去.当月租金每增加 50 元时,就会多一套公寓租不出去,而租出去的公寓每月需 100 元的维修费.问房租定为多少时可获得最大收入?

解 首先建立数学模型,设租不出去的公寓为 x 套,则房租为 $1\ 000 + 50x$ 元,总收入为 $R(x)$ 元,此时租出公寓 $50 - x$ 套,则

$$R(x) = (1\ 000 + 50x)(50 - x) - 100(50 - x) = (900 + 50x)(50 - x) \quad (0 \leqslant x \leqslant 50),$$
$$R'(x) = 50(50 - x) + (900 + 50x)(-1) = 2\ 500 - 50x - 900 - 50x = 1\ 600 - 100x.$$

可得驻点为 $x = 16$,即租出 34 套公寓,房租定为 1 800 元时,总收入最大.

例 5 【铁盒容积最大值】用边长为 48 cm 的正方形铁皮做一个无盖的铁盒,在铁皮的四周各截去面积相等的小正方形,然后把四周折起,焊成铁盒,问在四周截去多大的正方形,才能使所做的铁盒容积最大?

解 设截去的小正方形的边长为 x(cm),铁盒容积为 V(cm³).根据题意有

$$V = x(48 - 2x)^2, \quad x \in (0, 24).$$

问题归结为求 x 为何值时,函数 V 在区间 $(0, 24)$ 内取得最大值.

$$V' = (48 - 2x)^2 + 2x(48 - 2x)(-2) = 12(24 - x)(8 - x).$$

令 $V' = 0$,求得在 $(0, 24)$ 内的驻点 $x = 8$.由于函数在 $(0, 24)$ 内只有一个驻点,因此,当 $x = 8$ 时,V 取最大值.即当截去的正方形边长为 8 cm 时,铁盒容积最大.

例 6 【电路功率最大值】已知电源电压为 E,内电阻为 r,求负载电阻 R 多大时,输出功率最大?

解 由电学知识可知,消耗在负载电阻上的功率 $P = I^2 R$,其中,I 为电路中的电流,又由欧姆定律得 $I = \dfrac{E}{r + R}$.代入功率 P 得

$$P = \left(\frac{E}{r + R}\right)^2 R = \frac{E^2 R}{(r + R)^2}, \quad R \in (0, +\infty),$$

$$P' = E^2 \cdot \frac{r - R}{(r + R)^3}.$$

令 $P' = 0$,得唯一驻点 $R = r$.所以,当 $R = r$ 时,输出功率 P 最大.

习题

A 组

1. 求下列函数在指定区间的最大值和最小值.

    (1) $f(x) = x^3 - 3x$, $x \in [0, 2]$;　　　(2) $f(x) = x + \sqrt{1-x}$, $x \in [-5, 1]$;

    (3) $f(x) = \ln(1 + x^2)$, $x \in [-1, 2]$;　(4) $f(x) = \cos x + \sin x$, $x \in \left[-\dfrac{\pi}{2}, \dfrac{\pi}{2}\right]$.

2. 一个矩形的周长为定长 $2l$, 则长、宽各为多少时矩形面积最大?

B 组

1. 求下列函数在指定区间的最大值和最小值.

    (1) $f(x) = \arctan \dfrac{1-x}{1+x}$, $x \in [0, 1]$;　(2) $f(x) = \dfrac{x^2}{1+x}$, $x \in \left[-\dfrac{1}{2}, 1\right]$.

2. 用围墙围成面积为 $216\ \text{m}^2$ 的一块矩形土地,并在正中间用一堵墙将其隔成两块矩形土地.问这块土地的长和宽选取多大尺寸才能使所用围墙的建筑材料最省?

3. 有一块长 8 cm、宽 5 cm 的矩形板,在它四角各剪去一个同样大小的正方形,然后做成一个无盖的方盒.问要使盒子的容积最大,剪去的正方形的边长应为多少?盒子的最大容积为多少?

4. 设生产某种产品 x 单位的生产费用为 $C(x) = 900 + 20x + x^2$(其中 x 为生产量),问 x 为多少时是平均费用最低?并求出最低费用.

*八、导数在工程中的应用

学习目标:

会求曲线的弧微分.

会求曲线在任意一点的曲率.

会利用曲率圆求最小曲率半径.

知识导图:

在工程技术中,经常会遇到道路的转弯、桥梁或隧道的拱形、齿轮轮廓曲线形状.这就要求我们研究曲线弯曲的程度.为此先给出弧微分的概念.

1. 弧微分

如图 2-4 所示,在连续光滑的曲线 $y = f(x)$ 上取定点 $M_0(x_0, y_0)$ 作为度量曲线弧长的起点.设 $M(x, y)$ 为该曲线弧上任意的点,规定依 x 增大的方向作为曲线弧的正方向,用 s 表示曲线弧段 $\overparen{M_0 M}$ 的长度,即 $s = s(x) = \overparen{M_0 M}$.

当自变量自点 x 取得增量 Δx,而 $x + \Delta x$ 对应于弧长的增量为

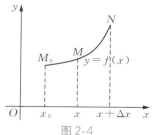

图 2-4

$$\Delta s = \overset{\frown}{M_0 N} - \overset{\frown}{M_0 M} = \overset{\frown}{MN},$$

当 $\Delta x > 0$ 时，$\Delta s > 0$；当 $\Delta x < 0$ 时，$\Delta s < 0$. 于是

$$\frac{\Delta s}{\Delta x} = \frac{\overset{\frown}{MN}}{\Delta x} = \frac{\overset{\frown}{MN}}{|MN|} \cdot \frac{|MN|}{\Delta x} = \frac{\overset{\frown}{MN}}{|MN|} \cdot \frac{\sqrt{(\Delta x)^2 + (\Delta y)^2}}{\Delta x} = \frac{\overset{\frown}{MN}}{|MN|} \cdot \sqrt{1 + \left(\frac{\Delta y}{\Delta x}\right)^2},$$

其中 $|MN|$ 为弦 $\overline{MN}$ 的长度.

设 $y = f(x)$ 具有一阶连续导数，当 $\Delta x \to 0$ 时，N 沿曲线弧趋于 M. 有 $\lim\limits_{\Delta x \to 0} \dfrac{\overset{\frown}{AB}}{|AB|} = 1$. 对上式两端取 $\Delta x \to 0$ 时的极限，有

$$\frac{ds}{dx} = \lim_{\Delta x \to 0} \frac{\Delta s}{\Delta x} = \lim_{\Delta x \to 0} \frac{\overset{\frown}{MN}}{|MN|} \cdot \lim_{\Delta x \to 0} \sqrt{1 + \left(\frac{\Delta y}{\Delta x}\right)^2} = \sqrt{1 + (y')^2}.$$

从而

$$ds = \sqrt{1 + (y')^2}\, dx \ \text{或} (ds)^2 = (dx)^2 + (dy)^2,$$

上式被称为**弧长 s 的微分**，简称**弧微分**.

例 1　求曲线 $y = \ln(1 - x^2)$ 的弧微分.

解　当 $x \in (-1, 1)$ 时，有 $y' = \dfrac{-2x}{1 - x^2}$，$(y')^2 = \dfrac{4x^2}{(1 - x^2)^2}$.

所求弧微分 $ds = \sqrt{1 + (y')^2}\, dx = \sqrt{1 + \dfrac{4x^2}{(1 - x^2)^2}}\, dx = \dfrac{1 + x^2}{1 - x^2} dx$.

2. 曲率

曲率是用来形容曲线弯曲程度的量.曲线的弯曲程度受曲线上的切线转角的大小，以及曲线弧长的影响.

在田径场上进行比赛时，跑在内道的选手比起跑在外道的选手，其跑动路径的弯曲程度要更大，但跑在外道的选手跑完一圈的距离要更长，这说明在切线转角一致的情况下，弧长较长的弯曲程度要小.那么，相同长度的弧在其切线转角大小的变化时，又是怎样影响弧的弯曲程度的呢？我们都有这样的经验，将一根竹片弯曲（手的两端的切线的夹角就形成了切线的转角）时，折弯的角度越大，竹片就越容易折断.这是因为它的弯曲的程度越来越大而形成对竹片的破坏力越来越大的缘故.

于是，在弧有连续转动的切线时，我们有如下认识.

(1) 相同弧长的曲线，切线转角大的，弧的弯曲程度就大（图 2-5）；

(2) 切线的转角相同，较长的曲线弧，弯曲程度较小（图 2-6）.

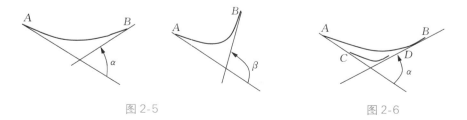

图 2-5　　　　　　　　　　　　　　图 2-6

定义　如图 2-7 所示,曲线弧 $\overset{\frown}{MN}$ 的长为 Δs,曲线弧的转角为 $\Delta\alpha$.则称 $\left|\dfrac{\Delta\alpha}{\Delta s}\right|$ 为曲线弧 $\overset{\frown}{MN}$ 的**平均曲率**.

平均曲率表示曲线弧 $\overset{\frown}{MN}$ 的平均弯曲的程度.

当 $\overset{\frown}{MN}$ 上的点 N 越来越接近于点 M 时,曲线弧 $\overset{\frown}{MN}$ 的平均曲率越来越接近于曲线弧在点 M 处的曲率.如果用 K 表示曲线弧在点 M 处的曲率,称 $K=\lim\limits_{\Delta x\to 0}\left|\dfrac{\Delta\alpha}{\Delta s}\right|=\left|\dfrac{\mathrm{d}\alpha}{\mathrm{d}s}\right|$ 为**曲线在点 M 处的曲率**.

设函数 $y=f(x)$ 具有二阶导数,如图 2-7 所示,曲线 $y=f(x)$ 在点 $M(x,f(x))$ 处切线的倾角 α 满足

$$y'=\tan\alpha,\quad \alpha=\arctan y',$$

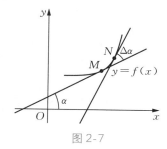

图 2-7

因此 $\quad \mathrm{d}\alpha=\dfrac{y''}{1+(y')^2}\mathrm{d}x.$

又弧长的微分 $\mathrm{d}s=\sqrt{1+(y')^2}\,\mathrm{d}x$,故曲线 $y=f(x)$ 在点 $M(x,f(x))$ 处的曲率为

$$K=\left|\frac{\mathrm{d}\alpha}{\mathrm{d}s}\right|=\frac{|y''|}{[1+(y')^2]^{\frac{3}{2}}}.$$

例 2　求圆周 $(x-a)^2+(y-b)^2=R^2$ 上任意一点处的曲率.

解　设 $M(x,y)$ 为圆周上任意一点,则弧长 s、半径 R、圆心角 α 间的关系为 $\Delta s=R\Delta\alpha$.故

$$K=\lim_{\Delta s\to 0}\left|\frac{\Delta\alpha}{\Delta s}\right|=\lim_{\Delta s\to 0}\frac{1}{R}=\frac{1}{R}.$$

即圆周上各点处的曲率相同,都等于该圆半径的倒数.

例 3　求曲线 $y=\sqrt{x}$ 在点 $\left(\dfrac{1}{4},\dfrac{1}{2}\right)$ 处的曲率.

解　因为 $y'=\dfrac{1}{2}x^{-\frac{1}{2}}$,$y''=-\dfrac{1}{4}x^{-\frac{3}{2}}$,所以 $y'|_{x=\frac{1}{4}}=1$,$y''|_{x=\frac{1}{4}}=-2$.故所求曲率为

$$K=\frac{|y''|}{(1+(y')^2)^{\frac{3}{2}}}\bigg|_{x=\frac{1}{4}}=\frac{|-2|}{2^{\frac{3}{2}}}=\frac{\sqrt{2}}{2}.$$

直线 L 的方程 $y=ax+b$,可得 $y'=a$、$y''=0$,由曲率公式,我们将得出直线上任一点处的曲率 K 都等于零.

神舟六号飞船发射后需要变轨,在变轨的节点处,就涉及下面的曲率圆问题.

3. 曲率圆

如图 2-8 所示,如果曲线 $y=f(x)$ 上点 $N(x,y)$ 处的曲率 $K\neq 0$,则称**曲率 K 的倒数**为曲线在点 N 处的**曲率半径**,记为 R,即

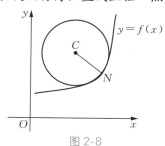

图 2-8

$$R = \frac{1}{K} = \frac{[1 + (y')^2]^{\frac{3}{2}}}{|y''|}.$$

当 $K \neq 0$ 时,过曲线 $y = f(x)$ 上点 $N(x, y)$ 作曲线的法线 NC,在法线上沿曲线凹向的一侧取点 C,使 $|NC| = \frac{1}{K} = R$,这时以 C 为圆心.以 $R = \frac{1}{K}$ 为半径作圆,则称此圆为曲线 $y = f(x)$ 在点 N 处的**曲率圆**,曲率圆的圆心 C 为曲线 $y = f(x)$ 在点 N 处的**曲率中心**.

前面提到的飞船变轨,变轨时的交会点 N 的选择很重要,因为它涉及两个曲线在交汇处应有相同的曲率,交会点 N 的选取还将影响到圆轨道的半径(曲率半径).

根据以上的分析,我们对曲率圆有如下的认识.

(1) 它与曲线 $y = f(x)$ 在点 N 处相切.

(2) 在点 N 处,曲率圆与曲线 $y = f(x)$ 有相同曲率.

(3) 在点 N 处,曲率圆与曲线 $y = f(x)$ 的凹向相同.

例 4　试判定抛物线 $y = ax^2 + bx + c (a \neq 0)$ 上哪一点处的曲率半径最小? 并指出这点.

解　因 $y' = 2ax + b$,$y'' = 2a$,所以

$$R = \frac{[1 + (y')^2]^{\frac{3}{2}}}{|y''|} = \frac{[1 + (2ax + b)^2]^{\frac{3}{2}}}{|2a|},$$

根据 R 的表达式结构,可知当 $x = -\frac{b}{2a}$ 时,R 最小.$R_{\min} = \frac{1}{2|a|}$.

曲线上相应点为 $\left(-\frac{b}{2a}, \frac{4ac - b^2}{4a}\right)$,这就是说抛物线顶点处的曲率圆半径最小.即曲率最大,也就是在抛物线顶点处弯曲程度最大.

习题

A 组

1. 直线 $y = ax + b$ 上任意一点的曲率为多少?

2. 求抛物线 $y = ax^2 + bx + c$ 上哪点处的曲率最大?

B 组

设工件内表面的截线方程为抛物线 $y = 0.4x^2$,现在要用砂轮磨削其内表面,需要用多大的砂轮才比较合适?

九、微分中值定理

学习目标:

掌握微分中值定理.

知识导图:

1. 罗尔定理

如图2-9所示,函数 $y=f(x)$ 在区间 $[a,b]$ 上的图像是一条连续光滑曲线,这条曲线在区间 (a,b) 内的每一个点都存在不垂直于 x 轴的切线,且在区间的两个端点对应的函数值相等,即 $f(a)=f(b)$,则可发现在曲线弧上能找到这样的点,在此点处曲线有水平切线.

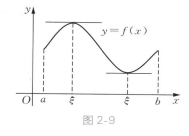

图2-9

定理[罗尔(Rolle)定理]　设函数 $y=f(x)$ 在区间 $[a,b]$ 上连续,在开区间 (a,b) 内可导,且 $f(a)=f(b)$,则在 (a,b) 内至少存在一点 $\xi(a<\xi<b)$,使得 $f'(\xi)=0$.

注意:(1)定理中的三个条件缺一不可,否则定理不一定成立.即指定理中的条件是充分的,但非必要.

(2)定理中的 ξ 点不一定唯一.若可导函数 $f(x)$ 在点 ξ 处取得最大值或最小值,则有 $f'(\xi)=0$.

(3)罗尔定理的几何意义:设有一段弧的两个端点的高度相等,且弧长除两端点外处处都有不垂直于 x 轴的一切线,则弧上至少有一点处的切线平行于 x 轴.

例1　验证函数 $f(x)=\sqrt{4-x^2}$ 在区间 $[-2,2]$ 上是否满足罗尔定理,若满足,则求出满足定理结论中 ξ 的值.

解　因为初等函数 $f(x)=\sqrt{4-x^2}$ 在其定义区间 $[-2,2]$ 上连续,且在开区间 $(-2,2)$ 内可导,又 $f(-2)=f(2)=0$,故函数 $f(x)=\sqrt{4-x^2}$ 在区间 $[-2,2]$ 上满足罗尔定理.又

$$f'(x)=\frac{-2x}{2\sqrt{4-x^2}}=-\frac{x}{\sqrt{4-x^2}},$$

令 $f'(\xi)=0$,得 $\xi=0$.

例2　不通过求导数来判断函数 $f(x)=(x-1)(x-2)(x-3)$ 的导数有几个实根,以及其所在范围.

解　因为初等函数 $f(x)=(x-1)(x-2)(x-3)$ 在定义区间 **R** 上连续,所以 $f(x)$ 在 $[1,2]$、$[2,3]$ 上满足罗尔定理的三个条件.

因此在 $(1,2)$ 内至少存在一点 ξ_1,使 $f'(\xi_1)=0$,ξ_1 是 $f'(x)=0$ 的一个实根.

在 $(2,3)$ 内至少存在一点 ξ_2,使 $f'(\xi_2)=0$,ξ_2 也是 $f'(x)=0$ 的一个实根.

$f'(x)$ 是二次多项式,只能有两个实根,分别在区间 $(1,2)$ 及 $(2,3)$ 内.

注意:如果定理的三个条件有一个不满足,则定理的结论就可能不成立.

例3　证明方程 $x^5+x-1=0$ 只有一个正根.

证明　设 $f(x)=x^5+x-1$，$f(0)=-1<0$，$f(2)=33>0$，由零点定理知，方程在 $(0,2)$ 内至少有一个根.

又假设方程有两个根 x_1、x_2（$x_1\neq x_2$），则 $f(x_1)=f(x_2)=0$，由罗尔定理知，在 (x_1,x_2) 内至少有一点 c，使 $f'(c)=0$.

但 $f'(x)=5x^4+1>0$，所以假设错误，故结论成立.

2. 拉格朗日中值定理

定理[拉格朗日(Lagrange)中值定理]　如果函数 $y=f(x)$ 在闭区间 $[a,b]$ 上连续，在开区间 (a,b) 内可导，则在 (a,b) 内至少存在一点 $\xi(a<\xi<b)$，使得

$$f'(\xi)=\frac{f(b)-f(a)}{b-a}.$$

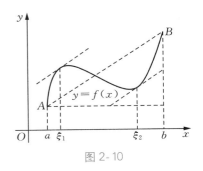

图 2-10

这个定理的几何意义如图 2-10 所示，满足定理条件的曲线 $y=f(x)$ 是 $[a,b]$ 上的一条连续曲线，在 AB 除端点外的每一点都有不垂直于 x 轴的切线，则弧上除端点外至少存在一点 P，在这点处曲线的切线 l 平行于弦 AB.若点 P 的横坐标为 ξ，则切线 l 的斜率为 $f'(\xi)$.因为 $l/\!/AB$，而 AB 的斜率为 $\dfrac{f(b)-f(a)}{b-a}$，所以有 $f'(\xi)=\dfrac{f(b)-f(a)}{b-a}(a<\xi<b)$ 成立，这个等式也可写成

$$f(b)-f(a)=f'(\xi)(b-a).$$

证明　作辅助函数 $F(x)$，令

$$F(x)=f(x)-\frac{f(b)-f(a)}{b-a}x,$$

则 $F(x)$ 在闭区间 $[a,b]$ 上连续，在开区间 (a,b) 内可导，且有

$$F(a)=F(b)=\frac{f(a)b-f(b)a}{b-a}.$$

于是，由罗尔定理可知，在 (a,b) 内至少存在一点 $\xi(a<\xi<b)$，使得

$$F'(\xi)=f'(\xi)-\frac{f(b)-f(a)}{b-a}=0,$$

即

$$f'(\xi)=\frac{f(b)-f(a)}{b-a}\quad(a<\xi<b).$$

显然罗尔定理是拉格朗日定理当 $f(a)=f(b)$ 时的特殊情形，拉格朗日中值定理是罗尔定理的推广.

拉格朗日定理是微积分学重要定理之一，它准确地表达了函数在一个闭区间上的平均变化率（或改变量）和函数在该区间内某点处导数之间的关系，它是用函数的局部性来研究函数的整体性的工具，应用十分广泛.

我们知道，常数的导数等于零，反过来导数为零的函数是否为常数呢？回答是肯定的.

推论 1　如果函数 $f(x)$ 在区间 I 上的导数恒为零，那么 $f(x)$ 在区间 I 上是一个常数.

证明　在区间 I 上任取两点 x_1，x_2，由拉格朗日定理知存在 $\xi\in(a,b)$，使得

$$f(x_1)-f(x_2)=f'(\xi)(x_1-x_2)\quad(x_1<\xi<x_2),$$

由假设 $f'(\xi)=0$，于是 $f(x_1)-f(x_2)=0$，即 $f(x_1)=f(x_2)$.

这表明在区间 I 内的任意两点处函数 $f(x)$ 的取值相等，因此 $f(x)$ 在区间 I 上是一个常数.

推论 2　如果函数 $f(x)$ 和 $g(x)$ 在区间 I 上恒有 $f'(x)=g'(x)$，那么 $f(x)$ 在区间 I 上 $f(x)=g(x)+C$（其中 C 为常数）.

证明　构造辅助函数 $F(x)=f(x)-g(x)$，所以 $F'(x)=f'(x)-g'(x)=0$，由推论 1 知，在区间 I 上 $f(x)$ 是一个常数即恒有 $F(x)=C$，所以 $f(x)-g(x)=C$，故 $f(x)=g(x)+C$.

例 4　证明当 $0<a<b$ 时，有

$$\frac{b-a}{b}<\ln\frac{b}{a}<\frac{b-a}{a}.$$

证明　设 $f(x)=\ln x$，显然初等函数 $f(x)=\ln x$ 在 $(0,+\infty)$ 上连续，又因为 $f(x)$ 在 $[a,b]$ 上连续，且 $f(x)$ 在 (a,b) 内可导，所以 $f(x)$ 它满足拉格朗日中值定理的条件，故存在 $\xi\in(a,b)$，使得

$$\ln\frac{b}{a}=\ln b-\ln a=\frac{1}{\xi}(b-a),$$

又因为 $a<\xi<b$，所以 $\dfrac{1}{b}<\dfrac{1}{\xi}<\dfrac{1}{a}$，可得

$$\frac{b-a}{b}<\frac{b-a}{\xi}<\frac{b-a}{a},$$

即

$$\frac{b-a}{b}<\ln\frac{b}{a}<\frac{b-a}{a}.$$

例 5　证明不等式　$|\sin a-\sin b|\leqslant|a-b|$.

证明　设 $f(x)=\sin x$，显然初等函数 $f(x)=\sin x$ 在 $(-\infty,+\infty)$ 上连续，当然 $f(x)$ 在 $[a,b]$ 上连续，且 $f(x)$ 在 (a,b) 内可导，由拉格朗日中值定理有

$$\sin a-\sin b=\cos\xi\cdot(a-b),$$

故

$$|\sin a-\sin b|=|\cos\xi\cdot(a-b)|\leqslant|a-b|.$$

3. 柯西定理

定理　设函数 $f(x)$、$g(x)$ 在闭区间 $[a,b]$ 上连续，在开区间 (a,b) 内可导，且 $g'(x)\neq0$ 则在 (a,b) 内至少存在一点 $\xi(a<\xi<b)$，使得

$$\frac{f(b)-f(a)}{g(b)-g(a)}=\frac{f'(\xi)}{g'(\xi)}.$$

证明　构造辅助函数

$$F(x)=f(x)-f(a)-\frac{f(b)-f(a)}{g(b)-g(a)}(g(x)-g(a)).$$

易知　$F(a)=0$，$F(b)=0$，由罗尔定理可知，存在 $\xi\in(a，b)$，使得 $F'(\xi)=0$，即

$$f'(\xi)-\frac{f(b)-f(a)}{g(b)-g(a)}g'(\xi)=0,$$

所以

$$\frac{f(b)-f(a)}{g(b)-g(a)}=\frac{f'(\xi)}{g'(\xi)}.$$

习题

A 组

1. 下列函数在给定区间上是否满足罗尔定理的条件，若满足则求出定理结论中的 ξ 的值.

(1) $f(x)=x^2-2x-3$，$[-1,3]$；　　　(2) $f(x)=\sqrt{x}$，$[0,2]$；

(3) $f(x)=\ln(\sin x)$，$\left[\dfrac{\pi}{6},\dfrac{5\pi}{6}\right]$.

2. 下列函数在给定区间上是否满足拉格朗日中值定理的条件，若满足则求出定理结论中的 ξ 的值.

(1) $f(x)=x^4$，$[1,2]$；　　　　　(2) $f(x)=\dfrac{1}{3}x^3-x$，$[-\sqrt{3},\sqrt{3}]$；

(3) $f(x)=\sqrt[3]{x^2}$，$[-1,2]$.

B 组

1. 试讨论下列函数在指定区间内是否存在一点 ξ，使 $f'(\xi)=0$.

(1) $f(x)=\begin{cases}x\sin\dfrac{1}{x}，& 0<x<\dfrac{1}{\pi}，\\ 0 &，x=0;\end{cases}$　　　(2) $f(x)=|x|$，$-1\leqslant x\leqslant 1$.

2. 证明下列不等式.

(1) 当 $x>1$ 时，$e^x>ex$；

(2) 当 $x>0$ 时，$\ln\left(1+\dfrac{1}{x}\right)>\dfrac{1}{1+x}$.

3. 证明：当 $x>0$ 时，$\dfrac{x^2}{1+x^2}<\arctan x<x$.

4. 设函数 $f(x)$ 在 $[0,1]$ 上连续，在 $(0,1)$ 内可导，且 $f(1)=0$，求证：存在 $\xi\in(0,1)$，使得 $f'(\xi)=-\dfrac{f(\xi)}{\xi}$.

5. 已知函数 $f(x)$ 在 $(-\infty，+\infty)$ 内满足关系 $f'(x)=f(x)$ 且 $f(0)=1$. 证明：$f(x)=e^x$.

十、洛必达法则

学习目标：

会用洛必达法则求各种类型不定式.

知识导图：

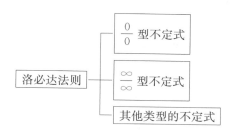

当 $x \to x_0$（或 $x \to \infty$）时，若函数 $f(x)$、$\varphi(x)$ 都趋于零或为无穷大，其极限 $\lim\limits_{\substack{x \to x_0 \\ (x \to \infty)}} \dfrac{f(x)}{\varphi(x)}$

可能存在也可能不存在.因此，通常把这种极限称为**不定式**，并分别简记为 $\dfrac{0}{0}$ 型和 $\dfrac{\infty}{\infty}$ 型.对

于不定式，即使它的极限存在，也不能用"商的极限等于极限的商"这一法则来求.为此，我们介绍一种求不定式极限的重要方法，这就是**洛必达（L'Hospital）法则**.

1.1 $\dfrac{0}{0}$ 型不定式

定理（洛必达法则 1）　设 $f(x)$、$\varphi(x)$ 在点 x_0 的某个去心邻域内有定义，若有

（1）$\lim\limits_{x \to x_0} f(x) = \lim\limits_{x \to x_0} \varphi(x) = 0$；

（2）$f(x)$、$\varphi(x)$ 在点 x_0 的左右近旁可导，且 $\varphi'(x) \neq 0$；

（3）$\lim\limits_{x \to x_0} \dfrac{f'(x)}{\varphi'(x)} = A$（或无穷大），

则 $\lim\limits_{x \to x_0} \dfrac{f(x)}{\varphi(x)} = \lim\limits_{x \to x_0} \dfrac{f'(x)}{\varphi'(x)} = A$（或无穷大）.

洛必达法则 1 中将 $x \to x_0$ 换为 $x \to \infty$，结论也成立.

例 1　求 $\lim\limits_{x \to 1} \dfrac{x-1}{x^2+2x-3}$.

解　这是 $\dfrac{0}{0}$ 型不定式，应用洛必达法则得

$$\lim_{x \to 1} \frac{x-1}{x^2+2x-3} = \lim_{x \to 1} \frac{(x-1)'}{(x^2+2x-3)'} = \lim_{x \to 1} \frac{1}{2x+2} = \frac{1}{4}.$$

例 2　求 $\lim\limits_{x \to 0} \dfrac{\sin 3x}{\sin 2x}$.

解　这是 $\dfrac{0}{0}$ 型不定式，应用洛必达法则得

$$\lim_{x \to 0} \frac{\sin 3x}{\sin 2x} = \lim_{x \to 0} \frac{3\cos 3x}{2\cos 2x} = \frac{3}{2} \lim_{x \to 0} \frac{\cos 3x}{\cos 2x} = \frac{3}{2}.$$

例 3　求 $\lim\limits_{x \to 0} \dfrac{x - \sin x}{x^3}$.

解　这是 $\dfrac{0}{0}$ 型不定式,应用洛必达法则得

$$\lim_{x\to 0}\frac{x-\sin x}{x^3}=\lim_{x\to 0}\frac{1-\cos x}{3x^2}=\lim_{x\to 0}\frac{\sin x}{6x}=\frac{1}{6}.$$

例 4　求 $\lim\limits_{x\to 0}\dfrac{\ln(1+x)}{x^2}$.

解　这是 $\dfrac{0}{0}$ 型不定式,应用洛必达法则得

$$\lim_{x\to 0}\frac{\ln(1+x)}{x^2}=\lim_{x\to 0}\frac{\dfrac{1}{1+x}}{2x}=\lim_{x\to 0}\frac{1}{2x(1+x)}=\infty.$$

注意:使用洛必达法则计算未定式极限时,定理中的三个条件缺一不可,否则,洛必达法则可能失效.但法则失效并不意味着原极限不存在,这时应换用其他方法去计算.

例 5　求 $\lim\limits_{x\to 0}\dfrac{x^2\sin\dfrac{1}{x}}{\sin x}$.

解　因为 $\dfrac{\left(x^2\sin\dfrac{1}{x}\right)'}{(\sin x)'}=\dfrac{2x\sin\dfrac{1}{x}-\cos\dfrac{1}{x}}{\cos x}$,而 $\lim\limits_{x\to 0}\dfrac{2x\sin\dfrac{1}{x}-\cos\dfrac{1}{x}}{\cos x}$ 无极限,所以洛必达法则失效,不能使用.但可用其他方法求得极限,如下.

$$\lim_{x\to 0}\frac{\left(x^2\sin\dfrac{1}{x}\right)}{(\sin x)}=\lim_{x\to 0}\left(\frac{x}{\sin x}\cdot x\sin\frac{1}{x}\right)=\lim_{x\to 0}\frac{x}{\sin x}\cdot\lim_{x\to 0}x\sin\frac{1}{x}=1\times 0=0.$$

1.2　$\dfrac{\infty}{\infty}$ 型不定式

定理(洛必达法则 2)　设 $f(x)$、$\varphi(x)$ 在点 x_0 的左右近旁有定义,若有

(1) $\lim\limits_{x\to x_0}f(x)=\infty$, $\lim\limits_{x\to x_0}\varphi(x)=\infty$;

(2) $f(x)$、$\varphi(x)$ 在点 x_0 的左右近旁可导,且 $\varphi'(x)\neq 0$;

(3) $\lim\limits_{x\to x_0}\dfrac{f'(x)}{\varphi'(x)}=A$(或无穷大),

则 $\lim\limits_{x\to x_0}\dfrac{f(x)}{\varphi(x)}=\lim\limits_{x\to x_0}\dfrac{f'(x)}{\varphi'(x)}=A$(或无穷大).

洛必达法则 2 中将 $x\to x_0$ 换为 $x\to\infty$,结论也成立.

例 6　$\lim\limits_{x\to +\infty}\dfrac{x^n}{e^x}$.

解　这是 $\dfrac{\infty}{\infty}$ 型的不定式,应用洛必达法则得

$$\lim_{x\to +\infty}\frac{x^n}{e^x}\overset{\left(\frac{\infty}{\infty}\right)}{=}\lim_{x\to +\infty}\frac{nx^{n-1}}{e^x}\overset{\left(\frac{\infty}{\infty}\right)}{=}\lim_{x\to +\infty}\frac{n(n-1)x^{n-2}}{e^x}\overset{\left(\frac{\infty}{\infty}\right)}{=}\cdots=\lim_{x\to +\infty}\frac{n!}{e^x}=0.$$

例 6 表明,在求不定式极限的过程中,只要分子与分母满足洛必达法则条件,就可以重复使用法则.

例 7　求 $\lim\limits_{x\to0+}\dfrac{\ln\cot x}{\ln x}$.

解　这是 $\dfrac{\infty}{\infty}$ 型的不定式，应用洛必达法则得

$$\lim_{x\to0+}\frac{\ln\cot x}{\ln x}=\lim_{x\to0+}\frac{\dfrac{1}{\cot x}(-\csc^2 x)}{\dfrac{1}{x}}=-\lim_{x\to0+}\frac{x}{\sin x\cos x}$$

$$=-\lim_{x\to0+}\frac{x}{\sin x}\lim_{x\to0+}\frac{1}{\cos x}=-1\times1=-1.$$

例 8　已知 $\lim\limits_{x\to\infty}\dfrac{(a-1)x+2}{x+1}=0$，求 a 的值.

解　因为当 $x\to\infty$ 时，$x+1\to\infty$ 且 $\lim\limits_{x\to\infty}\dfrac{(a-1)x+2}{x+1}=0$(存在)，所以当 $x\to\infty$ 时，$(a-1)x+2\to\infty$，应用洛必达法则得

$$\lim_{x\to\infty}\frac{(a-1)x+2}{x+1}=\lim_{x\to\infty}\frac{a-1}{1}=a-1,$$

又因为 $\lim\limits_{x\to\infty}\dfrac{(a-1)x+2}{x+1}=0$，故 $a-1=0$，所以 $a=1$.

1.3　其他类型的不定式

不定式除 $\dfrac{0}{0}$ 和 $\dfrac{\infty}{\infty}$ 型外，还有 $0\cdot\infty$、$\infty-\infty$、1^∞、∞^0、0^0 等类型. 一般地，对这些类型的不定式，通过变形总可以化为 $\dfrac{0}{0}$ 或 $\dfrac{\infty}{\infty}$ 型的不定式，再用洛必达法则求极限.

例 9　求 $\lim\limits_{x\to0+}x^3\ln x$.

解　这是 $0\cdot\infty$ 型不定式，先将其化为 $\dfrac{\infty}{\infty}$ 再用洛必达法则求极限，得

$$\lim_{x\to0+}x^3\ln x=\lim_{x\to0+}\frac{\ln x}{x^{-3}}=\lim_{x\to0+}\frac{\dfrac{1}{x}}{-3x^{-4}}=\lim_{x\to0+}\left(-\frac{x^3}{3}\right)=0.$$

例 10　求 $\lim\limits_{x\to0}\left(\dfrac{1}{\sin x}-\dfrac{1}{x}\right)$.

解　$\lim\limits_{x\to0}\left(\dfrac{1}{\sin x}-\dfrac{1}{x}\right)\overset{(\infty-\infty)}{=}\lim\limits_{x\to0}\dfrac{x-\sin x}{x\sin x}$

$$\overset{\left(\frac{0}{0}\right)}{=}\lim_{x\to0}\frac{1-\cos x}{\sin x+x\cos x}\overset{\left(\frac{0}{0}\right)}{=}\lim_{x\to0}\frac{\sin x}{2\cos x-x\sin x}=0.$$

例 11　求 $\lim\limits_{x\to1}(2-x)^{\tan\frac{\pi}{2}x}$.

解　$\lim\limits_{x\to1}(2-x)^{\tan\frac{\pi}{2}x}=\lim\limits_{x\to1}\mathrm{e}^{\tan\frac{\pi}{2}x\ln(2-x)}=\mathrm{e}^{\lim\limits_{x\to1}\frac{\ln(2-x)}{\cot\frac{\pi}{2}x}}$

$$=\mathrm{e}^{\lim\limits_{x\to1}\frac{\frac{-1}{2-x}}{-\frac{\pi}{2}\frac{1}{\sin^2\frac{\pi}{2}x}}}=\mathrm{e}^{\lim\limits_{x\to1}\frac{2\sin^2\frac{\pi}{2}x}{\pi(2-x)}}=\mathrm{e}^{\frac{2}{\pi}}.$$

注意：对 1^{∞}，0^0，∞^0 型未定式，可通过取对数，先化为 $0 \cdot \infty$ 型，再化为 $\dfrac{0}{0}$ 或 $\dfrac{\infty}{\infty}$ 型，最后利用洛必达法则来求.

例 12　求 $\lim\limits_{x \to 0}(1-x)^{\frac{1}{x}}$.

解　$\lim\limits_{x \to 0}(1-x)^{\frac{1}{x}} \overset{(1^{\infty})}{=} \lim\limits_{x \to 0}\mathrm{e}^{\ln(1-x)^{\frac{1}{x}}} = \lim\limits_{x \to 0}\mathrm{e}^{\frac{\ln(1-x)}{x}}$

$$= \mathrm{e}^{\lim\limits_{x \to 0}\frac{\ln(1-x)}{x}} \overset{(\frac{0}{0})}{=} \mathrm{e}^{\lim\limits_{x \to 0}\frac{\frac{-1}{1-x}}{1}} = \mathrm{e}^{\lim\limits_{x \to 0}\frac{1}{x-1}} = \mathrm{e}^{-1}$$

为了书写和排版方便，我们引入以 e 为底的指数函数的记号 $\exp(x) = \mathrm{e}^x$.这个记号在科技书中常见，例如 $\exp(\ln x) = \mathrm{e}^{\ln x} = x$.

例 13　求 $\lim\limits_{x \to +\infty}(\ln x)^{\frac{1}{x}}$

解　$\lim\limits_{x \to +\infty}(\ln x)^{\frac{1}{x}} \overset{(\infty^0)}{=} \lim\limits_{x \to +\infty}\exp\left[\ln(\ln x)^{\frac{1}{x}}\right] = \lim\limits_{x \to +\infty}\exp\left[\frac{\ln(\ln x)}{x}\right]$

$$= \exp\left[\lim\limits_{x \to +\infty}\frac{\ln(\ln x)}{x}\right] \overset{(\frac{\infty}{\infty})}{=} \exp\left(\lim\limits_{x \to +\infty}\frac{1}{x \ln x}\right) = \exp(0) = \mathrm{e}^0 = 1.$$

注意：对一个分式极限式使用洛必达法则，其极限式必须是 $\dfrac{0}{0}$ 型或 $\dfrac{\infty}{\infty}$ 型不定式.例如，极限 $\lim\limits_{x \to 0}\dfrac{ax}{\mathrm{e}^x} = 0$，若不加考虑就应用洛必达法则，得 $\lim\limits_{x \to 0}\dfrac{ax}{\mathrm{e}^x} = \lim\limits_{x \to 0}\dfrac{(ax)'}{(\mathrm{e}^x)'} = \lim\limits_{x \to 0}\dfrac{a}{\mathrm{e}^x} = a$.这显然是错误的，其原因在于 $\lim\limits_{x \to 0}\dfrac{ax}{\mathrm{e}^x}$ 不是不定式.另外，有些极限式虽然是上述两种不定式之一，但它不满足洛必达法则的条件，这时仍不能使用洛必达法则.

例 14　求 $\lim\limits_{x \to \infty}\dfrac{x - \cos x}{x + \cos x}$.

解　这是 $\dfrac{\infty}{\infty}$ 型不定式，但因 $\lim\limits_{x \to \infty}\dfrac{(x - \cos x)'}{(x + \cos x)'} = \lim\limits_{x \to \infty}\dfrac{1 + \sin x}{1 - \sin x}$ 不存在，故不能用洛必达法则求这极限.但此极限是存在的.事实上，$\lim\limits_{x \to \infty}\dfrac{(x - \cos x)}{(x + \cos x)} = \lim\limits_{x \to \infty}\dfrac{1 - \dfrac{\cos x}{x}}{1 + \dfrac{\cos x}{x}} = 1.$

可见，使用洛必达法则时要先确认极限式是不是不定式，再检查是否满足定理的条件，以确定能不能使用洛必达法则.

习题

A 组

应用洛必达法则求下列极限.

(1) $\lim\limits_{x \to 0}\dfrac{\sin 2x}{\tan 3x}$；

(2) $\lim\limits_{x \to 0}\dfrac{1 - \mathrm{e}^x}{x}$；

(3) $\lim\limits_{x \to 0}\dfrac{\mathrm{e}^x - 1}{\tan x}$；

(4) $\lim\limits_{x \to a}\dfrac{\sin x - \sin a}{x - a}$；

(5) $\lim\limits_{x \to 0^+} \dfrac{\ln x}{\cot x}$;

(6) $\lim\limits_{x \to +\infty} \dfrac{x^2 + 2x}{e^x}$;

(7) $\lim\limits_{x \to +\infty} \dfrac{e^x}{x+1}$;

(8) $\lim\limits_{x \to 3} \dfrac{x^4 - 81}{x-3}$;

(9) $\lim\limits_{x \to 0} \dfrac{a^x - b^x}{x}$（其中 $a>0$，$b>0$）;

(10) $\lim\limits_{x \to +\infty} \dfrac{\ln x}{x^2}$.

B 组

应用洛必达法则求下列极限.

(1) $\lim\limits_{x \to 0} \dfrac{\arctan x}{3x}$;

(2) $\lim\limits_{x \to 2} \dfrac{x^8 - 2^8}{x^7 - 2^7}$;

(3) $\lim\limits_{x \to 0} \left(\dfrac{1}{x} - \dfrac{1}{e^x - 1} \right)$;

(4) $\lim\limits_{x \to 0} \dfrac{e^x - e^{\sin x}}{x - \sin x}$;

(5) $\lim\limits_{x \to 1} (1-x) \tan \dfrac{\pi}{2} x$;

(6) $\lim\limits_{x \to 0^+} x^{\tan x}$;

(7) $\lim\limits_{x \to 0^+} \left(\ln \dfrac{1}{x} \right)^x$;

(8) $\lim\limits_{x \to +\infty} (x + \sqrt{1+x^2})^{\frac{1}{x}}$;

(9) $\lim\limits_{n \to \infty} \left(n \tan \dfrac{1}{n} \right)^{n^2}$;

(10) $\lim\limits_{x \to +\infty} (1 + \sin x)^{\frac{1}{x}}$.

十一、曲线的凹凸性和渐近线

学习目标:

会判定曲线的凹凸性并求其凹凸区间与拐点.

会求曲线的渐近线.

知识导图:

1. 凹凸性与拐点

定义　若在某区间 (a,b) 内曲线段总位于其上任意一点处切线的上方,则称**该曲线段在 (a,b) 内是凹的**(也称向上凹的,简称上凹);若曲线段总位于其上任一点处切线的下方,则称**该曲线段 (a,b) 内是凸的**(也称向下凹的,简称下凹).

定理　设函数 $y=f(x)$ 在开区间 (a,b) 内具有二阶导数.

(1) 若在 (a,b) 内 $f''(x)>0$,则曲线 $y=f(x)$ 在 (a,b) 内是凹的;

(2) 若在 (a,b) 内 $f''(x)<0$,则曲线 $y=f(x)$ 在 (a,b) 上是凸的.

若把定理中的区间改为无穷区间,结论仍然成立.

例 1　判定曲线 $y=\ln x$ 的凹凸性.

解　函数 $y=\ln x$ 的定义域为 $(0, +\infty)$, $y'=-\dfrac{1}{x^2}$,当 $x>0$ 时, $y''<0$,故曲线 $y=\ln x$ 在 $(0, +\infty)$ 内是凸的.

定义　若连续曲线 $y=f(x)$ 上的点 P 是曲线凹与凸的分界点,则称 P 是曲线 $y=f(x)$ 的拐点.

由于拐点是曲线凹凸的分界点,所以拐点左右两侧近旁 $f''(x)$ 必然异号.因此,曲线拐点的横坐标 x_0,只可能是使 $f''(x)=0$ 的点或 $f''(x)$ 不存在的点.从而可得求区间 (a,b) 内连续函数 $y=f(x)$ 拐点的步骤:

(1) 先求出 $f''(x)$,找出在 (a,b) 内使 $f''(x)=0$ 的点和 $f''(x)$ 不存在的点;

(2) 用上述各点按照从小到大依次将 (a,b) 分成小区间,再在每个小区间上考察 $f''(x)$ 的符号;

(3) 若 $f''(x)$ 在某点 x_i 两侧近旁异号,则 $(x_i,f(x_i))$ 是曲线 $y=f(x)$ 的拐点,否则不是.

例 2　求曲线 $y=x^4-2x^3+1$ 的凹凸区间与拐点.

解　$y'=4x^3-6x^2$,$y''=12x^2-12x=12x(x-1)$.

令 $y''=0$,得 $x_1=0$,$x_2=1$,列表判断如下.

x	$(-\infty,0)$	0	$(0,1)$	1	$(1,+\infty)$
y''	$+$	0	$-$	0	$+$
y	$\cup$	1(拐点)	$\cap$	0(拐点)	$\cup$

可见,曲线在区间 $(-\infty,0)$,$(1,+\infty)$ 内是凹的;在区间 $(0,1)$ 是凸的;曲线上点 $(0,1)$ 和 $(1,0)$ 是拐点.

注意:无论函数 $f(x)$ 在点 x_0 处是否存在一阶或二阶导数,只要函数在点 x_0 处连续,在 x_0 的左右两侧曲线 $y=f(x)$ 有不同的凹凸性,则点 $(x_0,f(x_0))$ 都是曲线 $y=f(x)$ 的拐点.

例 3　求曲线 $y=(x-2)^{\frac{5}{3}}$ 的凹凸区间与拐点.

解　$y'=\dfrac{5}{3}(x-2)^{\frac{2}{3}}$,$y''=\dfrac{10}{9}(x-2)^{-\frac{1}{3}}$.

当 $x=2$ 时,$y'=0$,y'' 不存在,列表判断如下.

x	$(-\infty,2)$	2	$(2,+\infty)$
y''	$-$	不存在	$+$
y	$\cap$	0(拐点)	$\cup$

因此,曲线在区间 $(-\infty,2)$ 内是凸的;在区间 $(2,+\infty)$ 内是凹的.拐点是 $(2,0)$.

例 4　求曲线 $y=a^2-\sqrt[3]{x-b}$ 的凹凸区间与拐点.

解　$y'=-\dfrac{1}{3}\dfrac{1}{\sqrt[3]{(x-b)^2}}$,$y''=\dfrac{2}{9\sqrt[3]{(x-b)^5}}$.

易见函数 $y=a^2-\sqrt[3]{x-b}$ 在 $x=b$ 处不可导,当 $x<b$ 时 $y''<0$,曲线是凸的;当 $x>b$ 时 $y''>0$ 曲线是凹的,点 (b,a^2) 是拐点,因此曲线的凹区间为 $[b,+\infty)$;凹区间为 $(-\infty,b]$.拐点是 (b,a^2).

注意:若 $f''(x_0)=0$,则点 $(x_0,f(x_0))$ 可能是拐点,也可能不是.

讨论:考察点 $(0,0)$ 是否是曲线 $y=x^3$ 的拐点.

2.曲线的渐近线

定义　若曲线 C 上动点 P 沿着曲线无限地远离原点时,点 P 与某一固定直线 L 的距离趋于零,则称**直线 L 为曲线 C 的渐近线**.

（1）斜渐近线

定义 若 $f(x)$ 满足：

（1）$\lim\limits_{x \to \infty} \dfrac{f(x)}{x} = k$；

（2）$\lim\limits_{x \to \infty} [f(x) - kx] = b$.

则曲线 $y = f(x)$ 有斜渐近线 $y = kx + b$.

例 5 求曲线 $y = \dfrac{x^3}{x^2 - 2x + 3}$ 的渐近线.

解 对于 $y = \dfrac{x^3}{x^2 - 2x + 3}$，因为

$$k = \lim_{x \to \infty} \frac{f(x)}{x} = \lim_{x \to \infty} \frac{x^2}{x^2 - 2x + 3} = 1,$$

$$b = \lim_{x \to \infty} [f(x) - kx] = \lim_{x \to \infty} \left(\frac{x^3}{x^2 + 2x - 3} - x \right) = 2,$$

故得曲线的渐近线方程为 $y = x + 2$.

（2）铅直渐近线

定义 若当 $x \to c$ 时（有时仅当 $x \to C^+$ 或 $x \to C^-$），$f(x) \to \infty$，则称**直线 $x = c$ 为曲线 $y = f(x)$ 的铅直渐近线**（也叫垂直渐近线）（其中 C 为常数）.

（3）水平渐近线

定义 若当 $x \to \infty$ 时，$f(x) \to c$，则称**曲线 $y = f(x)$ 有水平渐近线 $y = c$**.

例如，当 $x \to \infty$ 时，有 $\mathrm{e}^{-x^2} \to 0$，所以 $y = 0$ 为曲线 $y = \mathrm{e}^{-x^2}$ 的水平渐近线.

例 6 求曲线 $y = \dfrac{x^2}{x+1}$ 的渐近线.

解 因为 $\lim\limits_{x \to -1^-} \dfrac{x^2}{x+1} = -\infty$，$\lim\limits_{x \to -1^+} \dfrac{x^2}{x+1} = +\infty$，所以 $x = -1$ 是曲线的铅垂渐近线.

因为

$$a = \lim_{x \to \infty} \frac{f(x)}{x} = \lim_{x \to \infty} \frac{x}{x+1} = 1,$$

$$b = \lim_{x \to \infty} [f(x) - ax] = \lim_{x \to \infty} \left[\frac{x^2}{x+1} - x \right] = -1,$$

所以 $y = x - 1$ 是曲线的斜渐近线.

习题

A 组

1. 求下列函数的拐点凹凸区间.

（1）$y = x + \dfrac{1}{x}$ $(x > 0)$；

（2）$y = x + \dfrac{x}{x^2 - 1}$；

（3）$f(x) = (x+1)^4 + \mathrm{e}^x$；

（4）$y = \ln(x^2 + 1)$.

B 组

1. 求下列函数的渐近线.

(1) $y=e^x$；

(2) $y=\dfrac{1}{(x+2)^3}$；

(3) $y=e^{\frac{1}{x}}-1$；

(4) $y=\dfrac{x^3}{(x-1)^2}$.

2. 利用曲线的凹凸性证明$\dfrac{e^x+e^y}{2}>e^{\frac{x+y}{2}}$.

 知识应用

1. 如图 2-11 所示，铁路线上自西向东的 AB 段相距 200 km，工厂 C 位于 A 站正南 40 km 处，现准备在 AB 线上选定一中转站 D 向工厂筑一条公路，已知每箱产品的铁路运费为 3 元/km，公路运费为 5 元/km，该工厂产品均需运到 B 站向外转发，问 D 站应选在距 A 站多少公里处，才能使产品发运到 B 站的总费用最省？

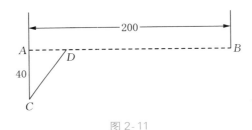

图 2-11

2. 如图 2-12 所示，比较体积相同的球体和正方体，它们的表面积的大小情况.

 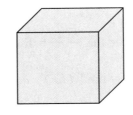

图 2-12

3. 如图 2-13 所示，假设饮料罐为正圆柱体（事实上由于制造工艺等要求，它不可能正好是数学上的正圆柱体，但这样简化问题确实是近似的、合理的），不考虑厚度，求饮料罐容积 $V=355$ ml 时，使制作易拉罐所用的材料最省的顶盖的直径和从顶盖到底部的高之比.

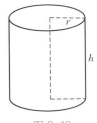

图 2-13

学习反馈与评价

学号：　　　　　　姓名：　　　　　　任课教师：

学习内容	
学生学习疑问反馈	
学习效果自我评价	
教师综合评价	

数学家小传

苏步青的故事

项目三 面积引发的故事——积分

 学习指导

学习领域	积分及其应用
学习目标	1. 了解不定积分和定积分的概念. 2. 熟悉和掌握不定积分的求解. 3. 掌握定积分的求解
学习重点	1. 不定积分概念及其求解. 2. 定积分概念及其求解. 3. 微积分学基本定理
学习难点	1. 将实际问题转化为几何问题. 2. 不定积分的求解. 3. 具体的数学算法
学习思路	不定积分概念→定积分概念→直接积分法→换元积分法→用数学知识解决问题
数学知识	不定积分、定积分
教学方法	讲授法、案例教学法、情景教学法、讨论法、启发式教学法
学时安排	建议 10～16 学时

项目任务实施

任务一 计算曲边梯形的面积

[任务描述] 设函数 $y=f(x)$ 在闭区间 $[a, b]$ 上连续且非负,由曲线 $y=f(x)$ 及三条直线 $x=a$、$x=b$、$y=0$ 所围成的平面图形(图 3-1)称为**曲边梯形**,我们要计算此曲边梯形的面积.

[任务分析] 曲边梯形与矩形的差异在于矩形的四边都是直的,而曲边梯形有三边是直的,一边为"曲"的,也就是说矩形的高"不变",曲边梯形的高要"变",为此我们可采用"近似逼近"的方法来解决求面积的问题.将曲边梯形分割成许多小的曲边梯形(图 3-2),每个小曲边梯形的面积都近似地等于对应小矩形的面积,则所有小矩形面积的和就是曲边梯形面积的近似值.

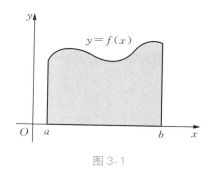

图 3-1

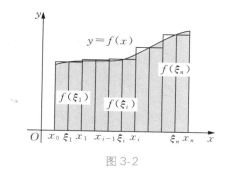

图 3-2

［任务转化］ 当把区间$[a，b]$无限细分下去,使每个小区间的长度都趋近于零时,所有小矩形面积之和的极限就是曲边梯形的面积.

［任务解答］ （1）分割:任取分点$a=x_0<x_1<x_2<\cdots<x_n=b$,把区间$[a，b]$分成$n$个小区间$[x_{i-1}，x_i](i=1，2，\cdots，n)$,每个小区间的长度记为

$$\Delta x_i=x_i-x_{i-1} \quad (i=1，2，\cdots，n).$$

相应地作直线$x=x_i(i=1，2，\cdots，n-1)$将曲边梯形分割成n个小曲边梯形,它们的面积分别记作:$\Delta A_1，\Delta A_2，\cdots，\Delta A_n$.

（2）近似代替:在每个小区间$[x_{i-1}，x_i]$上任取一点ξ_i,以Δx_i为底,$f(\xi_i)$为高的小矩形面积作为同底的小曲边梯形面积的近似值,即$\Delta A_i\approx f(\xi_i)\Delta x_i(i=1，2，3，\cdots，n)$.

（3）求和:用n个小矩形面积的和作为整个曲边梯形的面积A的近似值,即

$$A\approx\sum_{i=1}^{n}\Delta A_i=\sum_{i=1}^{n}f(\xi_i)\Delta x_i.$$

（4）取极限:使$[a，b]$内的分点无限增加,并使Δx_i中的最大值$\lambda=\max_{1\leqslant i\leqslant n}\{\Delta x_i\}\to 0$,这时和式$\sum_{i=1}^{n}f(\xi_i)\Delta x_i$的极限就是曲边梯形面积的精确值,即

$$A=\lim_{\lambda\to 0}\sum_{i=1}^{n}f(\xi_i)\Delta x_i.$$

任务二 计算变速直线运动的路程

［任务描述］ 设一物体作直线运动,已知速度$v=v(t)$是时间间隔$[T_0，T]$上的连续函数,且$v(t)\geqslant 0$,计算物体在这段时间内所走的路程.

［任务分析］ 现在速度是变量,路程就不能用初等方法求得了,必须解决速度"变"与"不变"的矛盾,为此设想把时间间隔$[T_0，T]$分成若干个小的时间间隔,当时间间隔很短时,在这个小的时间间隔内以"不变"的速度代替"变"的速度.

［任务转化］ 用匀速直线运动的路程近似表示这段时间内变速直线运动的路程,再把每一时间间隔路程的近似值加起来取极限,从而得到路程的准确值.

［任务解答］ （1）分割:任取分点$T_0<t_0<t_1<t_2<\cdots<t_n=T$,把$[T_0，T]$分成$n$个区间,每个小区间的长度为$\Delta t_i=t_i-t_{i-1}(i=1，2，\cdots，n)$.

（2）近似代替：将每小段时间间隔的运动看成匀速运动，任取时刻 $\xi=[t_{i-1},\ t_i]$，则以 $v(\xi_i)\cdot\Delta t_i$ 作为这小段时间所走路程 ΔS_i 的近似值，即 $\Delta S_i\approx v(\xi_i)\cdot\Delta t_i(i=1,\ 2,\ \cdots,\ n)$.

（3）求和：把 n 个小段时间上的路程相加，就得到总路程 S 的近似值，即

$$S=\sum_{i=1}^{n}v(\xi_i)\cdot\Delta t_i.$$

（4）取极限：当 $\lambda=\max\limits_{1\leqslant i\leqslant n}\{\Delta x_i\}\to 0$ 时，就得到总路程 S 的准确值，即

$$S=\lim_{\lambda\to 0}\sum_{i=1}^{n}v(\xi_i)\cdot\Delta t.$$

 数学知识

一、定积分

学习目标：

了解定积分的概念.

理解定积分的几何意义.

掌握定积分的性质.

熟悉定积分性质相关应用.

知识导图：

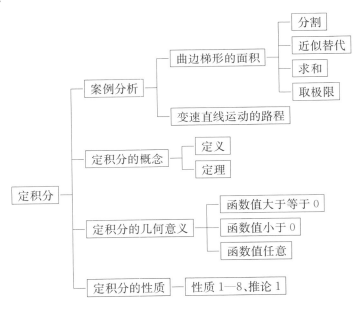

1. 定积分的概念

上面两个项目任务中要计算的量分别具有不同的实际意义，但其解决问题的思想方法、计算方式以及表述这些量的数学形式都是类似的.若不考虑其实际意义，则得到一个相同的数学模型——**和式的极限**.数学上把这类和式的极限叫做**定积分**.

定义　设函数 $y=f(x)$ 在闭区间 $[a,\ b]$ 上连续，任取分点

$$a = x_0 < x_1 < x_2 < \cdots < x_n = b,$$

将区间$[a, b]$分割成 n 个小区间$[x_{i-1}, x_i]$,每个小区间的长度记作

$$\Delta x_i = x_i - x_{i-1} \quad (i = 1, 2, \cdots, n),$$

并记 $\lambda = \max\limits_{1 \leqslant i \leqslant n}\{\Delta x_i\}$.任取点 $\xi_i \in [x_{i-1}, x_i]$,作和式

$$S_n = \sum_{i=1}^{n} f(\xi_i)\Delta x_i.$$

如果不论对区间$[a, b]$如何分割,也不论在小区间上如何取点 ξ_i,只要 $\lambda = \max\limits_{1 \leqslant i \leqslant n}\{\Delta x_i\} \rightarrow$ 0,和式 S_n 的极限存在,则称 $f(x)$ 在$[a, b]$上**可积**,并称此极限为 $f(x)$ 在区间$[a, b]$上的**定积分**,记作

$$\int_a^b f(x)\mathrm{d}x = \lim_{\lambda \to 0} \sum_{1 \leqslant i \leqslant n} f(\xi_i)\Delta x_i.$$

其中称 $f(x)$ 为**被积函数**,$f(x)\mathrm{d}x$ 为**被积表达式**,x 为**积分变量**,$[a, b]$为**积分区间**,而 a、b 分别称为**积分下限**和**积分上限**.

注意:(1) 定积分是一种特殊的和式极限,其值是一个实数.它的大小由被积函数和积分上、下限确定,而与积分变量的记号无关,即 $\int_a^b f(x)\mathrm{d}x = \int_a^b f(u)\mathrm{d}u = \int_a^b f(t)\mathrm{d}t$.

(2) 在定积分的定义中有 $a < b$.如果 $a > b$,则规定 $\int_a^b f(x)\mathrm{d}x = -\int_b^a f(x)\mathrm{d}x$. 特别地,当 $a = b$ 时,规定 $\int_a^a f(x)\mathrm{d}x = 0$.

关于定积分的存在性,有如下定理.

定理　若函数 $f(x)$ 在$[a, b]$上连续,或 $f(x)$ 在$[a, b]$上有界且只有有限个第一类间断点,则 $f(x)$ 在$[a, b]$上可积.

根据定积分的概念,前面两个例子均可用定积分表示:

(1) 曲边梯形面积为 $A = \int_a^b f(x)\mathrm{d}x (f(x) \geqslant 0)$.

(2) 变速直线运动的路程为 $S = \int_{T_0}^{T} v(t)\mathrm{d}t$.

例1　利用定义计算定积分 $\int_0^1 x^2 \mathrm{d}x$.

解　把区间$[0, 1]$分成 n 等份,分点和小区间长度为

$$x_i = \frac{i}{n} \quad (i = 1, 2, 3, \cdots, n-1), \quad \Delta x_i = \frac{1}{n} \quad (i = 1, 2, 3, \cdots, n),$$

取 $\xi_i = \frac{i}{n}$ $(i = 1, 2, 3, \cdots, n)$作积分和

$$\sum_{i=1}^{n} f(\xi_i)\Delta x_i = \sum_{i=1}^{n} \xi_i^2 \Delta x_i = \sum_{i=1}^{n} \left(\frac{i}{n}\right)^2 \cdot \frac{1}{n} = \frac{1}{n^3} \sum_{i=1}^{n} i^2 = \frac{1}{n^3} \cdot \frac{1}{6} n(n+1)(2n+1)$$

$$= \frac{1}{6}\left(1 + \frac{1}{n}\right)\left(2 + \frac{1}{n}\right),$$

因为 $\lambda=\dfrac{1}{n}$，当 $\lambda\to0$ 时，$n\to\infty$，所以

$$\int_0^1 x^2\,\mathrm{d}x=\lim_{\lambda\to0}\sum_{i=1}^n f(\xi_i)\Delta x_i=\lim_{n\to\infty}\frac{1}{6}\left(1+\frac{1}{n}\right)\left(2+\frac{1}{n}\right)=\frac{1}{3}.$$

2. 定积分的几何意义

设函数 $y=f(x)$ 在闭区间 $[a,b]$ 上连续，对应的曲边梯形面积为 A.则其积分可分为以下三种情形：

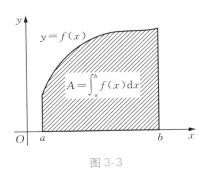

图 3-3

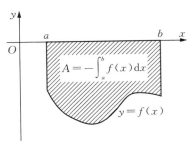

图 3-4

(1) 若 $f(x)\geqslant0$，则积分值等于对应曲边梯形的面积，即 $\displaystyle\int_a^b f(x)\,\mathrm{d}x=A$（图 3-1）.

(2) 若 $f(x)\leqslant0$，则积分值等于对应曲边梯形面积的相反数，即 $\displaystyle\int_a^b f(x)\,\mathrm{d}x=-A$（图 3-4）.

(3) 若 $f(x)$ 有正有负，则积分值等于曲线 $y=f(x)$ 在 x 轴上方围成图形与下方围成图形的面积的代数和，即 $\displaystyle\int_a^b f(x)\,\mathrm{d}x=A_1-A_2+A_3$（图 3-5）.

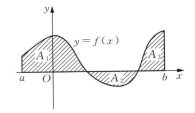

图 3-5

例2　不求定积分的值，判定下列定积分的符号.

(1) $\displaystyle\int_{-3}^0 \mathrm{e}^x\,\mathrm{d}x$；　　　　　　　　(2) $\displaystyle\int_{-2}^2 (x^2-5)\,\mathrm{d}x$.

解　(1) 因为 $x\in[-3,0]$ 时，$\mathrm{e}^x>0$，所以 $\displaystyle\int_{-3}^0 \mathrm{e}^x\,\mathrm{d}x>0$.

(2) 因为 $x\in[-2,2]$ 时，$x^2-5<0$，所以 $\displaystyle\int_{-2}^2 (x^2-5)\,\mathrm{d}x<0$.

例3　利用定积分的几何意义求定积分.

(1) $\displaystyle\int_{-2}^2 \sqrt{4-x^2}\,\mathrm{d}x$；　　　　　　(2) $\displaystyle\int_0^3 4x\,\mathrm{d}x$.

解　(1) 被积函数 $y=\sqrt{4-x^2}$ 的图形是圆心在坐标原点，半径为 2 的圆的上半部分. 其面积为 $\dfrac{1}{2}\pi\times2^2=2\pi$，由定积分的几何意义知 $\displaystyle\int_{-2}^2 \sqrt{4-x^2}\,\mathrm{d}x=2\pi$.

(2) 由定积分的几何意义知，$\displaystyle\int_0^3 4x\,\mathrm{d}x$ 表示以直线 $y=4x$ 为顶，以 x 轴为底的曲边梯形的面积，即直角三角形的面积，于是 $\displaystyle\int_0^3 4x\,\mathrm{d}x=\frac{1}{2}\cdot3\cdot12=18$.

例 4　求抛物线 $y=x^2$ 和 $y^2=x$ 围成的图形面积 A.

解　如图 3-6 所示，由 $\begin{cases} y=x^2, \\ y^2=x \end{cases}$ 可得两抛物线的交点坐标 $(0,0)$ 和 $(1,1)$，此时两抛物线围成的图形即阴影部分可看成是以 $y=\sqrt{x}$ 和 $y=x^2$ 为曲边的两曲边梯形的面积差，故所求面积

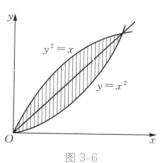

图 3-6

$$A=\int_0^1 \sqrt{x}\,\mathrm{d}x-\int_0^1 x^2\,\mathrm{d}x=\left(\frac{2}{3}x^{\frac{3}{2}}-\frac{1}{3}x^3\right)\Bigg|_0^1=\frac{1}{3}.$$

例 5　【汽车行驶距离】汽车以每小时 36 km 速度行驶，到某处需要减速停车.设汽车以等加速度 $a=-5\ \mathrm{m/s^2}$ 刹车.问从开始刹车到停车，汽车驶过了多少距离？

解　首先要算出从开始刹车到停车经过的时间.设开始刹车的时刻为 $t=0$，此时汽车速度为 $v_0=36\ \mathrm{km/h}=\dfrac{36\times 1\,000}{3\,600}\ \mathrm{m/s}=10\ \mathrm{m/s}.$

刹车后汽车减速行驶，其速度为 $v(t)=v_0+at=10-5t$.

当汽车停住时，速度 $v(t)=0$，故 $v(t)=10-5t=0$，得 $t=10/5=2(\mathrm{s})$.

于是这段时间内，汽车所驶过的距离为

$$s=\int_0^2 v(t)\mathrm{d}t=\int_0^2 (10-5t)\mathrm{d}t=\left[10t-5\times \frac{t^2}{2}\right]_0^2=10(\mathrm{m}).$$

即在刹车后，汽车需驶过 10 m 才能停住.

3. 定积分的性质

设 $f(x)$、$g(x)$ 在 $[a,b]$ 上均可积，则有如下性质.

性质 1　若在区间 $[a,b]$ 上 $f(x)=1$，则有 $\displaystyle\int_a^b 1\cdot\mathrm{d}x=b-a$.

性质 2　被积表达式中的常数因子可以提到积分号前，即

$$\int_a^b kf(x)\mathrm{d}x=k\int_a^b f(x)\mathrm{d}x.$$

性质 3　两个函数代数和的定积分等于各函数定积分的代数和，即

$$\int_a^b [f(x)\pm g(x)]\mathrm{d}x=\int_a^b f(x)\mathrm{d}x\pm\int_a^b g(x)\mathrm{d}x.$$

这一结论可以推广到任意有限多个函数代数和的情形.

性质 4（积分区间的可加性）　对任意的点 c，$a<c<b$，有

$$\int_a^b f(x)\mathrm{d}x=\int_a^c f(x)\mathrm{d}x+\int_c^b f(x)\mathrm{d}x.$$

注意：不论 a、b、c 的相对位置如何，只要上式的三个积分都存在，则等式都成立.

性质 5　定积分的上下限对换，则定积分变号，即 $\displaystyle\int_a^b f(x)\mathrm{d}x=-\int_b^a f(x)\mathrm{d}x$.

推论 1　当 $a=b$ 时，由性质 5 得 $\displaystyle\int_a^a f(x)\mathrm{d}x=-\int_a^a f(x)\mathrm{d}x$，故 $\displaystyle\int_a^a f(x)\mathrm{d}x=0$.

性质 1—5 均可用定积分的定义证明(此处略).

性质 6(比较性质)   如果在区间 $[a,b]$ 上,恒有 $f(x) \leqslant g(x)$,则

$$\int_a^b f(x) \mathrm{d}x \leqslant \int_a^b g(x) \mathrm{d}x.$$

证明   设 $F(x) = f(x) - g(x)$,因为 $f(x) \leqslant g(x)$,所以 $F(x) \leqslant 0$.由定积分的几何意义得

$$\int_a^b F(x) \mathrm{d}x \leqslant 0,$$

即

$$\int_a^b [f(x) - g(x)] \mathrm{d}x \leqslant 0,$$

所以

$$\int_a^b f(x) \mathrm{d}x \leqslant \int_a^b g(x) \mathrm{d}x.$$

性质 7(积分估值定理)   如果函数 $f(x)$ 在闭区间 $[a,b]$ 上有最大值 M 和最小值 m,则

$$m(b-a) \leqslant \int_a^b f(x) \mathrm{d}x \leqslant M(b-a).$$

证明   因为已知 $m \leqslant f(x) \leqslant M$,由性质 6 有

$$\int_a^b m \mathrm{d}x \leqslant \int_a^b f(x) \mathrm{d}x \leqslant \int_a^b M \mathrm{d}x,$$

所以

$$m(b-a) \leqslant \int_a^b f(x) \mathrm{d}x \leqslant M(b-a).$$

性质 8(积分中值定理)   如果函数 $f(x)$ 在闭区间 $[a,b]$ 上连续,则在区间 $[a,b]$ 上至少有一点 ξ,使得 $\int_a^b f(x) \mathrm{d}x = f(\xi)(b-a)$.

证明   由性质 7 的不等式同除以 $b-a$ 得

$$m \leqslant \frac{1}{b-a} \int_a^b f(x) \mathrm{d}x \leqslant M.$$

由闭区间上连续函数的介值定理知,至少存在一点 $\xi \in [a,b]$,使得

$$f(\xi) = \frac{1}{b-a} \int_a^b f(x) \mathrm{d}x,$$

即

$$\int_a^b f(x) \mathrm{d}x = f(\xi)(b-a),$$

性质 8 的几何意义是:由曲线 $y = f(x)$、直线 $x = a$、$x = b$ 和 x 轴所围成曲边梯形的

面积等于区间 $[a,b]$ 上某个矩形的面积(图 3-7),这个矩形的底是区间 $[a,b]$,高为区间 $[a,b]$ 内某一点 ξ 处的函数值 $f(\xi)$.

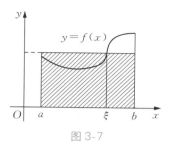

图 3-7

显然,由性质 8 可得 $f(\xi)=\dfrac{1}{b-a}\displaystyle\int_a^b f(x)\mathrm{d}x$. $f(\xi)$ 称为函数 $f(x)$ 在区间 $[a,b]$ 上的平均值.这是求有限个数的**平均值**的拓展.

例 6 比较下列各对积分值的大小.

(1) $\displaystyle\int_0^1 x^2\,\mathrm{d}x$ 与 $\displaystyle\int_0^1 \sqrt{x}\,\mathrm{d}x$;   (2) $\displaystyle\int_1^{\mathrm{e}} \ln x\,\mathrm{d}x$ 与 $\displaystyle\int_1^{\mathrm{e}} \ln^2 x\,\mathrm{d}x$.

解 (1) 当 $0\leqslant x\leqslant 1$ 时,有 $x^2\leqslant\sqrt{x}$,根据性质 6 得 $\displaystyle\int_0^1 x^2\,\mathrm{d}x\leqslant\int_0^1\sqrt{x}\,\mathrm{d}x$.

(2) 当 $1\leqslant x\leqslant\mathrm{e}$ 时,有 $\ln x\geqslant\ln^2 x$,根据性质 6 得 $\displaystyle\int_1^{\mathrm{e}}\ln x\,\mathrm{d}x\geqslant\int_1^{\mathrm{e}}\ln^2 x\,\mathrm{d}x$.

例 7 估计定积分 $\displaystyle\int_0^2 \mathrm{e}^{x^2}\,\mathrm{d}x$ 的值.

解 因为 $x\in[0,2]$ 时,$1\leqslant\mathrm{e}^{x^2}\leqslant\mathrm{e}^4$,由定积分的性质 6 得

$$\int_0^2 1\cdot\mathrm{d}x\leqslant\int_0^2\mathrm{e}^{x^2}\,\mathrm{d}x\leqslant\int_0^2\mathrm{e}^4\,\mathrm{d}x,$$

所以

$$2\leqslant\int_0^2\mathrm{e}^{x^2}\,\mathrm{d}x\leqslant 2\mathrm{e}^4.$$

习题

A 组

1. 用定积分的几何意义,判断下列定积分的符号.

(1) $\displaystyle\int_{-2}^0 x^2\,\mathrm{d}x$;   (2) $\displaystyle\int_{-5}^{-1}\mathrm{e}^x\,\mathrm{d}x$;

(3) $\displaystyle\int_{\frac{\pi}{2}}^{\pi}\cos x\,\mathrm{d}x$;   (4) $\displaystyle\int_1^{\mathrm{e}}\ln x\,\mathrm{d}x$.

2. 用定积分表示如图 3-8 所示各图形中阴影部分的面积.

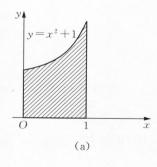

(a)

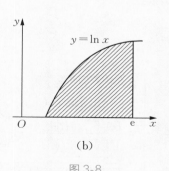

(b)

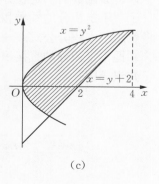

(c)

图 3-8

B 组

1. 根据定积分的几何意义,求下列各式的值.

　　(1) $\int_0^1 x\,\mathrm{d}x$;　　　　　　　　　(2) $\int_{-1}^1 \sqrt{1-x^2}\,\mathrm{d}x$.

2. 比较下列各对积分值的大小.

　　(1) $\int_0^{\frac{\pi}{2}} x\,\mathrm{d}x$ 与 $\int_0^{\frac{\pi}{2}} \sin x\,\mathrm{d}x$;　　　　(2) $\int_{-1}^0 e^x\,\mathrm{d}x$ 与 $\int_{-1}^0 e^{2x}\,\mathrm{d}x$;

　　(3) $\int_0^1 x^2\,\mathrm{d}x$ 与 $\int_0^1 x^3\,\mathrm{d}x$;　　　　(4) $\int_0^\pi \cos x\,\mathrm{d}x$ 与 $\int_0^\pi \sin x\,\mathrm{d}x$.

3. 估计下列定积分的值.

　　(1) $\int_0^2 \dfrac{1}{1+x^2}\,\mathrm{d}x$;　　　　　　(2) $\int_{-1}^1 x^2 e^{x^2}\,\mathrm{d}x$.

4. 设 $f(x)$ 是连续函数,且 $f(x)=x^2+2\int_0^1 f(u)\,\mathrm{d}u$.

　　求:(1) $\int_0^1 f(x)\,\mathrm{d}x$;　　　　　　(2) $f(x)$.

5. 用几何图形表示下列定积分的值.

　　(1) $\int_{-1}^1 (x^2+1)\,\mathrm{d}x$;　　　　　　(2) $\int_{\frac{1}{2}}^e \ln x\,\mathrm{d}x$.

6. 用定积分的几何意义求 $\int_a^b \sqrt{(x-a)(b-x)}\,\mathrm{d}x\ (b>0)$ 的值.

7. 试将和式的极限 $\lim\limits_{n\to\infty} \dfrac{1^p+2^p+\cdots+n^p}{n^{p+1}}$ 表示成定积分.

8. 如果函数 $f(x)$ 在区间 $[a,b]$ 上连续,且 $\int_a^b f(x)\,\mathrm{d}x=0$,证明 $f(x)$ 在区间 $[a,b]$ 上至少有一个零点.

二、原函数与不定积分

学习目标:
理解原函数与不定积分的概念.
了解不定积分的性质和几何意义.
熟悉基本积分公式.
掌握不定积分的直接积分法.

知识导图:

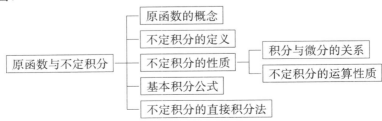

1. 原函数的概念

引例 1　已知一辆汽车的运行速度为 $v(t)=6-3t(t\geqslant0)$，求汽车的运动曲线方程.

解　设汽车的运动曲线为 $S=S(t)$，由导数的物理意义知 $S'(t)=v(t)$，根据 $v(t)=6-3t$ 知 $\left(6t-\dfrac{3}{2}t^2\right)'=6-3t$，所以 $s(t)=6t-\dfrac{3}{2}t^2+c$ 即为所求运动曲线方程.

引例 2　已知曲线 $f(x)$ 在点 (x,y) 处的切线的斜率为 $y'=2x$，求该曲线 $f(x)$ 的方程.

解　因为 $(x^2)'=2x$，所以曲线 $f(x)$ 的方程为 $y=x^2+C$.

以上两个问题，如果抽掉其几何意义和物理意义，则都归结为已知某函数的导数（或微分），求这个函数. 即已知 $F'(x)=f(x)$，求 $F(x)$.

定义　设 $f(x)$ 是定义在某一区间 I 内的函数，如果存在函数 $F(x)$，使得对于区间 I 内的任意点 x，都有 $F'(x)=f(x)$，或 $\mathrm{d}F(x)=f(x)\mathrm{d}x$，则称函数 $F(x)$ 是 $f(x)$ 在该区间内的一个**原函数**.

例如，在 $(-\infty,+\infty)$ 内，因为 $(x^2)'=2x$，$(x^2+C)'=2x$（C 为任意常数），所以 x^2、x^2+C 都是 $2x$ 的原函数.

定理（原函数存在定理）　如果函数 $f(x)$ 在区间 I 内连续，则 $f(x)$ 在该区间内的原函数必定存在.

定理　如果函数 $f(x)$ 在区间 I 内有原函数 $F(x)$，则 $F(x)+C$（C 为任意常数）也是 $f(x)$ 在区间 I 内的原函数，且 $f(x)$ 的任一原函数均可表示成 $F(x)+C$ 的形式.

2. 不定积分的定义

定义　如果 $F(x)$ 是函数 $f(x)$ 的一个原函数，则 $f(x)$ 的全体原函数 $F(x)+C$（C 为任意常数）称为 $f(x)$ 的不定积分，记作 $\displaystyle\int f(x)\mathrm{d}x$，即

$$\int f(x)\mathrm{d}x=F(x)+C,$$

其中称"$\displaystyle\int$"为**积分号**，$f(x)$ 为**被积函数**，$f(x)\mathrm{d}x$ 为**被积表达式**，x 为**积分变量**，C 为**积分常数**.

由不定积分的定义可知：求已知函数 $f(x)$ 的不定积分，只需求出 $f(x)$ 的一个原函数，然后再加上任意常数 C 即可.

例 1　求下列不定积分.

(1) $\displaystyle\int \mathrm{e}^x\,\mathrm{d}x$；
(2) $\displaystyle\int\dfrac{1}{x^2}\mathrm{d}x$.

解　(1) 因为 $(\mathrm{e}^x)'=\mathrm{e}^x$，所以 e^x 是 e^x 的一个原函数，因此 $\displaystyle\int \mathrm{e}^x\,\mathrm{d}x=\mathrm{e}^x+C$.

(2) 由于 $\left(-\dfrac{1}{x}\right)'=\dfrac{1}{x^2}$，所以 $-\dfrac{1}{x}$ 是 $\dfrac{1}{x^2}$ 的一个原函数，因此 $\displaystyle\int\dfrac{1}{x^2}\mathrm{d}x=-\dfrac{1}{x}+C$.

3. 不定积分的性质

(1) 积分与微分的关系.

① $\left(\displaystyle\int f(x)\mathrm{d}x\right)'=f(x)$ 或 $\mathrm{d}\left(\displaystyle\int f(x)\mathrm{d}x\right)=f(x)\mathrm{d}x$.

② $\displaystyle\int f'(x)\mathrm{d}x=f(x)+C$ 或 $\displaystyle\int \mathrm{d}f(x)=f(x)+C$.

以上表明：微分运算与积分运算是互逆的，当微分号"d"与积分号"$\displaystyle\int$"连在一起时，或

者抵消,或者抵消后相差一个常数.

例 2 验证下列等式的正确性.

(1) $\int x \cos x \, dx = x \sin x + C$; (2) $\int \sin 2x \, dx = -\frac{1}{2} \cos 2x + C$.

解 (1) 因为

$$(x \sin x + C)' = \sin x + x \cos x \neq x \cos x,$$

所以 $\int x \cos x \, dx = x \sin x + C$ 不正确.

(2) 因为

$$\left(-\frac{1}{2} \cos 2x + C\right)' = -\frac{1}{2}(-2 \sin 2x) = \sin 2x,$$

所以 $\int \sin 2x \, dx = -\frac{1}{2} \cos 2x + C$ 正确.

注意:对于初学者,怎样才能知道自己所求的积分结果是否正确呢? 这只需要对所求的结果求导就可以检验.若结果的导数等于被积函数,则结果是正确的,否则就是错误的.

(2) 不定积分的运算性质

性质 1 两个函数代数和的不定积分等于其不定积分的代数和,即

$$\int [f(x) \pm g(x)] dx = \int f(x) dx \pm \int g(x) dx.$$

此性质可以推广到有限个函数的代数和的情形.

性质 2 被积函数中不为零的常数因子可以提到积分号前面,即

$$\int k f(x) dx = k \int f(x) dx \, (k \text{ 为常数且 } k \neq 0).$$

思考:说明上式中为什么要求 $k \neq 0$.

4. 基本积分公式

根据微分运算与积分运算的互逆关系和导数公式可得以下不定积分基本公式.

(1) $\int 0 \, dx = C$. (2) $\int x^\alpha \, dx = \frac{1}{\alpha + 1} x^{\alpha+1} + C, \, (\alpha \neq -1)$.

(3) $\int \frac{1}{x} \, dx = \ln |x| + C$. (4) $\int a^x \, dx = \frac{1}{\ln a} a^x + C, \, (a > 0, \, a \neq 1)$.

(5) $\int e^x \, dx = e^x + C$. (6) $\int \sin x \, dx = -\cos x + C$.

(7) $\int \cos x \, dx = \sin x + C$. (8) $\int \sec^2 x \, dx = \tan x + C$.

(9) $\int \csc^2 x \, dx = -\cot x + C$. (10) $\int \tan x \sec x \, dx = \sec x + C$.

(11) $\int \cot x \csc x \, dx = -\csc x + C$. (12) $\int \frac{1}{\sqrt{1-x^2}} \, dx = \arcsin x + C$.

(13) $\int \frac{1}{1+x^2} \, dx = \arctan x + C$.

5. 不定积分的直接积分法

利用不定积分的基本积分公式和运算性质可以直接求一些较简单的不定积分，称为**直接积分法**.在直接积分时，有时只需先将被积函数进行一些简单的恒等变形，然后就可以代入基本积分公式来计算出结果.

例 3　求 $\int (x - \cos x + 2)\mathrm{d}x$.

解　$\int (x - \cos x + 2)\mathrm{d}x = \dfrac{1}{2}x^2 - \sin x + 2x + C$.

例 4　求 $\int (x+1)\left(x - \dfrac{1}{x}\right)\mathrm{d}x$.

解　$\int (x+1)\left(x - \dfrac{1}{x}\right)\mathrm{d}x = \int \left(x^2 + x - 1 - \dfrac{1}{x}\right)\mathrm{d}x$

$$= \int x^2\,\mathrm{d}x + \int x\,\mathrm{d}x - \int \mathrm{d}x - \int \dfrac{1}{x}\,\mathrm{d}x$$

$$= \dfrac{1}{3}x^3 + \dfrac{1}{2}x^2 - x - \ln \mid x \mid + C.$$

例 5　求 $\int \dfrac{x^2}{1+x^2}\mathrm{d}x$.

解　$\int \dfrac{x^2}{1+x^2}\mathrm{d}x = \int \dfrac{(x^2+1)-1}{1+x^2}\mathrm{d}x = \int \left(1 - \dfrac{1}{1+x^2}\right)\mathrm{d}x = x - \arctan x + C$.

思考：如何求 $\int \dfrac{x^4}{1+x^2}\mathrm{d}x$ 和 $\int \dfrac{x^8}{1+x^2}\mathrm{d}x$？

例 6　求 $\int \cos^2 \dfrac{x}{2}\mathrm{d}x$.

解　先利用三角恒等式变形，然后再积分.

$$\int \cos^2 \dfrac{x}{2}\mathrm{d}x = \int \dfrac{1+\cos x}{2}\mathrm{d}x = \dfrac{1}{2}\int (1+\cos x)\mathrm{d}x = \dfrac{1}{2}(x + \sin x) + C.$$

例 7　求 $\int \dfrac{1}{\sin^2 x \cos^2 x}\mathrm{d}x$.

解　先利用公式 $\sin^2 x + \cos^2 x = 1$ 变形，从而转化为可用基本公式.

$$\int \dfrac{1}{\sin^2 x \cos^2 x}\mathrm{d}x = \int \dfrac{\sin^2 x + \cos^2 x}{\sin^2 x \cos^2 x}\mathrm{d}x = \int \left(\dfrac{1}{\cos^2 x} + \dfrac{1}{\sin^2 x}\right)\mathrm{d}x$$

$$= \int (\sec^2 x + \csc^2 x)\mathrm{d}x = \tan x - \cot x + C.$$

习题

A 组

1. 利用微分运算检验下列积分的结果.

(1) $\int \dfrac{1}{x^4}\mathrm{d}x = -\dfrac{1}{3}x^{-3} + C$；　　　　(2) $\int \dfrac{x}{\sqrt{1+x^2}}\mathrm{d}x = \sqrt{1+x^2} + C$.

2. 填空题.

(1) $x\,\mathrm{d}x=$ _____ $\mathrm{d}(x^2+1)$;　(2) $\dfrac{1}{\sqrt{x}}\mathrm{d}x=$ _____ $\mathrm{d}(\sqrt{x}-1)$;

(3) $\displaystyle\int \mathrm{d}(\sin 2x-3)=$ _____ ;(4) 已知 $\displaystyle\int f(x)\mathrm{d}x=x\mathrm{e}^x+c$ 则 $f(x)=$ _____ .

3. 求下列不定积分.

(1) $\displaystyle\int \sqrt{x}\,\mathrm{d}x$;　　　　(2) $\displaystyle\int x\sqrt{x}\,\mathrm{d}x$;　　　　(3) $\displaystyle\int \sqrt{t}\,(t-3)\mathrm{d}t$;

(4) $\displaystyle\int \dfrac{2x}{\sqrt{x}}\mathrm{d}x$;　　　(5) $\displaystyle\int \mathrm{e}^{t+2}\mathrm{d}t$;　　　(6) $\displaystyle\int \left(\dfrac{3}{1+u^2}-\dfrac{2}{\sqrt{1-u^2}}\right)\mathrm{d}u$.

4. 一曲线过点 $(0,1)$ 并且在曲线的任意点处的切线斜率为 $2x$,求该曲线的方程.

B 组

1. 填空题.

(1) 函数 e^{-x} 的一个原函数是 _____ .

(2) 若 $\displaystyle\int f(x)\mathrm{d}x=3\ln x+C$,则 $f(x)=$ _____ .

2. 选择题.

(1) 若 $f(x)$ 的一个原函数是 $\ln(2x)$.则 $f'(x)=($ 　　).

　　A. $-\dfrac{1}{x^2}$　　　　B. $\dfrac{1}{x}$　　　　C. $\ln(2x)$　　　　D. $x-\ln(2x)$

(2) 设函数 $f(x)$ 在 $(-\infty,+\infty)$ 上连续,则 $\mathrm{d}\left[\displaystyle\int f(x)\mathrm{d}x\right]=($ 　　).

　　A. $f(x)$　　　　B. $f(x)\mathrm{d}x$　　　　C. $f(x)+C$　　　　D. $f'(x)\mathrm{d}x$

3. 求下列不定积分.

(1) $\displaystyle\int (3^x+1)\mathrm{d}x$;　　　　　　　(2) $\displaystyle\int \dfrac{1+x}{x^2}\mathrm{d}x$;

(3) $\displaystyle\int 3^{2x}\mathrm{e}^x\mathrm{d}x$;　　　　　　　(4) $\displaystyle\int \dfrac{x-4}{\sqrt{x}+2}\mathrm{d}x$;

(5) $\displaystyle\int \dfrac{2+x^2}{1+x^2}\mathrm{d}x$;　　　　　　(6) $\displaystyle\int \left(1-\dfrac{1}{x}\right)^2\mathrm{d}x$;

(7) $\displaystyle\int \dfrac{\sin 2x}{\cos x}\mathrm{d}x$;　　　　　　(8) $\displaystyle\int (\tan^2 x-1)\mathrm{d}x$;

(9) $\displaystyle\int \dfrac{\mathrm{e}^{2x}-1}{\mathrm{e}^x+1}\mathrm{d}x$;　　　　　　(10) $\displaystyle\int \dfrac{1+2x^2}{x^2(1+x^2)}\mathrm{d}x$.

4. 设 $\displaystyle\int xf(x)\mathrm{d}x=x\ln x+c$,求 $f(x)$.

5. 设 $f(x)$ 的导数是 $\sin x$ 求 $f(x)$ 的全体原函数.

6. 已知函数满足 $f'(x)=\dfrac{1}{\sqrt{x+1}}$ 且 $f(0)=1$,求 $f(x)$.

三、积分上限函数与微积分学基本定理

学习目标:

了解积分上限函数概念.

理解积分上限函数的导数公式.

熟练掌握牛顿-莱布尼兹公式.

知识导图:

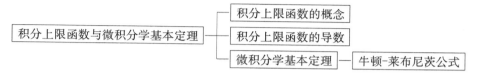

定积分和不定积分是两个完全不同的概念,用定义计算定积分的值一般比较复杂,有时甚至无法计算,因此必须寻求计算定积分的有效方法.

1. 积分上限函数的概念

设函数 $y=f(x)$ 在区间 $[a,b]$ 上连续,对于任意的 $x\in[a,b]$,$f(x)$ 在 $[a,x]$ 上连续,所以函数 $f(x)$ 在 $[a,x]$ 上可积,将该积分 $\int_a^x f(t)\mathrm{d}t$ 与 x 对应,就得到一个定义在 $[a,b]$ 上的函数

$$\Phi(x)=\int_a^x f(x)\mathrm{d}x,\ x\in[a,b].$$

这样的函数被称为**积分上限函数**(或**变上限的积分**),其几何意义如图 3-9 所示.

上式中积分变量和积分上限有时都用 x 表示,但它们的含义并不相同,为了区别它们,常将积分变量改用 t 表示,即

$$\Phi(x)=\int_a^x f(t)\mathrm{d}t,\ x\in[a,b].$$

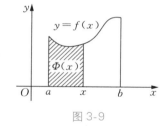

图 3-9

2. 积分上限函数的导数

定理 如果函数 $f(x)$ 在闭区间 $[a,b]$ 上连续,则积分上限函数 $\Phi(x)=\int_a^x f(t)\mathrm{d}t$ 是 $f(x)$ 在 $[a,b]$ 上的一个原函数,即

$$\Phi'(x)=\left[\int_a^x f(t)\mathrm{d}t\right]'=f(x),\ x\in[a,b].$$

证明 设 $x\in[a,b]$,$\Delta x\neq 0$,$x+\Delta x\in[a,b]$,则有

$$\Delta\Phi=\Phi(x+\Delta x)-\Phi(x)=\int_a^{x+\Delta x}f(t)\mathrm{d}t-\int_a^x f(t)\mathrm{d}t$$

$$=\int_a^x f(t)\mathrm{d}t+\int_x^{x+\Delta x}f(t)\mathrm{d}t-\int_a^x f(t)\mathrm{d}t$$

$$=\int_x^{x+\Delta x}f(t)\mathrm{d}t=f(\xi)\Delta x,\ \xi\in[x,x+\Delta x].$$

由于函数 $f(x)$ 在 x 处连续,所以

$$\Phi'(x) = \lim_{\Delta x \to 0} \frac{\Delta \phi}{\Delta x} = \lim_{\Delta x \to 0} f(\xi) = f(x),$$

即

$$\frac{\mathrm{d}}{\mathrm{d}x} \int_a^x f(t)\mathrm{d}t = f(x) \quad (a \leqslant x \leqslant b).$$

此定理回应了原函数存在定理的结论,即连续函数必有原函数.

例 1　已知 $\Phi(x) = \int_0^x (t^2 - 3)\mathrm{d}t$,求 $\Phi'(x)$.

解　$\Phi'(x) = \dfrac{\mathrm{d}}{\mathrm{d}x}\left[\int_0^x (t^2 - 3)\mathrm{d}t\right] = x^2 - 3.$

例 2　求 $y = \int_x^1 \sqrt{1 + t^3}\,\mathrm{d}t$ 的导数.

分析　此函数是变下限的积分,可交换积分限转化为积分上限函数后再求导.

解　$y' = \left[\int_x^1 \sqrt{1 + t^3}\,\mathrm{d}t\right]' = \left[-\int_1^x \sqrt{1 + t^3}\,\mathrm{d}t\right]' = -\sqrt{1 + x^3}.$

例 3　已知函数 $F(x) = \int_x^{x^2} (\mathrm{e}^t + 1)\mathrm{d}t$,求 $F'(x)$.

解　根据积分性质 4,对任意常数 a 都有,

$$F(x) = \int_x^{x^2} (\mathrm{e}^t + 1)\mathrm{d}t = \int_x^a (\mathrm{e}^t + 1)\mathrm{d}t + \int_a^{x^2} (\mathrm{e}^t + 1)\mathrm{d}t,$$

所以

$$F'(x) = \frac{\mathrm{d}}{\mathrm{d}x}\int_x^a (\mathrm{e}^t + 1)\mathrm{d}t + \frac{\mathrm{d}}{\mathrm{d}x}\int_a^{x^2} (\mathrm{e}^t + 1)\mathrm{d}t = (\mathrm{e}^{x^2} + 1)\cdot 2x + \frac{\mathrm{d}}{\mathrm{d}x}\left[-\int_a^x (\mathrm{e}^t + 1)\mathrm{d}t\right]$$
$$= 2x(\mathrm{e}^{x^2} + 1) - (\mathrm{e}^x + 1) = 2x \cdot \mathrm{e}^{x^2} - \mathrm{e}^x + 2x - 1.$$

从此例子可知:若 $\varphi(x)$、$\psi(x)$ 为可导函数,则

$$\frac{\mathrm{d}}{\mathrm{d}x}\left[\int_{\psi(x)}^{\varphi(x)} f(t)\mathrm{d}t\right] = f(\varphi(x)) \cdot \varphi'(x) - f(\psi(x)) \cdot \psi'(x).$$

思考题　求极限 $\lim\limits_{x \to 0} \dfrac{\int_0^x \sin t\,\mathrm{d}t}{x^2}$.

3. 微积分学基本定理

定理(微积学基本定理)　如果函数 $f(x)$ 在区间 $[a, b]$ 上连续,且 $F(x)$ 是 $f(x)$ 的任意一个原函数,那么

$$\int_a^b f(x)\mathrm{d}t = F(x)\,\big|_a^b = F(b) - F(a). \tag{1}$$

证明　已知 $F(x)$ 是 $f(x)$ 的一个原函数,由原函数存在定理可知,$\int_a^x f(t)\mathrm{d}t$ 也是 $f(x)$ 的一个原函数,它们之间仅相差一个常数.设

$$\int_a^x f(t)\mathrm{d}t - F(x) = C,$$

将 $x=a$ 代入,因 $\int_a^a f(t)\mathrm{d}t=0$,故 $C=-F(a)$,于是有

$$\int_a^x f(t)\mathrm{d}t=F(x)-F(a).$$

将 $x=b$ 代入,得

$$\int_a^b f(t)\mathrm{d}t=F(b)-F(a).$$

将字母 t 换成 x 就得到要证明的公式.

公式(1)称为**牛顿—莱布尼茨公式**(Newton-Leibniz formula).

该公式一方面肯定了连续函数的原函数是存在的,同时也揭示了定积分与原函数的内在联系,更重要的是为我们提供了计算定积分的简便方法:欲求函数 $f(x)$ 在 $[a,b]$ 上的定积分,只要先求出 $f(x)$ 的一个原函数 $F(x)$,再计算代数式 $F(b)-F(a)$ 的值即可.

微积分学基本定理解决了定积分的计算问题,使得定积分得到了广泛的应用.

例 4 求 $\int_0^1 x^3\mathrm{d}x$.

解 $\int_0^1 x^3\mathrm{d}x=\dfrac{1}{4}x^4\Big|_0^1=\dfrac{1}{4}$.

例 5 求 $\int_0^1 \dfrac{x^2-1}{x^2+1}\mathrm{d}x$.

解 $\int_0^1 \dfrac{x^2-1}{x^2+1}\mathrm{d}x=\int_0^1 \dfrac{(x^2+1)-2}{x^2+1}\mathrm{d}x=\int_0^1\left(1-\dfrac{2}{1+x^2}\right)\mathrm{d}x$

$$=(x-2\arctan x)\Big|_0^1=1-\dfrac{\pi}{2}.$$

例 6 设 $f(x)=\begin{cases}2x+1, & x\leqslant 1,\\ 3x^2, & x>1,\end{cases}$ 求 $\int_0^2 f(x)\mathrm{d}x$.

解 因 $f(x)$ 在 $(-\infty,+\infty)$ 上连续,故 $f(x)$ 在 $[0,2]$ 可积,所以

$$\int_0^2 f(x)\mathrm{d}x=\int_0^1 f(x)\mathrm{d}x+\int_1^2 f(x)\mathrm{d}x=\int_0^1(2x+1)\mathrm{d}x+\int_1^2 3x^2\mathrm{d}x$$

$$=(x^2+x)\Big|_0^1+x^3\Big|_1^2=2+7=9.$$

例 7 设 $f(x)=|2-x|$,求 $\int_0^4 f(x)\mathrm{d}x$.

解 因 $f(x)$ 在 $(0,4)$ 上连续,且 $f(x)=\begin{cases}2-x, & 0\leqslant x\leqslant 2,\\ x-2, & 2<x\leqslant 4,\end{cases}$ 则

$$\int_0^4 |2-x|\mathrm{d}x=\int_0^2(2-x)\mathrm{d}x+\int_2^4(x-2)\mathrm{d}x$$

$$=\left(2x-\dfrac{1}{2}x^2\right)\Big|_0^2+\left(\dfrac{1}{2}x^2-2x\right)\Big|_2^4=2-(-2)=4$$

注意:在使用牛顿-莱布尼茨公式时,要验证 $f(x)$ 在闭区间 $[a,b]$ 上连续这一条件,否则可能导致错误.如果 $f(x)$ 以点 $c(a<c<b)$ 为第一类间断点,而在 $[a,b]$ 上其余点连续,这时可根据积分区间的可加性,在 $[a,c]$ 和 $[c,b]$ 上分别使用牛顿-莱布尼茨公式.

思考题　等式 $\int_{-1}^{1} \dfrac{1}{x^2}\mathrm{d}x = \left[-\dfrac{1}{x} \right]_{-1}^{1} = -1 - 1 = -2$ 是否正确.

习题

A 组

1. 判断题.

　(1) 如果 $\int_{a}^{b} f(x)\mathrm{d}x = 0$, 则 $f(x)=0$　　　　　　　　　　（　　）

　(2) 当 $\Phi(x) = \int_{a}^{x^2} f(t)\mathrm{d}t$ 时, $\Phi'(x) = f(x^2)$　　　　　　　（　　）

　(3) 设 $f(x)$ 为可导函数, 则有 $\int_{a}^{b} f'(x)\mathrm{d}x = f(b) - f(a)$　（　　）

2. 计算下列定积分.

　(1) $\displaystyle\int_{1}^{2}\mathrm{d}x$;

　(2) $\displaystyle\int_{0}^{1}(2x - \mathrm{e}^x)\mathrm{d}x$;

　(3) $\displaystyle\int_{1}^{2}(x-1)^2\mathrm{d}x$;

　(4) $\displaystyle\int_{-\frac{1}{2}}^{\frac{1}{2}} \dfrac{1}{\sqrt{1-x^2}}\mathrm{d}x$;

　(5) $\displaystyle\int_{0}^{2}|t-2|\,\mathrm{d}t$;

　(6) $\displaystyle\int_{0}^{\sqrt{3}} \dfrac{1}{a^2+x^2}\mathrm{d}x$.

3. 已知 $g(x) = \displaystyle\int_{0}^{x^2} \dfrac{\mathrm{d}t}{1+t^2}$, 求 $g''(1)$.

B 组

1. 求下列函数的导数.

　(1) $f(x) = \displaystyle\int_{0}^{x} \dfrac{1}{1+t}\mathrm{d}t$;

　(2) $f(y) = \displaystyle\int_{y}^{1} u\mathrm{d}u$;

　(3) $\phi(x) = \displaystyle\int_{a}^{b} f(x)\mathrm{d}x$;

　(4) $\phi(x) = \displaystyle\int_{x}^{x^2} u^2\mathrm{d}u$.

2. 求下列极限.

　(1) $\displaystyle\lim_{x\to 0} \dfrac{\int_{0}^{x}\cos^2 t\,\mathrm{d}t}{x}$;

　(2) $\displaystyle\lim_{x\to 0} \dfrac{\int_{0}^{x}\ln(1+u)\mathrm{d}u}{x^2}$.

3. 计算下列定积分.

　(1) $\displaystyle\int_{1}^{2} \dfrac{(x+1)(x-1)}{x}\mathrm{d}x$;

　(2) $\displaystyle\int_{1}^{4} \sqrt{x}\,(\sqrt{x}-1)\mathrm{d}x$;

　(3) $\displaystyle\int_{0}^{\sqrt{3}a} \dfrac{1}{a^2+x^2}\mathrm{d}x$;

　(4) $\displaystyle\int_{0}^{1} \dfrac{x^2}{x^2+1}\mathrm{d}x$;

　(5) $\displaystyle\int_{0}^{\frac{\pi}{2}} \sin^3 x\,\mathrm{d}x$;

　(6) $\displaystyle\int_{-\frac{\pi}{2}}^{\frac{\pi}{2}} \dfrac{1}{1+\cos x}\mathrm{d}x$.

4. 已知 $f(x) = \begin{cases} x^2, & x \geqslant 1, \\ 2x, & -1 < x < 1, \end{cases}$ 求 $\displaystyle\int_{0}^{2} f(x)\mathrm{d}x$.

5. 计算定积分 $\int_0^2 |1-x| \, dx$.

6. 已知 $f(x)$ 是连续函数，且 $\int_0^{x-1} f(t)dt = -x^2$，求 $f(1)$.

7. 设 $f(x)$ 是连续函数，且 $f(x) = 4x - \int_0^1 f(t)dt$，求 $f(x)$.

8. 求 $f(x) = \int_0^x e^x dx$ 在 $[1,2]$ 上的最大值、最小值.

9. 设 $f(x)$ 是连续函数，若 $f(x)$ 满足 $\int_0^1 f(xt)dt = f(x) + xe^x$，求 $f(x)$.

10. 已知 $f(x) = \int_1^x \dfrac{\ln(1+t)}{t} dt \, (x>0)$，求 $f(x) + f\left(\dfrac{1}{x}\right)$.

四、第一类换元积分法

学习目标：

理解换元积分法的基本思想.

熟悉第一类换元积分公式.

能较熟练的运用第一类换元积分法求不定积分和定积分.

知识导图：

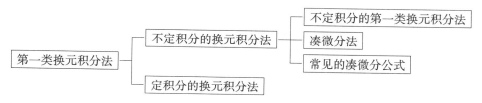

利用基本积分公式及运算性质，往往只能求出一些较简单的函数积分.因此，需要进一步探讨求积分的方法.本节我们将学习不定积分的第一类换元积分法.

1. 不定积分的第一类换元积分法

引例 对于基本积分公式 $\int \cos u \, du = \sin u + C$，若 $u = x$ 时，$\int \cos x \, dx = \sin x + C$. 可以验证，若 $u = 2x$ 时，有 $\int \cos 2x \, d(2x) = \sin 2x + C$.

定理 设 $\int f(u)du = F(u) + C$ 且 $u = \varphi(x)$ 可导，则

$$\int f[\varphi(x)]\varphi'(x)dx = \int f[\varphi(x)]d\varphi(x) = F[\varphi(x)] + C.$$

该定理指明的积分方法称为**不定积分的第一类换元积分法**.

证明 因为 $F'(u) = f(x)$，且 $u' = \varphi(x)$ 可导，则

$$[F(\varphi(x))]' = F'_U \cdot U'_X = f(u) \cdot \varphi'(x) = f(\varphi(x)) \cdot \varphi'(x),$$

所以 $F(\varphi(x))$ 是 $f(\varphi(x)) \cdot \varphi'(x)$ 的一个原函数，故

$$\int f(\phi(x))\phi'(x)\mathrm{d}x = F(\phi(x)) + C.$$

第一类换元积分法的积分过程可以表示如下：

$$\int f[\varphi(x)]\varphi'(x)\mathrm{d}x = \int f[\varphi(x)]\mathrm{d}\varphi(x) \xrightarrow{\varphi(x)=u} \int f(u)\mathrm{d}u$$

$$= F(u) + C \xrightarrow{u=\varphi(x)} F[\varphi(x)] + C.$$

例 1　求 $\int (2x-1)^{10}\mathrm{d}x$.

解　令 $u = 2x - 1$，则 $\mathrm{d}u = 2\mathrm{d}x$，用 $\int u^{10}\mathrm{d}u$ 的积分有

$$\int (2x-1)^{10}\mathrm{d}x = \frac{1}{2}\int u^{10}\mathrm{d}u = \frac{1}{2}\cdot\frac{1}{11}u^{11} + C = \frac{1}{22}(2x-1)^{11} + C.$$

例 2　$\int \mathrm{e}^{3x+2}\mathrm{d}x$.

解　令 $u = 3x + 2$，则 $\mathrm{d}u = 3\mathrm{d}x$，用 $\int \mathrm{e}^u\mathrm{d}u$ 的积分有

$$\int \mathrm{e}^{3x+2}\mathrm{d}x = \frac{1}{3}\int \mathrm{e}^u\mathrm{d}u = \frac{1}{3}\mathrm{e}^u + C.$$

一般地，对于积分 $\int f(ax+b)\mathrm{d}x$，可以设 $u = ax + b$，将积分变形为

$$\int f(ax+b)\mathrm{d}x = \frac{1}{a}\int f(ax+b)\mathrm{d}(ax+b) = \frac{1}{a}\int f(u)\mathrm{d}(u) \quad (a \neq 0).$$

例 3　$\int \dfrac{\ln x}{x}\mathrm{d}x$.

解　令 $u = \ln x$，则 $\mathrm{d}u = \dfrac{1}{x}\mathrm{d}x$，所以

$$\int \frac{\ln x}{x}\mathrm{d}x = \int u\,\mathrm{d}u = \frac{1}{2}u^2 + C = \frac{1}{2}\ln^2 x + C.$$

例 4　$\int \dfrac{1}{x\sqrt{1+\ln x}}\mathrm{d}x$.

解　令 $u = 1 + \ln x$，则 $\mathrm{d}u = \dfrac{1}{x}\mathrm{d}x$ 所以

$$\int \frac{1}{x\sqrt{1+\ln x}}\mathrm{d}x = \int \frac{1}{\sqrt{u}}\mathrm{d}u = 2\sqrt{u} + c = 2\sqrt{1+\ln x} + C.$$

一般地，对于积分 $\int \dfrac{1}{x}f(\ln x)\mathrm{d}x$，可以设 $u = \ln x$，将积分变形为

$$\int f(\ln x)\frac{1}{x}\mathrm{d}x = \int f(\ln x)\mathrm{d}(\ln x) = \int f(u)\mathrm{d}u.$$

例5 求 $\int x\sqrt{x^2+3}\,\mathrm{d}x$.

解 令 $u=x^2+3$，则 $\mathrm{d}u=2x\,\mathrm{d}x$，故

$$\int x\sqrt{x^2+3}\,\mathrm{d}x=\frac{1}{2}\int\sqrt{x^2+3}\,(2x\,\mathrm{d}x)=\frac{1}{2}\int u^{\frac{1}{2}}\,\mathrm{d}u$$

$$=\frac{1}{2}\cdot\frac{2}{3}u^{\frac{3}{2}}+C=\frac{1}{3}(x^2+3)^{\frac{3}{2}}+C.$$

一般地，对于积分 $\int x^{n-1}f(x^n)\mathrm{d}x$，可以设 $u=x^n$，将积分变形为

$$\int f(x^n)x^{n-1}\mathrm{d}x=\frac{1}{n}\int f(x^n)\mathrm{d}x^n=\frac{1}{n}\int f(u)\mathrm{d}u.$$

当较熟悉上述换元方法后，可以不写出中间变量，而将原不定积分凑成 $\int f(\varphi(x))\mathrm{d}\varphi(x)$ 的形式. 然后直接写出结果. 因此，我们也称不定积分的第一类换元积分法为**凑微分法**.

上述例1、例3、例5可简化书写过程为：

$$\int(2x-1)^{10}\mathrm{d}x=\frac{1}{2}\int(2x-1)^{10}\mathrm{d}(2x-1)=\frac{1}{22}(2x-1)^{11}+C.$$

$$\int\frac{\ln x}{x}\mathrm{d}x=\int\ln x\,\mathrm{d}(\ln x)=\frac{1}{2}\ln^2 x+C.$$

$$\int x\sqrt{x^2+3}\,\mathrm{d}x=\frac{1}{2}\int\sqrt{x^2+3}\,\mathrm{d}(x^2+3)=\frac{1}{3}(x^2+3)^{\frac{3}{2}}+C.$$

下面给出常用的凑微分公式.

(1) $\int f(ax+b)\mathrm{d}x=\dfrac{1}{a}\int f(ax+b)\mathrm{d}(ax+b)\quad(a\neq 0)$,　　　　令 $u=ax+b$;

(2) $\int f(x^n)x^{n-1}\mathrm{d}x=\dfrac{1}{n}\int f(x^n)\mathrm{d}x^n$,　　　　　　　　　　令 $u=x^n$;

(3) $\int f(\ln x)\dfrac{1}{x}\mathrm{d}x=\int f(\ln x)\mathrm{d}(\ln x)$,　　　　　　　　　令 $u=\ln x$;

(4) $\int f(\mathrm{e}^x)\mathrm{e}^x\mathrm{d}x=\int f(\mathrm{e}^x)\mathrm{d}(\mathrm{e}^x)$,　　　　　　　　　　　令 $u=\mathrm{e}^x$;

(5) $\int f(a^x)a^x\mathrm{d}x=\dfrac{1}{\ln a}\int f(a^x)\mathrm{d}(a^x)$,　　　　　　　　令 $u=a^x$;

(6) $\int f(\sin x)\cos x\,\mathrm{d}x=\int f(\sin x)\mathrm{d}(\sin x)$,　　　　　　　令 $u=\sin x$;

(7) $\int f(\cos x)\sin x\,\mathrm{d}x=-\int f(\cos x)\mathrm{d}(\cos x)$,　　　　　令 $u=\cos x$;

(8) $\int f(\tan x)\sec x^2\mathrm{d}x=\int f(\tan x)\mathrm{d}(\tan x)$,　　　　　　令 $u=\tan x$;

(9) $\int f(\cot x)\csc^2 x\,\mathrm{d}x=-\int f(\cot x)\mathrm{d}(\cot x)$,　　　　　令 $u=\cot x$.

例 6　求 $\int \dfrac{1}{a^2+x^2}\mathrm{d}x$.

解　$\int \dfrac{1}{a^2+x^2}\mathrm{d}x = \dfrac{1}{a^2}\int \dfrac{1}{1+\left(\dfrac{x}{a}\right)^2}\mathrm{d}x = \dfrac{1}{a}\int \dfrac{1}{1+\left(\dfrac{x}{a}\right)^2}\mathrm{d}\left(\dfrac{x}{a}\right) = \dfrac{1}{a}\arctan\dfrac{x}{a}+C.$

例 7　求 $\int \dfrac{1}{\sqrt{a^2-x^2}}\mathrm{d}x$.

解　$\int \dfrac{1}{\sqrt{a^2-x^2}}\mathrm{d}x = \int \dfrac{1}{\sqrt{1-\left(\dfrac{x}{a}\right)^2}}\mathrm{d}\left(\dfrac{x}{a}\right) = \arcsin\dfrac{x}{a}+C.$

例 8　求 $\int \tan x\,\mathrm{d}x$ 及 $\int \cot x\,\mathrm{d}x$.

解　$\int \tan x\,\mathrm{d}x = \int \dfrac{\sin x}{\cos x}\mathrm{d}x = -\int \dfrac{1}{\cos}\mathrm{d}(\cos x) = -\ln|\cos x|+C.$

例 8 中第 2 个积分的计算方法完全类似, 留给读者.

例 6—例 8 的结果可作为基本积分公式:

(14) $\int \dfrac{1}{a^2+x^2}\mathrm{d}x = \dfrac{1}{a}\arctan\dfrac{x}{a}+C.$　　(15) $\int \dfrac{1}{\sqrt{a^2-x^2}}\mathrm{d}x = \arcsin\dfrac{x}{a}+C.$

(16) $\int \tan x\,\mathrm{d}x = -\ln|\cos x|+C.$　　(17) $\int \cot x\,\mathrm{d}x = \ln|\sin x|+C.$

2. 定积分的换元积分法

定理　设函数 $f(x)$ 在闭区间 $[a,b]$ 上连续, 函数 $x=\varphi(t)$ 在闭区间 $[\alpha,\beta]$ 上有连续导数, 且 $\varphi(\alpha)=a$, $\varphi(\beta)=b$ 及 $a\leqslant\varphi(t)\leqslant b$, 则

$$\int_a^b f(x)\mathrm{d}x = \int_\alpha^\beta f[\varphi(t)]\varphi'(t)\mathrm{d}t.$$

该定理指明的积分方法称为**定积分的换元积分法**.

例 9　$\int_{\frac{\pi}{3}}^{\pi} \sin\left(x+\dfrac{\pi}{3}\right)\mathrm{d}x$.

解　$\int_{\frac{\pi}{3}}^{\pi} \sin\left(x+\dfrac{\pi}{3}\right)\mathrm{d}x = \int_{\frac{\pi}{3}}^{\pi} \sin\left(x+\dfrac{\pi}{3}\right)\mathrm{d}\left(x+\dfrac{\pi}{3}\right) = -\cos\left(x+\dfrac{\pi}{3}\right)\Big|_{\frac{\pi}{3}}^{\pi} = 0.$

例 10　求 $\int_0^{\frac{\pi}{2}} \cos^3 x\sin x\,\mathrm{d}x$.

解法 1　设 $u=\cos x$, 则 $\mathrm{d}u=-\sin x\,\mathrm{d}x$, 当 $x=0$ 时, $u=1$, 当 $x=\dfrac{\pi}{2}$ 时, $u=0$, 于是

$$\int_0^{\frac{\pi}{2}} \cos^3 x\sin x\,\mathrm{d}x = -\int_1^0 u^3\,\mathrm{d}u = \int_0^1 u^3\,\mathrm{d}u = \dfrac{1}{4}u^4\Big|_0^1 = \dfrac{1}{4}.$$

注意: 定积分的换元积分法与不定积分的换元积分法类似, 它的关键是要处理好积分上、下限. 定积分换元时积分限要作相应更换, 原上限对应新上限, 原下限对应新下限.

如果用凑微分法计算定积分, 则积分限不需要转换. 例如, 对于例 10 中积分可用如下解法.

解法 2　$\displaystyle\int_0^{\frac{\pi}{2}}\cos^3 x\sin x\,\mathrm{d}x=-\int_0^{\frac{\pi}{2}}\cos^3 x\,\mathrm{d}(\cos x)=\left(-\frac{1}{4}\cos^4 x\right)\Big|_0^{\frac{\pi}{2}}=\frac{1}{4}.$

例 11　求 $\displaystyle\int_0^1\frac{1}{1+\mathrm{e}^x}\mathrm{d}x.$

解　$\displaystyle\int_0^1\frac{1}{1+\mathrm{e}^x}\mathrm{d}x=\int_0^1\frac{1+\mathrm{e}^x-\mathrm{e}^x}{1+\mathrm{e}^x}\mathrm{d}x=\int_0^1\left(1-\frac{\mathrm{e}^x}{1+\mathrm{e}^x}\right)\mathrm{d}x$

$\displaystyle\qquad\qquad=\int_0^1\mathrm{d}x-\int_0^1\frac{1}{1+\mathrm{e}^x}\mathrm{d}(1+\mathrm{e}^x)=(x-\ln|1+\mathrm{e}^x|)\Big|_0^1$

$\displaystyle\qquad\qquad=1-\ln(1+\mathrm{e})+\ln 2.$

例 12　求 $\displaystyle\int_0^{\pi}\sqrt{\sin^3 x-\sin^5 x}\,\mathrm{d}x.$

解　$\displaystyle\int_0^{\pi}\sqrt{\sin^3 x-\sin^5 x}\,\mathrm{d}x=\int_0^{\pi}\sin^{\frac{3}{2}}x\,|\cos x|\,\mathrm{d}x$

$\displaystyle\qquad\qquad=\int_0^{\frac{\pi}{2}}\sin^{\frac{3}{2}}x\cos x\,\mathrm{d}x-\int_{\frac{\pi}{2}}^{\pi}\sin^{\frac{3}{2}}x\cos x\,\mathrm{d}x$

$\displaystyle\qquad\qquad=\left(\frac{2}{5}\sin^{\frac{5}{2}}x\right)\Big|_0^{\frac{\pi}{2}}-\left(\frac{2}{5}\sin^{\frac{5}{2}}x\right)\Big|_{\frac{\pi}{2}}^{\pi}=\frac{2}{5}-\left(-\frac{2}{5}\right)=\frac{4}{5}.$

提示：$\sqrt{\sin^3 x-\sin^5 x}=\sqrt{\sin^3 x(1-\sin^2 x)}=\sin^{\frac{3}{2}}x\,|\cos x|.$

在 $\left[0,\dfrac{\pi}{2}\right]$ 上，$|\cos x|=\cos x$；在 $\left[\dfrac{\pi}{2},\pi\right]$ 上，$|\cos x|=-\cos x.$ 有

$$原式=\int_0^{\frac{\pi}{2}}\sin^{\frac{3}{2}}x\,\mathrm{d}\sin x-\int_{\frac{\pi}{2}}^{\pi}\sin^{\frac{3}{2}}x\,\mathrm{d}\sin x.$$

习题

A 组

1. 填空使下列等式成立.

(1) $\mathrm{d}x=\underline{\qquad}\mathrm{d}(3x-2)$；

(2) $x\mathrm{d}x=\underline{\qquad}\mathrm{d}(1-x^2)$；

(3) $\mathrm{e}^{2x}\mathrm{d}x=\underline{\qquad}\mathrm{d}(\mathrm{e}^{2x})$；

(4) $\dfrac{1}{\sqrt{u}}\mathrm{d}x=\underline{\qquad}\mathrm{d}(\sqrt{u})$；

(5) $\mathrm{e}^{2x}\mathrm{d}x=\underline{\qquad}\mathrm{d}(\mathrm{e}^{2x})$；

(6) $\dfrac{1}{t}\mathrm{d}t=\underline{\qquad}\mathrm{d}(1-\ln t)$；

(7) $\dfrac{1}{\cos^2 2x}\mathrm{d}x=\underline{\qquad}\mathrm{d}(\tan 2x)$；

(8) $\dfrac{1}{\sqrt{u}}\mathrm{d}x=\underline{\qquad}\mathrm{d}(\sqrt{u})$.

2. 求下列积分.

(1) $\displaystyle\int\frac{1}{4x-3}\mathrm{d}x$；

(2) $\displaystyle\int\cos 5x\,\mathrm{d}x$；

(3) $\displaystyle\int(2x-1)^6\mathrm{d}x$；

(4) $\displaystyle\int\sqrt{3x+1}\,\mathrm{d}x$；

(5) $\displaystyle\int\mathrm{e}^{2x+1}\mathrm{d}x$；

(6) $\displaystyle\int\frac{2x}{1+x^2}\mathrm{d}x$；

(7) $\displaystyle\int_1^2\frac{\ln x}{x}\mathrm{d}x$；

(8) $\displaystyle\int_0^1 x\sqrt{x^2+1}\,\mathrm{d}x$；

(9) $\displaystyle\int_0^{\frac{\pi}{2}}\sin^3 x\,\mathrm{d}x.$

B 组

1. 用第一换元积分法求下列积分.

(1) $\displaystyle\int \frac{x}{1-x^2}\mathrm{d}x$；

(2) $\displaystyle\int \frac{1}{(1-2x)^2}\mathrm{d}x$；

(3) $\displaystyle\int \frac{1+\ln x}{x}\mathrm{d}x$；

(4) $\displaystyle\int \frac{\cos x}{\sin^3 x}\mathrm{d}x$；

(5) $\displaystyle\int_{-\frac{\pi}{2}}^{\frac{\pi}{2}} \frac{1}{1+\cos x}\mathrm{d}x$；

(6) $\displaystyle\int_0^2 \frac{1}{4+x^2}\mathrm{d}x$；

(7) $\displaystyle\int_e^{e^2} \frac{1}{x\ln x}\mathrm{d}x$；

(8) $\displaystyle\int_{-1}^1 \frac{x}{(1+x^2)^2}\mathrm{d}x$；

(9) $\displaystyle\int_{-\frac{\pi}{2}}^{\frac{\pi}{2}} \cos x\cos 2x\,\mathrm{d}x$；

(10) $\displaystyle\int_0^{\frac{\pi}{2}} \sqrt{\sin x - \sin^3 x}\,\mathrm{d}x$；

(11) $\displaystyle\int_{\frac{1}{\pi}}^{\frac{2}{\pi}} \frac{1}{x^2}\sin\frac{1}{x}\mathrm{d}x$；

(12) $\displaystyle\int_0^1 x(x^2-1)^2\mathrm{d}x$.

2. 用第一类换元积分法求下列积分.

(1) $\displaystyle\int_{-\frac{\pi}{2}}^{\frac{\pi}{2}} \frac{1}{1+\cos x}\mathrm{d}x$；

(2) $\displaystyle\int_0^2 \frac{1}{4+x^2}\mathrm{d}x$；

(3) $\displaystyle\int_e^{e^2} \frac{1}{x\ln x}\mathrm{d}x$；

(4) $\displaystyle\int_{-1}^1 \frac{x}{(1+x^2)^2}\mathrm{d}x$；

(5) $\displaystyle\int_{-\frac{\pi}{2}}^{\frac{\pi}{2}} \cos x\cos 2x\,\mathrm{d}x$；

(6) $\displaystyle\int_0^{\frac{\pi}{2}} \sqrt{\sin x - \sin^3 x}\,\mathrm{d}x$.

*五、第二类换元积分法

学习目标：

理解第二换元积分法的基本思想.

能较熟练的运用第二换元积分法求不定积分和定积分.

知识导图：

1. 不定积分的第二类换元积分法

定理　设函数 $x=\varphi(t)$ 单调可导，且 $\varphi'(t)\neq 0$，又 $f[\varphi(t)]\varphi'(t)$ 有原函数 $F(t)$，则

$$\int f(x)\mathrm{d}x = \int f[\varphi(t)]\varphi'(t)\mathrm{d}t = F(t)+C = F[\varphi^{-1}(x)]+C,$$

其中 $t=\varphi^{-1}(x)$ 是 $x=\varphi(t)$ 的反函数.

该定理指明的积分方法称为**不定积分的第二类换元积分法**.

例 1　求 $\displaystyle\int \frac{1}{1+\sqrt{x}}\mathrm{d}x$.

解　令 $\sqrt{x}=t(t>0)$，则 $x=t^2$，$\mathrm{d}x=2t\mathrm{d}t$，于是

$$\int \frac{1}{1+\sqrt{x}}dx = \int \frac{1}{1+t}2t\,dt = 2\int \frac{t+1-1}{1+t}dt$$

$$= 2\int \left(1-\frac{1}{1+t}\right)dt = 2\int dt - 2\int \frac{1}{1+t}dt$$

$$= 2t - 2\ln|1+t|+C = 2\sqrt{x} - 2\ln|1+\sqrt{x}|+C.$$

例2 求 $\int \frac{dx}{\sqrt{x^2-a^2}}(a>0)$.

解 令 $x = a\sec t\,(0<x<\pi)$，则 $\sqrt{x^2-a^2} = a\tan t$，$dx = a\sec t\tan t\,dt$. 于是

$$\int \frac{dx}{\sqrt{x^2-a^2}} = \int \frac{a\sec t\tan t}{a\tan t}dt = \int \sec t\,dt$$

$$= \int \frac{\sec x(\sec x+\tan x)}{\sec x+\tan x}dx = \int \frac{d(\sec x+\tan x)}{\sec x+\tan x}$$

$$= \ln|\sec t+\tan t|+C_1.$$

由 $\sec t = \dfrac{x}{a}$，作辅助三角形如图 3-10 所示，易得 $\tan t =$

$\dfrac{1}{a}\sqrt{x^2-a^2}$，所以

$$\int \frac{dx}{\sqrt{x^2-a^2}} = \ln\left|\frac{x}{a}+\frac{1}{a}\sqrt{x^2-a^2}\right|+C_1$$

$$= \ln|x+\sqrt{x^2-a^2}|+C,$$

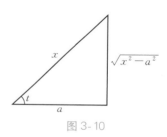

图 3-10

其中 $C = C_1 - \ln a$.

一般地，第二类换元积分法主要解决被积函数中带有根式的某些积分，代换方式如下.

① 含有 $\sqrt[n]{ax+b}$ 时，用 $\sqrt[n]{ax+b} = t$ 代换.

② 含有 $\sqrt{a^2-x^2}$，用 $x = a\sin t$ 代换.

③ 含有 $\sqrt{a^2+x^2}$ 时，用 $x = a\tan t$ 代换.

④ 含有 $\sqrt{x^2-a^2}$ 时，用 $x = a\sec t$ 代换.

以上后三种代换统称为**三角代换**.

在使用第二类换元积分法的时候，应根据被积函数的情况，尽可能选取简捷的代换，并随时与被积函数的恒等变形、不定积分性质、第一类换元积分法等结合起来使用.

2. 定积分的换元积分法

例3 求 $\int_0^1 \sqrt{1-x^2}\,dx$.

解 设 $x = \sin t$，则 $dx = \cos t\,dt$，当 $x=0$ 时 $t=0$. 当 $x=1$ 时 $t=\dfrac{\pi}{2}$ 时. 于是

$$\int_0^1 \sqrt{1-x^2}\,dx = \int_0^{\frac{\pi}{2}} \sqrt{1-\sin^2 t}\cos t\,dt$$

$$= \int_0^{\frac{\pi}{2}} \cos^2 t \, dt = \int_0^{\frac{\pi}{2}} \frac{\cos 2t + 1}{2} dt$$

$$= \frac{1}{2} \left(\frac{\sin 2t}{2} + t \right) \Big|_0^{\frac{\pi}{2}} = \frac{\pi}{4}.$$

例 4　设 $f(x)$ 在 $[0, \pi]$ 上连续,证明 $\int_0^\pi x f(\sin x) dx = \frac{\pi}{2} \int_0^\pi f(\sin x) dx$.

分析　观察等式两端发现,需作变换将 $f(\sin x)$ 化为 $f(\sin t)$,故设 $x = \pi - t$.

证明　设 $x = \pi - t$,则 $dx = -dt$.当 $x = 0$ 时,$t = \pi$,当 $x = \pi$ 时,$t = 0$,所以

$$\int_0^\pi x f(\sin x) dx = -\int_\pi^0 (\pi - t) f[\sin(\pi - t)] dt = \int_0^\pi (\pi - t) f(\sin t) dt$$

$$= \pi \int_0^\pi f(\sin t) dt - \int_0^\pi t f(\sin t) dt$$

$$= \pi \int_0^\pi f(\sin t) dt - \int_0^\pi x f(\sin x) dx,$$

即

$$\int_0^\pi x f(\sin x) dx = \pi \int_0^\pi f(\sin t) dt - \int_0^\pi x f(\sin x) dx.$$

所以

$$\int_0^\pi x f(\sin x) dx = \frac{\pi}{2} \int_0^\pi f(\sin t) dt.$$

例 5　设函数 $f(x)$ 在区间 $[-a, a]$ 上连续,求证

(1) 当 $f(x)$ 为奇函数时,$\int_{-a}^a f(x) dx = 0$.

(2) 当 $f(x)$ 为偶函数时,$\int_{-a}^a f(x) dx = 2 \int_0^a f(x) dx$.

证明　(1) 因为 $f(x)$ 为奇函数,所以 $f(-x) = -f(x)$.

令 $x = -t$,则 $dx = -dt$,且 $x = -a$ 时,$t = a$,$x = a$ 时,$t = -a$,有

$$\int_{-a}^a f(x) dx = \int_{-a}^0 f(x) dx + \int_0^a f(x) dx$$

$$= \int_a^0 f(-t)(-dt) + \int_0^a f(t) dt$$

$$= \int_a^0 f(t) dt - \int_a^0 f(t) dt = 0$$

即

$$\int_{-a}^a f(x) dx = 0.$$

读者可类似地证明(2),此处略.

习题

A 组

用第二换元积分求下列不定积分.

(1) $\int \dfrac{1}{\sqrt{x} + \sqrt[4]{x}} \mathrm{d}x$;

(2) $\int_{\frac{3}{4}}^{1} \dfrac{1}{\sqrt{1-x} - 1} \mathrm{d}x$;

(3) $\int \dfrac{1}{1 + \sqrt[3]{x}} \mathrm{d}x$;

(4) $\int_{1}^{2} \dfrac{\sqrt{x-1}}{x} \mathrm{d}x$;

(5) $\int \dfrac{1}{\sqrt{(x^2+1)^3}} \mathrm{d}x$;

(6) $\int \dfrac{\sqrt{x^2-9}}{x} \mathrm{d}x$.

B 组

用第二换元积分求下列定积分.

(1) $\int_{\frac{3}{4}}^{1} \dfrac{1}{\sqrt{1-x} - 1} \mathrm{d}x$;

(2) $\int_{1}^{2} \dfrac{\sqrt{x-1}}{x} \mathrm{d}x$;

(3) $\int_{0}^{\sqrt{3}} \dfrac{\mathrm{d}x}{x^2 \sqrt{1+x^2}}$;

(4) $\int \dfrac{1}{1 + \sqrt[3]{x+1}} \mathrm{d}x$.

六、分部积分法

学习目标:

掌握不定积分分部积分公式.

能较熟练的运用分部积分法计算积分.

了解计算有理函数的积分的常用方法.

知识导图:

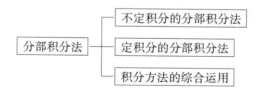

换元积分法应用范围虽然较广,但它不能求 $\int \ln x \, \mathrm{d}x$、$\int x \sin x \, \mathrm{d}x$、$\int \mathrm{e}^x \cos x \, \mathrm{d}x$ 等形式的积分.本节将从函数乘积的微分公式出发,引出求解这类积分的分部积分法.

1. 不定积分的分部积分法

定理 若函数 $u = u(x)$,$v = v(x)$ 具有连续导数,则

$$\int u \, \mathrm{d}v = uv - \int v \, \mathrm{d}u.$$

证明 由于函数 $u = u(x)$,$v = v(x)$ 具有连续导数,根据函数乘积微分公式有

$$\mathrm{d}(uv) = u \, \mathrm{d}v + v \, \mathrm{d}u,$$

移项得

$$u\,\mathrm{d}v = \mathrm{d}(uv) - v\,\mathrm{d}u,$$

两边积分得

$$\int u\,\mathrm{d}v = uv - \int v\,\mathrm{d}u.$$

这种积分方法称为**不定积分的分部积分法**,上述公式称为**分部积分公式**.

注意:使用分部积分法求积分,关键是恰当地选择 $u(x)$ 和 $\mathrm{d}v(x)$.选择的原则是:

(1) $v(x)$ 易求出(可用凑微分法);

(2) 新的积分 $\int v\,\mathrm{d}u$ 比原积分 $\int u\,\mathrm{d}v$ 易计算.

例 1 求 $\int x\,\mathrm{e}^x\,\mathrm{d}x$.

解 设 $u=x$,$\mathrm{d}v=\mathrm{e}^x\,\mathrm{d}x$,则 $v=\mathrm{e}^x$,$\mathrm{d}u=\mathrm{d}x$.于是

$$\int x\,\mathrm{e}^x\,\mathrm{d}x = x\,\mathrm{e}^x - \int \mathrm{e}^x\,\mathrm{d}x = x\,\mathrm{e}^x - \mathrm{e}^x + C.$$

例 2 求 $\int x\cos x\,\mathrm{d}x$.

解 设 $u=x$,$\mathrm{d}v=\cos x\,\mathrm{d}x$,则 $v=\sin x$,$\mathrm{d}u=\mathrm{d}x$,代入公式得

$$\int x\cos x\,\mathrm{d}x = x\sin x - \int \sin x\,\mathrm{d}x = x\sin x + \cos x + C.$$

例 3 求 $\int x\ln x\,\mathrm{d}x$.

解 $\displaystyle\int x\ln x\,\mathrm{d}x = \frac{1}{2}\int \ln x\,\mathrm{d}(x^2) = \frac{1}{2}x^2\ln x - \frac{1}{2}\int x\,\mathrm{d}x = \frac{1}{2}x^2\ln x - \frac{1}{4}x^2 + C.$

例 4 求 $\int x\arctan x\,\mathrm{d}x$.

解 $\displaystyle\int x\arctan x\,\mathrm{d}x = \frac{1}{2}\int \arctan x\,\mathrm{d}(x^2) = \frac{1}{2}x^2\arctan x - \frac{1}{2}\int \frac{x^2}{1+x^2}\,\mathrm{d}x$

$$= \frac{1}{2}x^2\arctan x - \frac{1}{2}\int\left(1 - \frac{1}{1+x^2}\right)\mathrm{d}x$$

$$= \frac{x^2}{2}\arctan x - \frac{1}{2}x + \frac{1}{2}\arctan x + C.$$

例 5 求 $\int \mathrm{e}^x\sin x\,\mathrm{d}x$.

解 $\displaystyle\int \mathrm{e}^x\sin x\,\mathrm{d}x = \int \sin x\,\mathrm{d}(\mathrm{e}^x) = \mathrm{e}^x\sin x - \int \mathrm{e}^x\cos x\,\mathrm{d}x$

$$= \mathrm{e}^x\sin x - \int \cos x\,\mathrm{d}(\mathrm{e}^x) = \mathrm{e}^x\sin x - \mathrm{e}^x\cos x - \int \mathrm{e}^x\sin x\,\mathrm{d}x,$$

移项整理得

$$2\int \mathrm{e}^x\sin x\,\mathrm{d}x = \mathrm{e}^x(\sin x - \cos x) + C_1.$$

所以

$$\int e^x \sin x \, dx = \frac{1}{2} e^x (\sin x - \cos x) + C.$$

例 6　求 $\int e^{\sqrt[3]{x}} \, dx$.

解　令 $\sqrt[3]{x} = t$，则 $x = t^3$，$dx = 3t^2 dt$，于是

$$\int e^{\sqrt[3]{x}} \, dx = 3\int t^2 e^t \, dt = 3\int t^2 d(e^t) = 3t^2 e^t - 6\int t e^t \, dt = 3t^2 e^t - 6\int t d(e^t)$$

$$= 3t^2 e^t - 6t e^t + 6\int e^t \, dt = 3t^2 e^t - 6t e^t + 6 e^t + C$$

$$= 3(t^2 - 2t + 2)e^t + C = 3(\sqrt[3]{x^2} - 2\sqrt[3]{x} + 2)e^{\sqrt[3]{x}} + C.$$

例 7　求 $\int \sin(\ln x) \, dx$.

解
$$\int \sin(\ln x) \, dx = x\sin(\ln x) - \int x \, d\sin(\ln x)$$

$$= x\sin(\ln x) - \int x\sin(\ln x)\frac{1}{x} \, dx$$

$$= x\sin(\ln x) - \left\{ x\cos(\ln x) - \int x \, d\cos(\ln x) \right\}$$

$$= [x\sin(\ln x) - x\cos(\ln x)] - \int \sin(\ln x) \, dx,$$

所以

$$\int \sin(\ln x) \, dx = \frac{x}{2}[\sin(\ln x) - \cos(\ln x)] + C.$$

对于用分部积分法求两个函数乘积的不定积分，我们可以归纳如下：

（1）当被积函数是幂函数与指数函数（或正、余弦函数）的乘积时，一般设幂函数为 u，被积函数表达式的其余部分为 dv.

（2）当被积函数是幂函数与对数函数（或反三角函数）的乘积时，一般设对数函数（或反三角函数）为 u，被积函数表达式的其余部分为 dv.

（3）当被积函数是指数函数与正（余）弦函数的乘积时，要积分两次，最后像解方程一样求出结果.

2. 定积分的分部积分法

定理　若函数 $u = u(x)$，$v = v(x)$ 具有连续导数，则有

$$\int_a^b u \, dv = \left[\int u \, dv \right]_a^b = \left[uv - \int v \, du \right]_a^b = (uv) \Big|_a^b - \int_a^b v \, du.$$

即得定积分的分部积分公式为

$$\int_a^b u \, dv = uv \Big|_a^b - \int_a^b v \, du.$$

此公式表明，原函数已经积出的部分可以先用上、下限代入计算其结果.

例 8　求 $\int_0^{\frac{1}{2}} \arcsin x \, \mathrm{d}x$.

解　　$\int_0^{\frac{1}{2}} \arcsin x \, \mathrm{d}x = (x \arcsin x) \mid_0^{\frac{1}{2}} - \int_0^{\frac{1}{2}} \dfrac{x}{\sqrt{1-x^2}} \mathrm{d}x$

$$= \dfrac{1}{2} \cdot \dfrac{\pi}{6} + [\sqrt{1-x^2}]_0^{\frac{1}{2}} = \dfrac{\pi}{12} + \dfrac{\sqrt{3}}{2} - 1.$$

例 9　求 $\int_0^{\frac{\pi}{4}} \dfrac{x}{1+\cos 2x} \mathrm{d}x$.

解　　$\int_0^{\frac{\pi}{4}} \dfrac{x}{1+\cos 2x} \mathrm{d}x = \int_0^{\frac{\pi}{4}} \dfrac{x}{2\cos^2 x} \mathrm{d}x = \int_0^{\frac{\pi}{4}} \dfrac{x}{2} \mathrm{d}(\tan x)$

$$= \dfrac{1}{2}(x \tan x) \mid_0^{\frac{\pi}{4}} - \dfrac{1}{2} \int_0^{\frac{\pi}{4}} \tan x \, \mathrm{d}x$$

$$= \dfrac{\pi}{8} - \dfrac{1}{2}(\ln|\sec x|) \mid_0^{\frac{\pi}{4}} = \dfrac{\pi}{8} - \dfrac{\ln 2}{4}.$$

例 10　求 $\int_{-1}^1 (x^2 \sin^7 x + \cos x) \mathrm{d}x$.

解　　因在 $[-1, 1]$ 上，$x^2 \sin^7 x$ 为奇函数，所以

$$\int_{-1}^1 x^2 \sin^7 x \, \mathrm{d}x = 0,$$

于是

$$\int_{-1}^1 (x^2 \sin^7 x + \cos x) \mathrm{d}x = \int_{-1}^1 x^2 \sin^7 x \, \mathrm{d}x + \int_{-1}^1 \cos x \, \mathrm{d}x = 0 + 2 \int_0^1 \cos x \, \mathrm{d}x$$

$$= (2 \sin x) \mid_0^1 = 2 \sin 1.$$

3. 积分方法的综合运用

例 11　求 $\int \dfrac{\mathrm{e}^{2x}}{\sqrt{\mathrm{e}^x + 1}} \mathrm{d}x$.

解法一　（分部积分法）

$$\int \dfrac{\mathrm{e}^{2x}}{\sqrt{\mathrm{e}^x + 1}} \mathrm{d}x = \int \dfrac{\mathrm{e}^x}{\sqrt{\mathrm{e}^x + 1}} \mathrm{d}(\mathrm{e}^x) = 2 \int \mathrm{e}^x \mathrm{d}(\sqrt{\mathrm{e}^x + 1}) = 2\mathrm{e}^x \sqrt{\mathrm{e}^x + 1} - \int \mathrm{e}^x \sqrt{\mathrm{e}^x + 1} \mathrm{d}x$$

$$= 2\mathrm{e}^x \sqrt{\mathrm{e}^x + 1} - 2 \int \sqrt{\mathrm{e}^x + 1} \mathrm{d}(\mathrm{e}^x + 1) = 2\mathrm{e}^x \sqrt{\mathrm{e}^x + 1} - \dfrac{4}{3}(\mathrm{e}^x + 1)^{\frac{3}{2}} + C.$$

解法二　（第一类换元积分，即凑微分法）

$$\int \dfrac{\mathrm{e}^{2x}}{\sqrt{\mathrm{e}^x + 1}} \mathrm{d}x = \int \dfrac{\mathrm{e}^x}{\sqrt{\mathrm{e}^x + 1}} \mathrm{d}(\mathrm{e}^x)$$

$$= \int \dfrac{\mathrm{e}^x + 1 - 1}{\sqrt{\mathrm{e}^x + 1}} \mathrm{d}(\mathrm{e}^x + 1) = \int \left(\sqrt{\mathrm{e}^x + 1} - \dfrac{1}{\sqrt{\mathrm{e}^x + 1}} \right) \mathrm{d}(\mathrm{e}^x + 1)$$

$$= \dfrac{2}{3}(\mathrm{e}^x + 1)^{\frac{3}{2}} - 2\sqrt{\mathrm{e}^x + 1} + C.$$

解法三 （第二类换元积分法）

设 $\sqrt{e^x+1}=t$，则 $x=\ln(t^2-1)$，$dx=\dfrac{2t\,dt}{t^2-1}$，有

$$\int \frac{e^{2x}}{\sqrt{e^x+1}}dx = \int \frac{(t^2-1)^2}{t} \cdot \frac{2t}{t^2-1}dt$$

$$=2\int(t^2-1)dt = 2\left(\frac{1}{3}t^3-t\right)+C$$

$$=\frac{2}{3}(t^2-3)t+c = \frac{2}{3}(e^x-2)\sqrt{e^x+1}+C.$$

例 12 【石油总产量】某油田的一口新井原油生产速度为 $V(t)=1-0.02t\sin(2\pi t)$（单位：万吨/年），求该井投产后 5 年内生产的石油总量 Q.

解 $Q=\displaystyle\int_0^5[1-0.02t\sin(2\pi t)]dt = \int_0^5 dt + \frac{0.01}{\pi}\int_0^5 t\,d[\cos(2\pi t)]$

$$=t\,|_0^5 + \frac{0.01}{\pi}\left[t\cos(2\pi t)\,|_0^5 - \int_0^5\cos(2\pi t)dt\right]$$

$$=5+\frac{0.01}{\pi}\left[5-\left(\frac{\sin 2\pi t}{2\pi}\right)\Big|_0^5\right] = 5+\frac{0.01}{\pi}(5-0) \approx 5.016(\text{万吨}).$$

习题

A 组

1. 计算下列不定积分.

(1) $\displaystyle\int x\cos 3x\,dx$；

(2) $\displaystyle\int x\,e^{-x}\,dx$；

(3) $\displaystyle\int \ln x\,dx$；

(4) $\displaystyle\int_0^1 x\tan^2 x\,dx$；

(5) $\displaystyle\int_0^1 e^x\cdot\sin x\,dx$；

(6) $\displaystyle\int_0^1 x^2\cdot e^{2x}\,dx$.

2. 计算下列不定积分.

(1) $\displaystyle\int x\cos\frac{x}{2}\,dx$；

(2) $\displaystyle\int \ln^2 x\,dx$；

(2) $\displaystyle\int \frac{\ln x}{2\sqrt{x}}\,dx$；

(4) $\displaystyle\int e^{\sqrt{x}}\,dx$；

(5) $\displaystyle\int \frac{\ln(1+x)}{\sqrt{x}}\,dx$；

(6) $\displaystyle\int \frac{1}{\sin 2x\cos 2x}\,dx$.

B 组

1. 计算下列定积分.

(1) $\displaystyle\int_1^4 \frac{\ln x}{\sqrt{x}}\,dx$；

(2) $\displaystyle\int_0^{2\pi} x\cos^2 x\,dx$；

(3) $\displaystyle\int_0^2 \ln(x+\sqrt{x^2+1})\,dx$；

(4) $\displaystyle\int_{\frac{1}{2}}^1 e^{\sqrt{2x-1}}\,dx$.

2. 已知 $\dfrac{\sin x}{x}$ 是 $f(x)$ 的一个原函数，求 $\displaystyle\int xf'(x)\mathrm{d}x$.

3. 已知函数 $f(x)=\dfrac{\mathrm{e}^x}{x}$，求 $\displaystyle\int xf''(x)\mathrm{d}x$.

4. 设 $f(x)=\displaystyle\int_1^{x^2}\dfrac{\sin t}{t}\mathrm{d}t$，求 $\displaystyle\int_0^1 xf(x)\mathrm{d}x$.

 知识应用

1.【闸门受力】设水渠的闸门与水面垂直，水渠横截面是等腰梯形，下底长 4 m，上底长 6 m，高 6 m，当水渠灌满水时，求闸门所受水的压力.

2.【放射物质泄露】环保局近日受托对一起放射性碘物质泄漏事件进行调查，检测结果显示，出事当日，大气辐射水平是可接受的最大限度的四倍，于是环保局下令当地居民立即撤离这一地区，已知碘物质放射源的辐射水平是按下式衰减的：$R(t)=R_0\mathrm{e}^{-0.004t}$，其中 R 是 t 时刻的辐射水平（单位：mR/h），R_0 是初始（$t=0$ h）辐射水平，t 按小时计算. 问：

（1）该地降低到可接受的辐射水平需要多长时间？

（2）假设可接受的辐射水平的最大限度为 0.6 mR/h，那么降低到这一水平时已经泄漏出去的放射物质的总量是多少？

3.【电学中平均值与有效值的计算】如图 3-11 所示为单相全波整流电路的波形图，交流电源电压经过变压器及整流器供给负载（电阻）R 的电压为 $U=U_m|\sin\omega t|$，计算负载 R 的电压的平均值 U.

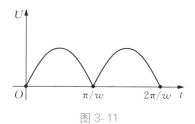

图 3-11

学习反馈与评价

学号：　　　　　　　姓名：　　　　　　　任课教师：

学习内容	
学生学习疑问反馈	
学习效果自我评价	
教师综合评价	

拓展阅读

定积分中的辩证思维

项目四　生活中的数学——微分方程

 学习指导

学习领域	微分方程及其应用
学习目标	1. 了解微分方程的概念. 2. 能够求解简单的微分方程并进行应用. 3. 获得学习数学的兴趣
学习重点	1. 微分方程的概念. 2. 常微分方程的几种常见解法. 3. 微分方程在实际中的应用
学习难点	1. 将实际问题转化成微分方程模型. 2. 微分方程的求解
学习思路	简化实际问题的冗杂内容→用更简洁的方式表达→转化为数学语言→构建数学模型→用数学知识解决问题
数学工具	极限、微积分的计算方法、微分方程及其求解方法
教学方法	讲授法、案例教学法、情景教学法、讨论法、启发式教学法
学时安排	建议 6~10 学时

 项目任务实施

任务　减 肥 模 型

[任务描述]　随着人们的生活水平提高,饮食营养摄入的不断改善和提高,"肥胖"已成为全社会关注的一个重要问题,从数学的角度对减肥的有关规律做进一步的探讨和分析,建立一个简单的体重变化规律模型,由此制定合理有效的减肥计划.

现有 5 个人,身高、体重和 BMI 指数分别见表 4-1,体重长期不变,试为他们按照以下方式制定减肥计划,使其体重减至自己理想体重,并维持下去.

表 4-1

人	1	2	3	4	5
身高(m)	1.7	1.68	1.64	1.72	1.71
体重(kg)	100	112	113	114	124
BMI	34.6	33.5	35.2	34.8	35.6
理想体重(kg)	75	80	80	85	90

任务要求如下：

（1）在基本不运动的情况下安排计划，每天吸收的热量保持下限，减肥达到目标.

（2）若是加快进程，增加运动，重新安排计划，经过调查资料得到以下各项运动每小时每千克体重消耗的热量见表 4-2，给出达到理想体重后维持体重的方案.

（3）给出达到理想体重后维持体重的方案.

表 4-2

运动	跑步	跳舞	乒乓	自行车	游泳
热量消耗/(kcal)	7.0	3.0	4.4	2.5	7.9

[任务分析] 体内能量守恒被破坏时会引起体重变化，通过饮食吸收热量导致体重增加，通过新陈代谢和运动消耗热量导致体重减少，我们作适当的简化假设得到体重变化关系.

[任务转化] 根据上述分析，参考有关生理数据，作出以下简化假设.

（1）以脂肪作为体重的标志，已知脂肪的能量转换率为 100%，每千克脂肪转换为能量的公式为 $D=4.2\times10^7\mathrm{J/kg}$，称为脂肪的能量转换系数.

（2）人体的体重仅仅看成是时间 t 的函数 $w(t)$，与其他因素无关，这意味着在研究减肥的过程中，我们忽略了个体间的差异（年龄、性别、健康状况等）对减肥的影响.

（3）体重随着时间是连续变化的，即 $w(t)$ 是连续函数且充分光滑，因此可以认为能量的摄取和消耗是随时发生的.

（4）假设单位时间（24 h）内人体活动所消耗的能量与其体重成正比，记 B 为每千克体重每天因活动所消耗的能量.

（5）单位时间内人体用于基础代谢和食物特殊动力作用所消耗的能量正比于体重，记 C 为每千克体重每天消耗的能量.

（6）假设每天摄入的能量固定，记为 A；为安全与健康，每天吸收热量不少于 6 000 kcal.

以不伤害身体为前提，即热量不要过少、减少体重不要过快，采用离散时间模型——差分方程模型.

[任务解答] 以"天"为时间单位，由假设（3）可在任意时间段内考虑能量摄入和消耗引起的体重变化.

由能量守恒原理，在 $[t，t+\Delta t]$ 时间段内，体重引起的能量变化等于摄入与消耗的能量差

$$D[w(t+\Delta t)-w(t)]=A\Delta t-B\int_t^{t+\Delta t}w(s)\mathrm{d}s-C\int_t^{t+\Delta t}w(s)\mathrm{d}s.$$

根据积分中值定理有 $w(t+\Delta t)-w(t)=a\Delta t-bw(t+\theta\Delta t)\Delta t，\theta\in(0，1)$，其中 $a=\dfrac{A}{D}，b=\dfrac{B+C}{D}$，两边同时除以 Δt，并令 $\Delta t\rightarrow0$ 取极限得

$$\frac{\mathrm{d}w(t)}{\mathrm{d}t}=a-bw(t)，t>0.$$

这是在一定简化层次上的减肥模型.求解该模型，看看是否说明一些问题.

设 $t=0$ 为模型的初始时刻,这时人的体重为 $w(0)=w_0$,在模型两边同时乘以 e^{bt} 得

$$e^{bt}\frac{\mathrm{d}w(t)}{\mathrm{d}t}+bw(t)e^{bt}=a\,e^{bt},$$

即

$$\frac{\mathrm{d}}{\mathrm{d}t}(e^{bt}w(t))=a\,e^{bt}$$

从 0 到 t 积分,并利用初值 $w(0)=w_0$ 得

$$w(t)=w_0e^{-bt}+\frac{a}{b}(1-e^{-bt})=\frac{a}{b}+\left(w_0-\frac{a}{b}\right)e^{-bt}.$$

对于任务要求(1),减肥计划在基本不运动情况下安排,所以上述假设(1)中每千克体重每天因活动所消耗能量 $B=0$.根据上式计算得出五个人达到自己理想体重时的时间,见表 4-3.

表 4-3

人	1	2	3	4	5
时间(天)	401	392	400	317	312

对于任务要求(2),为加快进程,增加运动,结合调查资料得到各项运动每小时每千克体重消耗的热量表,见表 4-4.

表 4-4

运动	跑步	跳舞	乒乓	自行车	游泳
热量消耗/(kcal)	7.0	3.0	4.4	2.5	7.9

为了加快减肥进程,增加运动,假设当每天运动 h 小时,每千克体重每天因活动所消耗的能量 $B=h\times r$,$h=1$ 时计算得出五个人要达到自己的理想体重时的天数,见表 4-5.

表 4-5

运动	跑步	跳舞	乒乓	自行车	游泳
时间(天)	201	281	247	295	189
	215	289	258	302	203
	220	295	263	309	208
	180	239	214	249	171
	185	241	218	251	176

对于任务要求(3),由模型可得 $\lim\limits_{t\to+\infty}w(t)=\dfrac{a}{b}=\dfrac{A}{B+C}$,记 $w_*=\dfrac{A}{B+C}$,即模型的解渐近稳定于 w_* 就是达到稳定后维持体重的方案,根据每个人的理想体重得出 A、B、C 的值组成减肥维持体重方案.假设每天维持一小时运动,则每天需要摄入的能量见表 4-6.

表 4-6

运动	跑步	跳舞	乒乓	自行车	游泳
每天需要摄入的能量(J)	9 756 600	8 501 400	8 940 720	8 344 500	10 039 020
	10 407 040	9 068 160	9 536 768	8 900 800	10 708 288
	10 407 040	9 068 160	9 536 768	8 900 800	10 708 288
	11 057 480	9 634 920	10 132 816	9 457 100	11 377 556
	11 707 920	10 201 680	10 728 864	10 013 400	12 046 824

 数学知识

一、微分方程的基本概念

学习目标:

理解微分方程及其相关概念.

能验证微分方程的解.

知识导图:

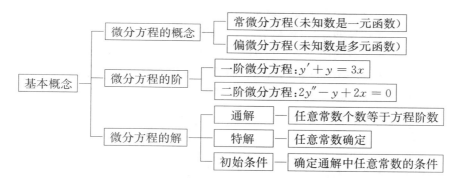

微分方程是数学理论联系实际的重要途径之一,在工程技术与经济工作中,很多的实际问题需要通过未知函数及其导数(或微分)所满足的等式来寻求未知函数,这样的等式就是微分方程.微分方程是研究事物运动、演化及变化规律的最为基本的数学知识和方法,对这些变化规律的描述、认识和分析通常都要归结为对由相应的微分方程描述的数学模型的研究.

下面主要介绍微分方程的基本概念和几种常用的微分方程的求解方法.

下面举例来说明微分方程的基本概念.

引例 1　英国学者马尔萨斯(Malthus)认为人口的相对增长率为常数,即如果设 t 时刻人口数为 $x(t)$,则人口增长速度与人口总量 $x(t)$ 成正比,从而建立了 Malthus 模型

$$\begin{cases} \dfrac{\mathrm{d}x}{\mathrm{d}t}=ax, \\ x(t_0)=x_0, \end{cases} \quad a>0.$$

这是一个含有一阶导数的数学模型.

　　引例 2　一条曲线通过点 $(1,2)$，且该曲线上任一点 $M(x,y)$ 处的切线斜率为 $3x^2$，求这条曲线的方程.

　　解　设所求曲线为 $y=y(x)$.由导数的几何意义可知，未知函数 $y=y(x)$ 满足关系式

$$\frac{\mathrm{d}y}{\mathrm{d}x}=3x^2,\qquad\qquad(1)$$

对(1)式两端积分，得

$$y=\int 3x^2\,\mathrm{d}x=x^3+C.\qquad\qquad(2)$$

由于曲线通过点 $(1,2)$，因此

$$y(1)=2,\qquad\qquad(3)$$

把(3)式代入(2)式，得

$$2=1^3+C,\qquad\qquad$$

即 $C=1$，于是得所求曲线的方程为

$$y=x^3+1.\qquad\qquad(4)$$

　　以上两例的方程中均含有未知函数的导数.

　　定义　含有未知函数的导数（或微分）的方程称为**微分方程**.

　　未知函数是一元函数的微分方程称为**常微分方程**；未知函数是多元函数的微分方程，称为**偏微分方程**.本章只讨论常微分方程，简称**微分方程**.

　　定义　微分方程中出现的未知函数的最高阶导数的阶数，称为**微分方程的阶**.

　　引例 2 中的微分方程 $\dfrac{\mathrm{d}y}{\mathrm{d}x}=3x^2$ 是一阶微分方程，而方程 $y''-3y'+2y=x$ 是二阶微分方程.

　　定义　若一个函数代入微分方程后能使方程成为恒等式，则称此函数为该**微分方程的解**.

　　若微分方程的解中所含任意常数的个数等于该方程的阶数，则称此解为该**微分方程的通解**.确定微分方程通解中任意常数的条件，称为**初始条件**.确定了通解中任意常数后的解，称为微分方程的**特解**.

　　一阶微分方程的初始条件一般表示为

　　　　当 $x=x_0$ 时，$y=y_0$，或写成 $y|_{x=x_0}=y_0$.

　　二阶微分方程的初始条件表示为

　　　　当 $x=x_0$ 时，$y=y_0$，$y'(x_0)=y_1$；或写成 $y|_{x=x_0}=y_0$，$y'|_{x=x_0}=y_1$.

　　注意：微分方程的通解在几何上是一簇积分曲线，特解则是满足初始条件的一条积分曲线.

释疑解难

微分方程的
通解 1

例1 验证 $y=C_1\mathrm{e}^x+C_2\mathrm{e}^{-x}$ 是微分方程 $y''-y=0$ 的通解.

解 因为

$$y'=C_1\mathrm{e}^x-C_2\mathrm{e}^{-x}, \quad y''=C_1\mathrm{e}^x+C_2\mathrm{e}^{-x},$$

代入原方程,有

$$y''-y=(C_1\mathrm{e}^x+C_2\mathrm{e}^{-x})-(C_1\mathrm{e}^x+C_2\mathrm{e}^{-x})=0.$$

由于 C_1、C_2 为两个任意常数,方程的阶数为 2,故 $y=C_1\mathrm{e}^x+C_2\mathrm{e}^{-x}$ 为 $y''-y=0$ 的通解.

释疑解难

微分方程的
通解 2

例2 解微分方程 $y''=x\mathrm{e}^x+1$.

解 积分一次,得

$$y'=\int(x\mathrm{e}^x+1)\mathrm{d}x=x\mathrm{e}^x-\mathrm{e}^x+x+C_1,$$

再积分一次,得

$$y=\int(x\mathrm{e}^x-\mathrm{e}^x+x+C_1)\mathrm{d}x=x\mathrm{e}^x-2\mathrm{e}^x+\frac{1}{2}x^2+C_1x+C_2.$$

例3【应用案例】 假设不计空气阻力和摩擦力,设列车经过提速后,以 20 m/s 的速度在平直的轨道上行驶,当列车制动时,获得的加速度为 -0.4 m/s²,问列车开始制动后多少时间才能停住? 列车在这段时间内行驶了多少路程?

解 设列车制动后的运动规律为 $s=s(t)$.由加速度的物理意义知

$$\frac{\mathrm{d}^2s}{\mathrm{d}t^2}=-0.4 \tag{5}$$

这是一个含有二阶导数的模型.列车开始制动时,$t=0$,所以满足条件 $s(0)=0$,初速度 $\dfrac{\mathrm{d}s}{\mathrm{d}t}\Big|_{t=0}=20$.

对(5)式两边积分,得

$$v=\frac{\mathrm{d}s}{\mathrm{d}t}=\int(-0.4)\mathrm{d}t=-0.4t+C_1, \tag{6}$$

再积分一次,得

$$s=\int(-0.4t+C_1)\mathrm{d}t=-0.2t^2+C_1t+C_2. \tag{7}$$

将条件 $s(0)=0$,$\dfrac{\mathrm{d}s}{\mathrm{d}t}\Big|_{t=0}=20$ 代入(6)式和(7)式,得 $C_1=20$,$C_2=0$,于是

$$v=-0.4t+20, \quad s=-0.2t^2+20t.$$

所以,当 $v=0$ 时,列车从开始制动到停住所需时间为 $t=50$ s.列车在这段时间内行驶了 $s=500$ m.

习题

A 组

1. 填空题.

(1) 微分方程 $(x-6y)\mathrm{d}x+2\mathrm{d}y=0$ 的阶数是＿＿＿＿＿.

(2) 微分方程 $\mathrm{e}^x y''+(y')^3+x=1$ 的通解中应包含的任意常数的个数为＿＿＿＿＿个.

2. 选择题.

(1) 下列方程中(　　)不是常微分方程.

　(A) $x^2+y^2=1$ 　　　　　　　(B) $y'=xy$

　(C) $\mathrm{d}x=(3x^2+y)\mathrm{d}y$ 　　　(D) $\dfrac{\mathrm{d}^2 x}{\mathrm{d}t^2}+\dfrac{\mathrm{d}x}{\mathrm{d}t}=2x$

(2) 下列方程中(　　)是二阶微分方程.

　(A) $y'''+yy'-3xy=0$ 　　　(B) $(y')^2+3x^2 y=x^3$

　(C) $y''+x^2 y'+x=0$ 　　　　(D) $y\dfrac{\mathrm{d}y}{\mathrm{d}x}+2x^3-1=0$

(3) 下列函数中,(　　)不是微分方程 $y''-y=0$ 的通解.

　(A) $y=c\mathrm{e}^x$ 　　(B) $y=-c\mathrm{e}^x$ 　　(C) $y=\pm c\mathrm{e}^x$ 　　(D) $y=\pm\mathrm{e}^{x+c}$

B 组

1. 选择题.

(1) 通解为 $y=x^2+cx$ 的一阶微分方程是(　　　).

　(A) $y'-\dfrac{1}{x}y=x$ 　(B) $y'+\dfrac{1}{x}y=0$ 　(C) $xy'+y=x^2$ 　(D) $y'-\dfrac{1}{x}y=3x$

2. 验证函数 $y=C_1\mathrm{e}^x+C_2\mathrm{e}^{3x}$ 是微分方程 $y''-4y'+3y=0$ 的通解,并求方程满足初始条件 $y(0)=0,\ y'(0)=1$ 的特解.

3. 已知曲线过点 $(0,2)$,且在曲线上任何一点的切线斜率等于原点到该切点的连线斜率的 2 倍,求此曲线方程.

二、一阶线性微分方程

学习目标:

熟练掌握可分离变量的微分方程的解法.

熟悉一阶线性微分方程的形式.

会求解一阶线性微分方程.

知识导图:

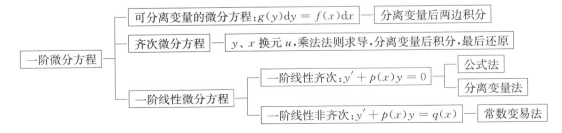

一阶微分方程的一般形式为

$$F(x，y，y')=0 \text{ 或 } y'=f(x，y).$$

前者称为**一阶隐式微分方程**,后者称为**一阶显式微分方程**.而 $M(x，y)\mathrm{d}x+N(x，y)\mathrm{d}y=0$ 称为**微分形式的一阶微分方程**.

1. 可分离变量的微分方程

定义　形如

$$g(y)\mathrm{d}y=f(x)\mathrm{d}x \tag{8}$$

的微分方程称为**已分离变量的微分方程**.

将(8)式两边积分,得

$$\int g(y)\mathrm{d}y=\int f(x)\mathrm{d}x.$$

设 $F(x)$、$G(y)$ 分别为 $f(x)$、$g(y)$ 的一个原函数,于是(8)式的通解为

$$G(y)=F(x)+C.$$

这种求解方式通常称为**分离变量法**,其求解步骤是:(1)分离变量;(2)两边积分.

定义　形如

$$y'=f(x)g(y) \text{ 或 } \frac{\mathrm{d}y}{\mathrm{d}x}=f(x)g(y)$$

或

$$M_1(x)M_2(y)\mathrm{d}x+N_1(x)N_2(y)\mathrm{d}y=0$$

的方程,称为**可分离变量微分方程**.

释疑解难

分离变量法1

显然,可分离变量的微分方程只需通过简单变形就可化为已分离变量的微分方程.

例 1　解微分方程 $\dfrac{\mathrm{d}y}{\mathrm{d}x}=\dfrac{x^3}{y^2}$.

解　方程为可分离变量微分方程,分离变量得

$$y^2\mathrm{d}y=x^3\mathrm{d}x,$$

两端积分得

$$\int y^2\mathrm{d}y=\int x^3\mathrm{d}x,$$

即

$$\frac{1}{3}y^3=\frac{1}{4}x^4+C,$$

其中 C 为任意常数.

例 2　求微分方程 $y'=2xy$ 的通解.

解　方程为可分离变量微分方程,分离变量得

$$\frac{\mathrm{d}y}{y}=2x\mathrm{d}x \quad (y\neq0),$$

两端积分得

$$\int \frac{\mathrm{d}y}{y} = \int 2x\,\mathrm{d}x,$$

即

$$\ln|y| = x^2 + C_1,$$

从而

$$|y| = \mathrm{e}^{x^2 + C_1} = \mathrm{e}^{C_1}\,\mathrm{e}^{x^2},$$

即

$$y = \pm\mathrm{e}^{C_1}\,\mathrm{e}^{x^2}.$$

因为 $\pm\mathrm{e}^{C_1}$ 是任意非零常数,考虑到 $y=0$ 也是方程的特解,于是,原方程的通解为

$$y = C\mathrm{e}^{x^2}\ (C\ \text{为任意常数}).$$

例 3　求微分方程 $x(1+y^2)\mathrm{d}x - y(1+x^2)\mathrm{d}y = 0$ 满足初始条件 $y|_{x=1}=2$ 的特解.

解　方程为可分离变量微分方程,分离变量得

$$\frac{y}{1+y^2}\mathrm{d}y = \frac{x}{1+x^2}\mathrm{d}x,$$

两边积分,得

$$\int \frac{y}{1+y^2}\mathrm{d}y = \int \frac{x}{1+x^2}\mathrm{d}x,$$

从而得

$$\frac{1}{2}\ln(1+y^2) = \frac{1}{2}\ln(1+x^2) + \frac{1}{2}C_1,$$

即

$$1+y^2 = C(1+x^2).$$

将初始条件 $y|_{x=1}=2$ 代入通解,得 $C = \dfrac{5}{2}$,故所求微分方程特解为

$$1+y^2 = \frac{5}{2}(1+x^2).$$

2. 齐次微分方程

（1）齐次微分方程的概念

定义　如果一阶微分方程可化为 $\dfrac{\mathrm{d}y}{\mathrm{d}x} = \varphi\left(\dfrac{y}{x}\right)$ 的形式,则称该方程为**齐次微分方程**.

（2）齐次微分方程的求解

求齐次微分方程的通解时,先将方程化为 $\dfrac{\mathrm{d}y}{\mathrm{d}x} = \varphi\left(\dfrac{y}{x}\right)$ 的形式,再令 $u = \dfrac{y}{x}$,则 $y = ux$,

两边求导得 $\dfrac{\mathrm{d}y}{\mathrm{d}x} = u + x\,\dfrac{\mathrm{d}u}{\mathrm{d}x}$.

代入原方程,得

$$u + x\,\frac{\mathrm{d}u}{\mathrm{d}x} = \varphi(u).$$

分离变量,得

$$\frac{\mathrm{d}u}{\varphi(u)-u}=\frac{\mathrm{d}x}{x}.$$

两边积分,得

$$\int\frac{\mathrm{d}u}{\varphi(u)-u}=\int\frac{\mathrm{d}x}{x}.$$

积分后再用 $\frac{y}{x}$ 代替 u,便得原方程的通解.

例4 求微分方程 $y'=\dfrac{y}{y-x}$ 的通解.

解 原方程可化为

$$\frac{\mathrm{d}y}{\mathrm{d}x}=\frac{\dfrac{y}{x}}{\dfrac{y}{x}-1},$$

令 $u=\dfrac{y}{x}$,则 $y=ux$,$\dfrac{\mathrm{d}y}{\mathrm{d}x}=u+x\dfrac{\mathrm{d}u}{\mathrm{d}x}$.

所以

$$u+x\frac{\mathrm{d}u}{\mathrm{d}x}=\frac{u}{u-1}.$$

整理得

$$\frac{u-1}{2u-u^2}\mathrm{d}u=\frac{\mathrm{d}x}{x}.$$

两边积分可得 $\ln|x|=-\dfrac{1}{2}\ln|2-u|-\dfrac{1}{2}\ln|u|+\dfrac{1}{2}\ln|C|.$

即

$$u(2-u)x^2=C.$$

将 $u=\dfrac{y}{x}$ 代入,可得原方程的通解为

$$y(2x-y)=C(C\text{ 为任意常数}).$$

例5 解微分方程 $(y^2-2xy)\mathrm{d}x+x^2\mathrm{d}y=0$.

解 原方程可变形为

$$\frac{\mathrm{d}y}{\mathrm{d}x}=2\cdot\frac{y}{x}-\left(\frac{y}{x}\right)^2,$$

令 $u=\dfrac{y}{x}$,则 $y=ux$,$\dfrac{\mathrm{d}y}{\mathrm{d}x}=u+x\dfrac{\mathrm{d}u}{\mathrm{d}x}$.

所以

$$u+xu'=2u-u^2.$$

分离变量,得

$$\frac{\mathrm{d}u}{u^2-u}=-\frac{\mathrm{d}x}{x},$$

即
$$\left(\frac{1}{u-1}-\frac{1}{u}\right)\mathrm{d}u=-\frac{\mathrm{d}x}{x}.$$

积分得

$$\ln\left|\frac{u-1}{u}\right|=-\ln|x|+\ln|C|.$$

即
$$\frac{x(u-1)}{u}=C.$$

代回原变量得通解
$$x(y-x)=Cy \quad (C\ 为任意常数).$$

说明： 显然 $x=0$，$y=0$，$y=x$ 也是原方程的解，但在求解过程中丢失了.

3. 一阶线性微分方程

定义 形如

$$y'+p(x)y=q(x) \tag{9}$$

的微分方程称为**一阶线性微分方程**.

若 $q(x)\equiv0$，则方程

$$y'+p(x)y=0 \tag{10}$$

称为**一阶线性齐次微分方程**；

若 $q(x)\neq0$，则方程

$$y'+p(x)y=q(x) \tag{11}$$

称为**一阶线性非齐次微分方程**.

(1) 一阶线性齐次微分方程的解法

一阶线性齐次微分方程为 $y'+p(x)y=0$，显然，方程是可分离变量方程，分离变量，得

$$\frac{1}{y}\mathrm{d}y=-p(x)\mathrm{d}x.$$

两边积分，得
$$\ln|y|=-\int p(x)\mathrm{d}x+C_1.$$

因此，通解为

$$y=Ce^{-\int P(x)\mathrm{d}x}, \tag{12}$$

其中 C 为任意常数.

说明： (1) (10)式分离变量后，失去原方程的一个特解 $y=0$，但它可由通解中的 $C=0$ 得到.

(2) $\int P(x)\mathrm{d}x$ 表示 $P(x)$ 的原函数，但在这里不必取 $P(x)$ 的全体原函数，只需取其中一个即可.

(3) 求一阶线性齐次微分方程的通解，可分别采用两种方法：①公式法，直接用(12)式求解；②先分离变量再积分求解.

释疑解难

一阶线性齐次微分方程的特征

（4）分离变量法的步骤：①分离变量；②两端积分.

（2）一阶线性非齐次微分方程的解法

由于一阶线性非齐次微分方程与一阶线性齐次微分方程左端是一样的，只是右端一个是 $q(x)$，另一个是 0，所以现设方程（9）的解为

$$y = C(x)e^{-\int p(x)dx},\tag{13}$$

所以
$$y' = C'(x)e^{-\int P(x)dx} + C(x)e^{-\int P(x)dx}[-p(x)]$$
$$= C'(x)e^{-\int P(x)dx} - p(x)C(x)e^{-\int P(x)dx},$$

为了确定 $C(x)$，把（13）式及其导数代入方程（9）式并化简，得

$$C'(x)e^{-\int p(x)dx} = q(x),$$

即
$$C'(x) = q(x)e^{\int p(x)dx},$$

两边积分，得

$$C(x) = \int Q(x)e^{\int P(x)dx}dx + C.\tag{14}$$

把 $C(x)$ 代入（13）式，就得一阶线性非齐次微分方程（11）式的通解

$$y = e^{-\int P(x)dx}\left[C + \int Q(x)e^{\int P(x)dx}dx\right].\tag{15}$$

将通解公式（15）改写成两项之和为

$$y = Ce^{-\int P(x)dx} + e^{-\int P(x)dx}\int Q(x)e^{\int P(x)dx}dx.$$

可以看出，上式中的第一项是对应的齐次方程（10）式的通解，第二项是非齐次方程（11）式的一个特解[可在通解（15）式中取 $C=0$ 得到].由此可知，一阶线性非齐次微分方程的通解是对应齐次方程的通解与非齐次方程的一个特解之和.这种将对应的齐次方程（10）式的通解中的常数 C 变易成函数 $C(x)$，从而得到非齐次方程（11）式的通解的方法，称为**常数变易法**.

用常数变易法求一阶线性非齐次微分方程的通解的一般解法步骤：

第一步：先求出对应的齐次方程的通解 $y = Ce^{-\int p(x)dx}$；

第二步：根据所求的通解设出非齐次方程的解 $y = C(x)e^{-\int p(x)dx}$（常数变易）；

第三步：把所设解代入线性非齐次微分方程，解出 $C(x)$，并写出线性非齐次微分方程的通解

$$y = e^{-\int p(x)dx}\left[C + \int Q(x)e^{\int p(x)dx}dx\right].$$

例 6 求方程 $y' - \dfrac{y}{x+1} = e^x(x+1)$ 的通解.

解 （方法一：公式法）这里 $p(x) = -\dfrac{1}{x+1}$，$Q(x) = e^x(x+1)$，代入（13）式，得通解为

$$y = e^{\int \frac{1}{x+1}dx}\left[C + \int e^x(x+1)e^{-\int \frac{1}{x+1}dx}dx\right] = (x+1)\left(c + \int e^x dx\right),$$

即
$$y=(x+1)(e^x+C).$$

（方法二：常数变易法）先解对应的齐次方程

$$y'-\frac{1}{x+1}y=0,$$

分离变量，得

$$\frac{\mathrm{d}y}{y}=\frac{\mathrm{d}x}{x+1},$$

两边积分，得

$$\ln y=\ln(x+1)+\ln c.$$

故齐次方程的通解为 $y=c(x+1)$.

设原微分方程的通解为 $y=c(x)(x+1)$，代入原方程，可得

$$c'(x)=e^x.$$

因此
$$c(x)=\int e^x\,\mathrm{d}x=e^x+c.$$

故齐次方程的通解为

$$y=(x+1)(e^x+c).$$

例 7　解微分方程 $\dfrac{\mathrm{d}y}{\mathrm{d}x}=\dfrac{1}{x-y}+1$.

分析　因原方程既不是可分离变量的微分方程，也不是关于 y、$\dfrac{\mathrm{d}y}{\mathrm{d}x}$ 的线性微分方程，因此需要换元变形，即 $x-y=u$，然后转化为关于 u、$\dfrac{\mathrm{d}u}{\mathrm{d}x}$ 的线性微分方程求解.

解　令 $x-y=u$，则 $y=x-u$，于是

$$\frac{\mathrm{d}y}{\mathrm{d}x}=1-\frac{\mathrm{d}u}{\mathrm{d}x},$$

代入原方程，得

$$1-\frac{\mathrm{d}u}{\mathrm{d}x}=\frac{1}{u}+1,$$

即
$$\frac{\mathrm{d}u}{\mathrm{d}x}=-\frac{1}{u},$$

分离变量，得

$$u\,\mathrm{d}u=-\mathrm{d}x,$$

两边同时积分，得

$$\frac{u^2}{2}=-x+C_1,$$

因此

$$u^2 = -2x + 2C_1 = -2x + C \quad (C = 2C_1),$$

即方程的通解为

$$(x-y)^2 = -2x + C.$$

有时方程虽然不是关于 y、y' 的一阶线性微分方程,但如果把 x 看成 y 的函数,方程成为关于 x、x' 的一阶线性微分方程,这时也可以利用一阶线性微分方程的通解公式求解.

例 8　求微分方程 $(y^2-6x)\dfrac{\mathrm{d}y}{\mathrm{d}x}+2y=0$ 满足初始条件 $y(1)=1$ 的特解.

解　方程可以化为

$$\frac{\mathrm{d}y}{\mathrm{d}x} = \frac{2y}{6x-y^2},$$

它不是一阶线性微分方程,但如果把 y 看成自变量,即 x 是 y 的函数,原方程化为

$$\frac{\mathrm{d}x}{\mathrm{d}y} - \frac{3}{y}x = -\frac{y}{2},$$

此时,$p(y)=-\dfrac{3}{y}$,$Q(y)=-\dfrac{y}{2}$,代入(15)式,得

$$x = \mathrm{e}^{\int \frac{3}{y}\mathrm{d}y}\left(C + \int\left(-\frac{y}{2}\right)\mathrm{e}^{-\int \frac{3}{y}\mathrm{d}y}\mathrm{d}y\right) = \mathrm{e}^{3\ln y}\left(C + \int\left(-\frac{y}{2}\right)\mathrm{e}^{-3\ln y}\mathrm{d}y\right)$$

$$= y^3\left[C + \int\left(-\frac{y}{2}\right)y^{-3}\mathrm{d}y\right] = Cy^3 + \frac{1}{2}y^2,$$

即

$$x = Cy^3 + \frac{1}{2}y^2.$$

将初始条件 $y(1)=1$ 代入上式,得 $1 = C + \dfrac{1}{2}$,所以 $C = \dfrac{1}{2}$.因此所求方程的特解为

$$x = \frac{1}{2}y^2(y+1).$$

现将以上一阶微分方程的解法总结如下(表 4-7).

表 4-7

类　型		方　程	解　法
可分离变量		$\dfrac{\mathrm{d}y}{\mathrm{d}x}=f(x)g(y)$	分离变量两边积分
齐次微分方程		$\dfrac{\mathrm{d}y}{\mathrm{d}x}=\varphi\left(\dfrac{y}{x}\right)$	令 $u=\dfrac{y}{x}$,分离变量两边积分
一阶线性方程	齐次	$\dfrac{\mathrm{d}y}{\mathrm{d}x}+p(x)y=0$	分离变量两边积分或用公式 $y=C\mathrm{e}^{-\int P(x)\mathrm{d}x}$
	非齐次	$\dfrac{\mathrm{d}y}{\mathrm{d}x}+P(x)y=q(x)$	常数变易法或用公式 $y=\mathrm{e}^{-\int P(x)\mathrm{d}x}\cdot\left[\int q(x)\mathrm{e}^{\int P(x)\mathrm{d}x}\mathrm{d}x+C\right]$

例 9【应用案例】 已知某公司的纯利润对广告费的变化率与常数 A 和利润 L 之差成正比,当 $x=0$ 时,$L=L_0$,试求纯利润 L 与广告费 x 的函数关系.

解 根据题意列出方程

$$\frac{dL}{dx}=k(A-L)\quad(k\text{ 为常数}),$$

分离变量,得

$$\frac{dL}{A-L}=k\,dx,$$

两边积分,得

$$-\ln(A-L)=kx+C_1,$$

整理,得

$$A-L=Ce^{-kx},$$

所以

$$L=A-Ce^{-kx}.$$

由初始条件 $L=L_0$,解得 $C=A-L_0$.故

$$L=A-(A-L_0)e^{-kx}.$$

例 10【应用案例】 设 RC 充电电路如图 4-1 所示,如果合闸前,电容器上电压 $U_C=0$,求合闸后电压 U_C 的变化规律.

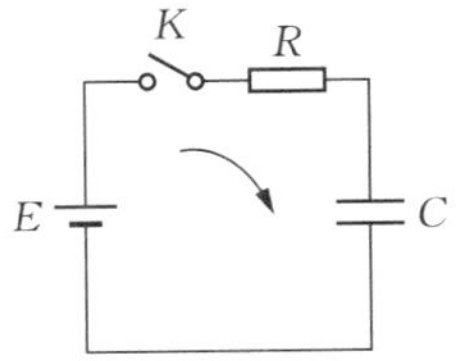

解 由回路电压定律 $U_R+U_C=E$,因为

$$i=\frac{dq}{dt}=C\frac{dU_C}{dt}\quad(q=CU_C),$$

所以

$$U_R=iR=R\frac{dq}{dt},\ U_R=RC\frac{dU_C}{dt},$$

于是,微分方程为

图 4-1

$$RC\frac{dU_C}{dt}+U_C=E.$$

又由题意得初始条件 $U_C|_{t=0}=0$.将微分方程分离变量得

$$\frac{dU_C}{E-U_C}=\frac{dt}{RC},$$

两边积分,得

$$-\ln(E-U_C)=\frac{1}{RC}t+\lambda_1\quad(\lambda_1\text{ 为任意常数}),$$

化简得微分方程的通解

$$U_C=E-\lambda e^{-\frac{1}{RC}t}.$$

把初始条件代入,得 $0=E-\lambda e^0$,即 $\lambda=E$.于是,所求合闸后电压 U_C 的变化规律是

$$U_C=E(1-e^{-\frac{1}{RC}t}).$$

习题

A 组

1. 判断下列方程是否为可分离变量的微分方程.

(1) $(x^2+1)dx+(y^2-2)dy=0$;　　　　(2) $(x^2-y)dx+(y^2+x)dy=0$;

(3) $(x^2+y^2)y'=2xy$;　　　　(4) $2x^2yy'+y^2=2$.

2. 单项选择题.

(1) 方程 $xy'+3y=0$ 的通解是( ).

　　(A) x^{-3}　　　　(B) Cxe^x　　　　(C) $x^{-3}+C$　　　　(D) Cx^{-3}

(2) 方程 $xdy=y\ln ydx$ 的一个解为( ).

　　(A) $y=\ln x$　　　(B) $y=\sin x$　　　(C) $y=e^x$　　　(D) $\ln^2 y=x$

(3) 微分方程 $(x-2y)y'=2x-y$ 的通解为( ).

　　(A) $x^2+y^2=C$　　　　　　　(B) $x+y=C$

　　(C) $y=x+1$　　　　　　　　　(D) $x^2-xy+y^2=C$

3. 求下列微分方程的通解.

(1) $xydx+\sqrt{1-x^2}dy=0$;　　　　(2) $(1+y)^2\dfrac{dy}{dx}+x^3=0$;

(3) $\dfrac{dy}{dx}-y\sec^2 x=0$;　　　　(4) $x\dfrac{dy}{dx}+y=xe^x$.

B 组

1. 填空题.

(1) 微分方程 $y'=e^{x-y}$ 的通解为 _____.

(2) 设 $y=\cos 2x$ 是微分方程 $y'+P(x)y=0$ 的解,则方程的通解为 _____.

2. 求下列微分方程的通解.

(1) $y'=y\sin x$;　　　　(2) $\dfrac{dy}{dx}-3xy=2x$;

(3) $(1+x^2)y'=y\ln y$;　　　　(4) $y'-\dfrac{2}{x+1}y=(x+1)^2$;

(5) $x\dfrac{dy}{dx}=x\sin x-y$;　　　　(6) $(x^2+y^2)dx-xydy=0$.

3. 求下列微分方程满足所给初始条件的特解.

(1) $xy'-y=0$,$y|_{x=1}=2$;

(2) $(xy^2+x)dx+(x^2y-y)dy=0$,$y|_{x=0}=1$;

(3) $y'+y\cos x=e^{-\sin x}$,$y|_{x=0}=0$;

(4) $\dfrac{dy}{dx}=\dfrac{y}{x}-\dfrac{1}{2}\left(\dfrac{y}{x}\right)^3$,$y|_{x=1}=1$.

4. 设可导函数 $y=f(x)$ 满足方程 $\displaystyle\int_0^x tf(t)dt=x^2+f(x)$,求 $f(x)$.

三、几种可降阶的二阶微分方程

学习目标：

熟悉几种可降阶二阶微分方程的形式.

熟练掌握几种可降阶微分方程的解法.

能够将几种可降阶微分方程的解法进行简单应用.

知识导图：

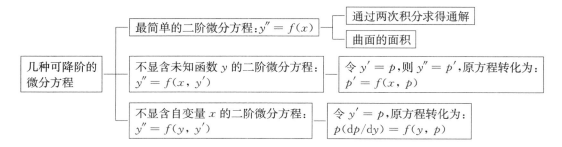

二阶微分方程的一般形式为

$$F(x,\ y,\ y',\ y'')=0. \tag{16}$$

下面介绍三种简单的、经过适当变换可将二阶降为一阶的微分方程.

1. 最简单的二阶微分方程

定义　形如

$$y''=f(x) \tag{17}$$

的微分方程，称为**最简单的二阶微分方程**.

这种方程的通解可经过两次积分而求得.

对(17)式两边积分，得

$$y'=\int f(x)\mathrm{d}x+C_1,$$

再对上式两边积分，得

$$y=\int\left[\int f(x)\mathrm{d}x\right]\mathrm{d}x+C_1x+C_2,$$

其中，C_1、C_2 为任意常数.

例1　解微分方程 $y''=x\mathrm{e}^x$.

解　两边积分，得

$$y'=\int x\mathrm{e}^x\mathrm{d}x=x\mathrm{e}^x-\mathrm{e}^x+C_1,$$

两边再积分，得

$$y=x\mathrm{e}^x-2\mathrm{e}^x+C_1x+C_2,其中\ C_1,\ C_2\ 为任意常数.$$

2. 不显含未知函数 y 的二阶微分方程

定义　形如

$$y'' = f(x, y') \tag{18}$$

的微分方程,称为**不显含未知函数 y 的二阶微分方程**.

令 $y' = p$,则 $y'' = p'$,代入(18)式得

$$p' = f(x, p). \tag{19}$$

这是关于未知函数 p 的一阶微分方程,如果能从方程(18)式中求出通解

$$p = \varphi(x, C_1),$$

则方程(18)的通解为

$$y = \int \varphi(x, C_1) \, \mathrm{d}x + C_2.$$

例 2　解微分方程 $xy'' + y' - x^2 = 0$.

解　令 $y' = p$,则 $y'' = p'$,于是原方程可以化为

$$p' + \frac{1}{x} \cdot p = x.$$

此为一阶线性非齐次微分方程,解得

$$p = \left[\int x \, \mathrm{e}^{\int \frac{1}{x} \mathrm{d}x} \, \mathrm{d}x + C_1 \right] \mathrm{e}^{-\int \frac{1}{x} \mathrm{d}x} = \frac{1}{3} x^2 + \frac{1}{x} C_1 (x \neq 0),$$

即

$$y' = \frac{1}{3} x^2 + \frac{1}{x} C_1.$$

再积分,得原方程的通解

$$y = \int \left(\frac{1}{3} x^2 + \frac{1}{x} C_1 \right) \mathrm{d}x + C_2 = \frac{1}{9} x^3 + C_1 \ln |x| + C_2.$$

3. 不显含自变量 x 的二阶微分方程

定义　形如

$$y'' = f(y, y') \tag{20}$$

的方程称为**不显含自变量 x 的二阶微分方程**.

如果将方程(20)式中的 y' 看作是 y 的函数 $y' = p(y)$,则

$$y'' = \frac{\mathrm{d}p}{\mathrm{d}x} = \frac{\mathrm{d}p}{\mathrm{d}y} \cdot \frac{\mathrm{d}y}{\mathrm{d}x} = p \cdot \frac{\mathrm{d}p}{\mathrm{d}y},$$

于是方程(20)式变为

$$p \frac{\mathrm{d}p}{\mathrm{d}y} = f(y, p). \tag{21}$$

设方程(21)式的通解 $p = \varphi(y, C_1)$ 已求出,则由 $\dfrac{\mathrm{d}y}{\mathrm{d}x} = p = \varphi(y, C_1)$,可得方程(20)式的通解

$$\int \frac{\mathrm{d}y}{\varphi(y, C_1)} = x + C_2.$$

例 3 求微分方程 $y'' = \frac{3}{2}y^2$, 满足初始条件 $y|_{x=3} = 1$, $y'|_{x=3} = 1$ 的特解.

解 令 $y' = p(y)$, 则 $y'' = p\dfrac{\mathrm{d}p}{\mathrm{d}y}$, 代入原方程得 $p\dfrac{\mathrm{d}p}{\mathrm{d}y} = \dfrac{3}{2}y^2$, 即

$$2p\,\mathrm{d}p = 3y^2\,\mathrm{d}y,$$

两边积分, 得

$$p^2 = y^3 + C_1,$$

由初始条件, 得 $C_1 = 0$. 所以 $p^2 = y^3$, 或 $p = y^{\frac{3}{2}}$ (因 $y'|_{x=3} = 1 > 0$, 所以取正号), 即

$$\frac{\mathrm{d}y}{\mathrm{d}x} = y^{\frac{3}{2}} \text{ 或 } y^{-\frac{3}{2}}\,\mathrm{d}y = \mathrm{d}x.$$

两边积分得

$$-2y^{-\frac{1}{2}} = x + C_2.$$

再由初始条件 $y|_{x=3} = 1$, 得 $C_2 = -5$, 代入整理后得

$$y = \frac{4}{(x-5)^2},$$

即为方程的满足初始条件的特解.

例 4【应用案例】 质量为 m 的质点受力 F 的作用沿 ox 轴作直线运动. 设力 F 仅为时间 t 的函数 $F = F(t)$. 在开始时刻 $t = 0$ 时 $F(0) = F_0$, 随着时间 t 的增大, 力 F 均匀地减小, 直到 $t = T$ 时, $F(T) = 0$. 如果开始时质点位于原点, 且初速度为零, 求质点在 $0 \leq t \leq T$ 这段时间内的运动规律.

解 设 $x = x(t)$ 表示在时刻 t 时质点的位置, 根据牛顿第二定律, 质点运动的微分方程为

$$m\frac{\mathrm{d}^2 x}{\mathrm{d}t^2} = F(t).$$

由题设, $t = 0$ 时, $F(0) = F_0$ 且力随时间的增大而均匀地减小, 所以 $F(t) = F_0 - kt$.

又当 $t = T$ 时, $F(T) = 0$, 从而 $F(t) = F_0\left(1 - \dfrac{t}{T}\right)$.

故方程为

$$\frac{\mathrm{d}^2 x}{\mathrm{d}t^2} = \frac{F_0}{m}\left(1 - \frac{t}{T}\right),$$

初始条件为 $x|_{t=0} = 0$, $\dfrac{\mathrm{d}x}{\mathrm{d}t}\bigg|_{t=0} = 0$, 两端积分, 得

$$\frac{\mathrm{d}x}{\mathrm{d}t} = \frac{F_0}{m}\left(t - \frac{t^2}{2T}\right) + C_1,$$

代入初始条件 $\dfrac{\mathrm{d}x}{\mathrm{d}t}\bigg|_{t=0} = 0$ 得 $C_1 = 0$ 于是方程变为

释疑解难

不显含未知函数 y 与不显含自变量 x 的二阶微分方程求解异同

$$\frac{\mathrm{d}x}{\mathrm{d}t} = \frac{F_0}{m}\left(t - \frac{t^2}{2T}\right),$$

再积分,得

$$x = \frac{F_0}{m}\left(\frac{t^2}{2} - \frac{t^3}{6T}\right) + C_2.$$

将条件 $x\big|_{t=0} = 0$ 代入上式,得 $C_2 = 0$.于是,所求质点的运动规律为

$$x = \frac{F_0}{m}\left(\frac{t^2}{2} - \frac{t^3}{6T}\right) \quad (0 \leqslant t \leqslant T).$$

习题

A 组

1. 填空题.

(1) 微分方程 $y'' = x$ 的通解是 _____.

(2) 微分方程 $y'' + y' - x = 0$ 的通解是 _____.

2. 选择题.

下列方程中可利用 $p = y'$, $p' = y''$ 降为一阶微分方程的是 (　　).

(A) $(y'')^2 + xy' - x = 0$　　　　　　(B) $y'' + yy' + y^2 = 0$

(C) $y'' + y^2 y' - y^2 x = 0$　　　　　　(D) $y'' + yy' + x = 0$

3. 求下列微分方程的解.

(1) $y'' - y' = x^2$;　　　　　　(2) $yy'' - (y')^2 = 0$.

B 组

1. 求下列微分方程的解.

(1) $y'' = x + \sin x^2$;　　　　　　(2) $xy'' + y' = 0$ 的通解;

(3) $xy'' - (y')^2 = y'$;　　　　　　(4) $y'' = \frac{1}{x}y' + x\mathrm{e}^x$;

(5) $y'' - 3\sqrt{y} = 0$, $y(0) = 1$, $y'(0) = 2$.

2. 求 $y'' = x$ 的经过 $M(0, 1)$ 且在此点与直线 $y = \frac{1}{2}x + 1$ 相切的积分曲线.

知识应用

1. 已知某地区在一个已知时期内国民收入的增长率为 0.1,国民债务的增长率为国民收入的 $\frac{1}{20}$.若 $t = 0$ 时,国民收入为 5 亿元,国民债务为 0.1 亿元.试分别求出国民收入及国民债务与时间 t 的函数关系.

2. 某汽车公司在长期的运营中发现每辆汽车的总维修成本 y 对汽车大修时间间隔 x 的变化率等于 $\frac{2y}{x} - \frac{81}{x^2}$,已知当大修时间间隔 $x = 1$(年)时,总维修成本 $y = 27.5$(百元).试求每辆汽车的总维修成本 y 与大修的时间间隔 x 的函数关系.并问每辆汽车多少年大修一次,可使每辆汽车的总维修成本最低?

学习反馈与评价

学号：　　　　　　姓名：　　　　　　任课教师：

学习内容	
学生学习疑问反馈	
学习效果自我评价	
教师综合评价	

数学家小传

谷超豪的故事

项目五　工件的优化设计——多元函数

 学习指导

学习领域	多元函数的微分
学习目标	1. 掌握多元函数微分的计算. 2. 应用数学知识对实际问题的优化计算. 3. 获得分析问题、解决问题的体验感. 4. 学会将多元转换为一元的科学方法
学习重点	1. 多元函数偏导数的计算. 2. 多元函数的最值
学习难点	1. 将实际问题转化为数学问题. 2. 数学模型的建立. 3. 复合函数偏导数的计算. 4. 解多元函数方程
学习思路	将实际的问题简化→提炼关键要素→分析要素之间的联系→用更简洁的方式表达→转化为数学语言→构建数学问题→学习相应的数学知识→解决问题→总结
数学工具	平面几何、立体几何、一元函数的导数、复合函数求导、方程组理论
教学方法	讲授法、案例教学法、情景教学法、讨论法、启发式教学法
学时安排	建议 6～10 学时

项目任务实施

任务　工件的优化设计

我们只要稍加留意就会发现销量很大的饮料（例如净含量为 355 ml 的可乐、啤酒等）的饮料罐（易拉罐）的形状和尺寸几乎都是一样的.看来,这并非偶然,这应该是某种意义下的最优设计.当然,对于单个的易拉罐来说,这种最优设计可以节省的可能是很有限的,但是如果是生产几亿,甚至几十亿个易拉罐的话,可以节约的钱就很可观了.

以一个无损坏、净含量为 355 ml 的可口可乐饮料易拉罐为例,如图 5-1 所示.

用千分尺测得易拉罐各个部位的数据见表 5-1.

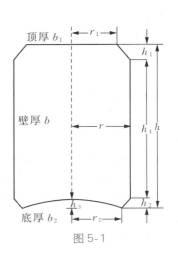

图 5-1

表 5-1

检测部位	可口可乐罐均值(单位:ml)
易拉罐的总高度(h)	122.90
易拉罐顶盖的厚度(b_1)	0.31
易拉罐底盖的厚度(b_2)	0.30
易拉罐罐壁的厚度(b)	0.15
易拉罐中间柱体的半径(r)	31.75
易拉罐顶盖的半径(r_1)	29.07
易拉罐底盖的半径(r_2)	26.75
易拉罐顶盖到圆台底端的垂直距离(h_1)	13.00
易拉罐底端到圆柱部分底端的垂直距离(h_2)	7.30
易拉罐底盖的拱高(h_3)	10.10

1　设易拉罐是一个正圆柱体.什么是它的最优设计？其计算结果是否可以合理地解释测量所得到的易拉罐的形状和尺寸.

2　设易拉罐的中心纵断面如图 5-2 所示,即上面部分是一个正圆台,下面部分是一个正圆柱体.什么是它的最优设计？其结果是否可以合理地解释你所测量的易拉罐的形状和尺寸.

3　利用测量所得到的易拉罐的形状与尺寸,发挥个人的洞察力和想象力,做出自己的关于易拉罐形状和尺寸的最优设计.

图 5-2

任务一　假设易拉罐是一个正圆柱体(考虑厚度)

［任务描述］　将饮料罐假设为正圆柱体(事实上由于制造工艺等要求,它不可能正好是数学上的正圆柱体,但这样简化问题确实是合理的),如图 5-3 所示.要求饮料罐容积一定时,求能使制作易拉罐所用的材料最省的从顶盖到底部的高与顶盖的直径之比.

［任务分析］　易拉罐的形状和尺寸怎样设计能够使得制罐用材的总体积 V 最小.

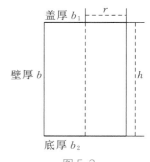

图 5-3

［任务转化］　求函数的最小值.

［任务解答］　在这种简化下显然有 $r=r_1=r_2$,体积 $V=\pi r^2 h$.由于易拉罐上底和下底的强度必须要大一点(经千分卡尺的实际测量结果为:上、下底的厚度是罐壁厚的 2 倍;同时由材料力学应力状态理论知识可知二向应力中,上、下底所受的应力是罐壁所受应力的 2 倍),因而在制造过程中,上、下底的厚度为罐的其他部分厚度的 2 倍,即 $b_1=b_2=2b$.因而制罐用材的总体积 $A(r, h)$ 为上下面的体积 $A_{上下}$ 和侧面的体积 $A_侧$,其中

$$A_{上下} = 2\pi r^2 b + 2\pi r^2 b,$$

$$A_{侧} = \pi h(r+b)^2 - \pi h r^2 = 2\pi rhb + \pi hb^2,$$

所以

$$A(r, h) = A_{上下} + A_{侧} = 2\pi r^2 b + 2\pi r^2 b + 2\pi rhb + \pi hb^2.$$

为了简化计算,因为 b(测量所得 $b = 0.15$ mm)远远小于 r(测量所得 $2r = 63.50$ mm),所以 πhb^2 可以忽略不计,有

$$A(r, h) \approx 2\pi r^2 b + 2\pi r^2 b + 2\pi rhb = (4\pi r^2 + 2\pi rh)b,$$

于是可以建立如下的数学模型:

目标函数为 $A(r, h)$,约束条件是 $V = \pi r^2 h$,即求 $A(r, h)$ 在约束条件 $V = \pi r^2 h$ 下的最小值.其中 V 是已知的(由模型假设可知).

解法一   从 $V = \pi r^2 h$ 解出 $h = \dfrac{V}{\pi r^2}$,代入 $A(r, h)$,得

$$A(r, h(r)) = b\left(\frac{2V}{r} + 4\pi r^2\right),$$

应用不等关系式,有

$$\frac{1}{n}\sum_{i=1}^{n} a_i \geqslant \sqrt[n]{\prod_{i=1}^{n} a_i}, \quad a_i > 0, \quad i = 1, \cdots, n,$$

当且仅当 $a_1 = a_2 = \cdots = a_n$ 时等号成立.

于是有

$$2b\left[\frac{2V}{r} + 4\pi r^2\right] \geqslant 6b\sqrt[3]{4\pi V^2},$$

当且仅当 $\dfrac{V}{r} = 4\pi r^2$ 时等号成立,即

$$r = \sqrt[3]{\frac{V}{4\pi}}.$$

再由 $h = \dfrac{V}{\pi r^2}$,得

$$h = \frac{V}{\pi}\sqrt[3]{\left(\frac{4\pi}{V}\right)^2} = \sqrt[3]{\frac{(4\pi)^2 V^3}{\pi^3 V^2}} = 4\sqrt[3]{\frac{V}{4\pi}} = 4r.$$

即

$$h = 4r.$$

解法二   问题就是求 $A(r, h) = (4\pi r^2 + 2\pi rh)b$ 在约束条件 $V = \pi r^2 h$ 下的最小值,即

$$A(r, h)_{\min} = (4\pi r^2 + 2\pi rh)b,$$

$$\text{s.t.} \begin{cases} V = \pi r^2 h, \\ h > 0, \\ r > 0. \end{cases}$$

利用 Lagrange 乘子法求解，作函数

$$L(r, h, \lambda) = (4\pi r^2 + 2\pi rh)b + \lambda(V - \pi r^2 h),$$

令偏导数为零，即

$$\begin{cases} \dfrac{\partial L}{\partial r} = (8\pi r + 2\pi h)b + \lambda(-2\pi rh) = 0, \\[2mm] \dfrac{\partial L}{\partial h} = 2\pi rb - \pi r^2 \lambda = 0, \\[2mm] \dfrac{\partial L}{\partial \lambda} = V - \pi r^2 h = 0, \end{cases}$$

解得

$$r = \sqrt[3]{\frac{V}{4\pi}}, \ h = 4\sqrt[3]{\frac{V}{4\pi}}, \ \lambda = 2b\sqrt[3]{\frac{4\pi}{V}}.$$

唯一的驻点就是问题所求的极值点，也是此问题的最优解.

结论和解法一相一致，即总罐高 h 为直径的 2 倍，正圆柱体的易拉罐所用的材料最省. 这与用千分尺所测得 $h : r \approx 3.871$ 差别不大. 这是因为所测量的易拉罐下底并非是一个圆面，而是一个向上凸的拱面.

拓展思考： 如果不忽略 $A(r, h) = 2\pi r^2 b + 2\pi r^2 b + 2\pi rbh + \pi hb^2$ 中的 πhb^2 部分，结论如何.

任务二　假设易拉罐上部分是正圆台，下部分是正圆柱体

［任务描述］　将易拉罐的外形看成两部分：一部分是一个正圆台，另一部分是一个正圆柱体，如图 5-4 所示. 要求饮料罐容积一定时，求能使制作易拉罐所用的材料最省的从顶盖到底部的高与顶盖的直径之比.

［任务分析］　什么是易拉罐形状和尺寸的最优设计？其结果是否可以合理地解释所测量的易拉罐的形状和尺寸.

［任务转化］　求函数的最小值.

［任务解答］　在本任务描述的形状下仍有 $b_1 = b_2 = 2b$，根据正圆台的体积计算公式得到易拉罐正圆台部分的体积为

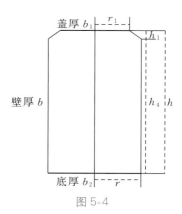

图 5-4

$$V_1 = \frac{1}{3}(\pi r_1^2 + \pi r^2 + \pi r_1 r)h_1,$$

正圆柱部分的体积为

$$V_2 = \pi r^2 h_4,$$

从而得到易拉罐的体积为

$$V = V_1 + V_2 = \frac{1}{3}(\pi r_1^2 + \pi r^2 + \pi r_1 r)h_1 + \pi r^2 h_4.$$

易拉罐上、下底的厚度为罐的其他部分厚度的 2 倍.制罐用材的总体积为

$$A(r,h)=A_{圆台}+A_{圆柱},$$

易拉罐正圆台部分所用的材料体积

$$A_{圆台}=\frac{(h_1+2b)\pi}{3}\left[(r+b)^2+(r+b)(r_1+b)+(r_1+b)^2\right]-\frac{h_1\pi}{3}(r^2+rr_1+r_1^2)$$

$$=\pi bh_1(r+r_1+b)+2\pi b^2(r+r_1)+2\pi b^3+\frac{2b}{3}\pi(r^2+rr_1+r_1^2),$$

因为 $b\ll r$,故 $2\pi b^3$ 可以忽略,则易拉罐正圆台部分的材料体积为

$$A_{圆台}\approx\pi bh_1(r+r_1+b)+2\pi b^2(r+r_1)+\frac{2b}{3}\pi(r^2+rr_1+r_1^2),$$

易拉罐正圆柱部分的材料体积为

$$A_{圆柱}=\pi(r+b)^2(h_4+2b)-\pi r^2h_4$$

$$=2\pi r^2b+2\pi brh_4+\pi(4b^2r+b^2h_4+2b^3),$$

因为 $b\ll r$,故 $2\pi b^3$ 可以忽略.则易拉罐正圆柱所用的材料体积为

$$A_{圆柱}\approx2\pi r^2b+2\pi brh_4+\pi(4b^2r+b^2h_4),$$

易拉罐的总材料体积为

$$A=A_{圆台}+A_{圆柱}\approx\pi bh_1(r+r_1+b)+2\pi b^2(r+r_1)+\frac{2b}{3}\pi(r^2+rr_1+r_1^2)$$

$$+2\pi r^2b+2\pi brh_4+\pi(4b^2r+b^2h_4).$$

建立以下的数学模型:

$$\text{Min } A=\pi bh_1(r+r_1+b)+2\pi b^2(r+r_1)+\frac{2b}{3}\pi(r^2+rr_1+r_1^2)$$

$$+2\pi r^2b+2\pi brh_4+\pi(4b^2r+b^2h_4),$$

$$\text{s.t.}\begin{cases}V=\frac{1}{3}(\pi r_1^2+\pi r^2+\pi r_1r)h_1+\pi r^2h_4,\\h>h_1,\\r>r_1,\\V=355\,000,\ b=0.15.\end{cases}$$

利用数学软件算得

$$\begin{cases}A_{\min}=5\,206.095,\\r_1=29.838\,83,\\r=30.571\,85,\\h_1=0.367\,414\,5,\\h=120.914\,8.\end{cases}$$

考虑到计算中的误差和 $h_1\ll h$,显然,易拉罐的形状接近正圆柱体.也就是说在容积相同的情况下,正圆柱体形的易拉罐要比上面部分是正圆台、下面部分是正圆柱体的易拉罐

省材料,但是问题要求设计的上面部分是正圆台的易拉罐,因此需要进一步加以改进.

任务三　逐步逼近真实的易拉罐形状

[任务描述]　利用所测量的易拉罐的形状与尺寸,发挥个人的洞察力和想象力,做出自己的关于易拉罐形状和尺寸的最优设计.

[任务分析]　可以从经济角度、耐压性、美学角度和实用性这四个方面出发建立关于材料最省的优化模型.

(1)从经济角度考虑,把材料最省的制罐用材总体积作为目标函数.

(2)从易拉罐的耐压性考虑,要求上下底面比侧面厚,在这种形状下 $b_1=b_2=2b$.根据力学原理,把底盖设计成一种拱形结构,拱形结构优点是:载重负荷大,节省材料,自重小,因此同种材料,它的强度要比没有拱形结构时大.

(3)从美学角度考虑,当易拉罐的底面直径与高之比符合黄金分割法时,视觉效果最佳,这时 $2r:h=0.618$.

(4)从实用性考虑,要求易拉罐便于叠加放置,即顶盖的半径比底盖的半径大.由于接缝折边技术的限制,接缝折边厚度为 $3\ mm$ 左右,即 $r_1-r_2=3\ mm$.

通过上述分析,由此建立目标函数

$$\text{Min}\ A(r,h)=2\pi r(h-h_1-h_2)b+2\pi r_1^2 b+\pi b(r_1+r)\sqrt{(r-r_1)^2+h_1^2}$$
$$+\pi b(r_2+r)\sqrt{(r-r_2)^2+h_2^2}+2\pi b(r_2^2-h_3^2),$$

$$\text{s.t.}\begin{cases}V=\dfrac{1}{3}\pi(r_1^2+r^2+rr_1)h_1+\pi r^2(h-h_1-h_2)+\dfrac{1}{3}\pi(r_2^2+r^2+rr_2)h_2-\dfrac{1}{6}\pi h_3(3r_2^2+h_3^2),\\ b=0.15,\\ V=355\ 000,\\ r_1-r_2=3,\\ 2r:h=0.618.\end{cases}$$

利用数学软件算得

$$\begin{cases}A_{\min}=60\ 351.81,\\ r=32.523\ 90,\\ h=116.845\ 4,\\ h_1=10.721\ 01,\\ h_2=7.180\ 04,\\ r_1=30.523\ 90,\\ r_2=27.523\ 90,\\ h_3=9.852\ 30.\end{cases}$$

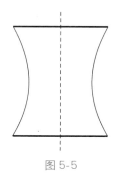

图 5-5

拓展思考:除了以上考虑到的因素,再考虑环保的问题:喝完之后的易拉罐要求便于回收,并且回收之后尽可能的减少储存空间(易于将易拉罐压扁),可以考虑如图 5-5 所示的设计模式,试分析如何设计这种模式,使得满足上面的要求.

 数学知识

一、面积和体积计算公式

常见图形的面积和体积计算公式见表 5-2.

表 5-2

名　称	图　形	计算公式
圆柱的侧面积		$S = 2\pi Rh$
圆柱的体积		$V = \pi R^2 h$
椎体的体积		$V = \dfrac{\pi R^2 h}{3}$
圆台的体积公式		$V = \dfrac{\pi h}{3}(R^2 + Rr + r^2)$

二、多元函数

(一) 多元函数的概念

学习目标：

● 理解多元函数的概念.

● 会求二元函数的定义域.

● 能计算常见二元函数的极限.

知识导图：

1. 多元函数的基本概念

在生产实践和科学试验中，所研究的问题常常包含多种因素，它反映到数学上是一个变量依赖于多个变量的问题，这就是多元函数.

例 1 矩形的面积 S 与它的长 x、宽 y 之间的关系为 $S=xy$，其中，面积 S 是随 x、y 的变化而变化的，当 x、y 在一定范围内取定一对值时，S 的值就随之唯一确定.

例 2 长方体的体积 V 与它的长 x、宽 y、高 z 之间的关系为 $V=xyz$，其中，体积 V 是随 x、y 和 z 的变化而变化的，当 x、y 和 z 在一定范围内取定一对值时，V 的值也就随之唯一确定.

以上两例代表的具体意义虽然不同，但它们具有共性，即对于某一范围内的一组数，按照某种对应规律，都有唯一确定的数值与之对应.

定义 设有三个变量 x、y、z，如果当变量 x、y 在一定范围内任意取定一组值时，变量 z 按照一定的规律，总有唯一确定的值与之对应，则称变量 z 为变量 x、y 的**二元函数**，记为

$$z=f(x，y) \text{ 或 } z=z(x，y)，$$

式中变量 x 和 y 称为**自变量**，而变量 z 称为**因变量**；自变量 x 和 y 的变化范围称为**二元函数 z 的定义域**.

类似地，可以定义三元函数（如 $u=f(x，y，z)$）及三元以上的函数.二元及二元以上的函数统称为**多元函数**.

求二元函数定义域的方法与一元函数类似：对于用解析式 $z=f(x，y)$ 表达的二元函数，能使这个解析式有确定值的自变量 x、y 的变化范围就是这个函数的定义域.例如，函数 $z=\sqrt{x+y}$ 只在 $x+y \geqslant 0$ 时有定义.它的定义域是位于直线 $y=-x$ 上方的半平面且包括这条直线.

例 3 求函数 $z=\dfrac{\sqrt{2x+y}}{x-2y}+\ln(x^2-y)$ 的定义域.

解 要使函数有意义，须有 $\begin{cases} x-2y \neq 0， \\ 2x+y \geqslant 0， \\ x^2-y > 0， \end{cases}$

所以函数的定义域为：$\{(x, y)|x-2y\neq 0\ 且\ 2x+y\geqslant 0\ 且\ x^2-y>0\}$.

2. 二元函数的极限

仿照一元函数的极限，我们来讨论当自变量 $x\to x_0$，$y\to y_0$，即 $P(x, y)\to P_0(x_0, y_0)$ 时，二元函数 $f(x, y)$ 的极限.

定义　设函数 $z=f(x, y)$ 在点 $P_0(x_0, y_0)$ 的附近有定义（点 P_0 可除外），点 $P(x, y)$ 是点 $P_0(x_0, y_0)$ 附近异于 P_0 的任意一点，如果当点 P 以任意方式趋近于点 P_0 时，函数 $f(x, y)$ 都无限地接近于一个确定的常数 A，则称 A 为函数 $z=f(x, y)$ 当 $x\to x_0$，$y\to y_0$ 时的极限，记为 $\lim\limits_{\substack{x\to x_0\\y\to y_0}}f(x, y)=A$ 或 $\lim\limits_{(x, y)\to(x_0, y_0)}f(x, y)=A$，也可记为 $\lim\limits_{P\to P_0}f(P)=A$.

上述定义的二元函数的极限也称**二重极限**. 二重极限是一元函数极限的推广，有关一元函数极限的运算法则和定理，都可以类似地推广到二元函数的极限中.

根据定义，二元函数的极限存在，是指 $P(x, y)$ 以任意方式趋近于点 $P_0(x_0, y_0)$ 时，函数值都无限接近于某一确定值 A. 因此，如果 $P(x, y)$ 以某一特定方式（如沿着一条定直线或定曲线）趋近于 $P_0(x_0, y_0)$ 时，即使函数无限接近于某一确定值，也不能断言函数此时的极限存在. 而如果当 $P(x, y)$ 以不同方式趋近于 $P_0(x_0, y_0)$ 时，函数无限接近的值不同，则可断言函数的极限不存在.

例 4　求 $f(x, y)=\dfrac{\sin(xy)}{xy}$，当 $(x, y)\to(0, 0)$ 时的极限.

解　函数 $f(x, y)$ 在点 $(0, 0)$ 处没有定义，记 $v=xy$，当 $x\to 0$、$y\to 0$ 时，$v\to 0$，于是

$$\lim\limits_{\substack{x\to 0\\y\to 0}}f(x, y)=\lim\limits_{v\to 0}\frac{\sin v}{v}=1.$$

例 4 说明：在求二元函数的极限时，如果能够通过把函数的某个部分看成一个整体，将二元函数极限问题转化为一元函数极限问题，可以先转化再计算.

例 5　计算极限 $\lim\limits_{\substack{x\to 0\\y\to 0}}\dfrac{xy}{\sqrt{xy+1}-1}$.

解　$\lim\limits_{\substack{x\to 0\\y\to 0}}\dfrac{xy}{\sqrt{xy+1}-1}=\lim\limits_{\substack{x\to 0\\y\to 0}}\dfrac{xy(\sqrt{xy+1}+1)}{(\sqrt{xy+1}-1)(\sqrt{xy+1}+1)}=\lim\limits_{\substack{x\to 0\\y\to 0}}(\sqrt{xy+1}+1)=2.$

例 6　判断极限 $\lim\limits_{\substack{x\to 0\\y\to 0}}\dfrac{2x-y}{2x+y}$ 是否存在，为什么？

解　因为当点 $P(x, y)$ 沿直线 $y=x$ 趋近于点 $(0, 0)$ 时，有

$$\lim\limits_{\substack{x\to 0\\y\to 0}}\frac{2x-y}{2x+y}=\lim\limits_{\substack{x\to 0\\y=x}}\frac{2x-x}{2x+x}=\frac{1}{3},$$

而当点 $P(x, y)$ 沿直线 $y=0$ 趋近于点 $(0, 0)$ 时，有

$$\lim\limits_{\substack{x\to 0\\y\to 0}}\frac{2x-y}{2x+y}=\lim\limits_{\substack{x\to 0\\y=0}}\frac{2x-0}{2x+0}=1,$$

由 $\dfrac{1}{3}\neq 1$ 知，极限 $\lim\limits_{\substack{x\to 0\\y\to 0}}\dfrac{x-y}{x+y}$ 不存在.

思考：例 6 中我们考察了点 $P(x, y)$ 沿直线 $y=x$ 和 $y=0$ 趋近于点 $(0, 0)$，为什么可以这样找？还有其他的找法吗？

3. 二元函数的连续性

定义　设函数 $z=f(x,y)$ 在点 $P_0(x_0,y_0)$ 及其附近有定义，$P(x,y)$ 是点 $P_0(x_0,y_0)$ 附近的任意一点，如果

$$\lim_{\substack{x\to x_0\\y\to y_0}}f(x,y)=f(x_0,y_0)\quad 或\quad \lim_{P\to P_0}f(P)=f(P_0),$$

则称函数 $z=f(x,y)$ 在点 P_0 处连续，否则称 $f(x,y)$ 在点 P_0 处间断.

例如：二元函数 $f(x,y)=x+2y$ 在点 $(1,1)$ 处连续.

如果 $f(x,y)$ 在区域 D 内的每一点都连续，那么就称 $f(x,y)$ 在区域 D 内连续.与一元函数类似，二元连续函数的和、差、积、商(分母不为零)及复合函数在其定义区域内仍是连续的.

习题

A 组

1. 设 $f(x,y)=xy+\dfrac{x}{y}$，求 $f\left(\dfrac{1}{2},\dfrac{1}{3}\right)$.

2. 已知 $f\left(x+y,\dfrac{y}{x}\right)=x^2-y^2$，求 $f(x,y)$.

3. 求下列函数的定义域.

　(1) $f(x,y)=\dfrac{\arcsin x}{\sqrt{y}}$；

　(2) $f(x,y)=\ln(x+y)$；

　(3) $f(x,y)=\dfrac{1}{\sqrt{x+y}}-\dfrac{1}{\sqrt{x-y}}$；

　(4) $f(x,y)=\dfrac{\sqrt{4x-y^2}}{\ln(1-x^2-y^2)}$.

4. 求下列极限，若不存在，说明理由.

　(1) $\displaystyle\lim_{\substack{x\to 1\\y\to 1}}\dfrac{1-xy}{x^2+2y}$；

　(2) $\displaystyle\lim_{\substack{x\to 0\\y\to 0}}\dfrac{\sin(x^2-y^2)}{x-y}$；

　(3) $\displaystyle\lim_{\substack{x\to 0\\y\to 0}}\dfrac{xy}{\sqrt{4+xy}-2}$；

　(4) $\displaystyle\lim_{\substack{x\to 0\\y\to 0}}\dfrac{x-y}{x+y}$.

B 组

1. 设 $f(x,y)=|xy|+\dfrac{y}{x}$，求 $f(-1,2)$.

2. 求函数 $f(x,y)=\arcsin\left(\dfrac{x^2+y^2}{4}\right)+\ln(x^2+y^2)$ 的定义域.

3. 指出下列二元函数的间断点或间断线.

　(1) $f(x,y)=\dfrac{1}{x^2+y^2}$；

　(2) $f(x,y)=\dfrac{1}{x^2-y^2}$.

4. 试指出一元函数极限与二重极限的异同之处.

5. 当变点 (x,y) 以无穷多种方式趋向点 (x_0,y_0) 时，$f(x,y)$ 都趋向于 A，则 $\displaystyle\lim_{\substack{x\to x_0\\y\to y_0}}f(x,y)=A$. 上面的叙述是否正确，为什么？

（二）偏导数和全微分

学习目标：

● 理解偏导数和全微分的概念.

● 会求多元函数的偏导数与全微分.

● 熟悉全微分在近似计算中的应用.

知识导图：

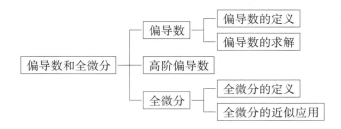

1. 偏导数

多元函数中,当某一自变量在变化,而其他自变量不变化（视为常数）时,函数关于这个自变量的变化率叫做**多元函数对这个自变量的偏导数**.这里仅介绍二元函数偏导数的定义,三元及三元以上函数的偏导数可以类似得出.

定义　设函数 $z=f(x,y)$ 在点 (x_0,y_0) 的附近有定义,当 y 固定在 y_0 且 x 在 x_0 处有增量 Δx 时,相应地函数有增量（称为**对 x 的偏增量**）

$$\Delta_x z = f(x_0+\Delta x, y_0) - f(x_0, y_0),$$

如果极限

$$\lim_{\Delta x \to 0} \frac{\Delta_x z}{\Delta x} = \lim_{\Delta x \to 0} \frac{f(x_0+\Delta x, y_0) - f(x_0, y_0)}{\Delta x}$$

存在,则称此极限值为**函数 $z=f(x,y)$ 在点 (x_0,y_0) 处对 x 的偏导数**,记为

$$\frac{\partial z}{\partial x}\bigg|_{\substack{x=x_0 \\ y=y_0}}, \quad f_x(x_0, y_0) \text{ 或 } z_x\big|_{\substack{x=x_0 \\ y=y_0}},$$

即

$$\frac{\partial z}{\partial x}\bigg|_{\substack{x=x_0 \\ y=y_0}} = \lim_{\Delta x \to 0} \frac{f(x_0+\Delta x, y_0) - f(x_0, y_0)}{\Delta x}.$$

类似地,函数 $z=f(x,y)$ 在点 (x_0,y_0) 处对 y 的偏导数定义为

$$\lim_{\Delta y \to 0} \frac{\Delta_y z}{\Delta y} = \lim_{\Delta y \to 0} \frac{f(x_0, y_0+\Delta y) - f(x_0, y_0)}{\Delta y},$$

记为

$$\frac{\partial z}{\partial y}\bigg|_{\substack{x=x_0 \\ y=y_0}}, \quad f_y(x_0, y_0) \text{ 或 } z_y\big|_{\substack{x=x_0 \\ y=y_0}}.$$

我们这里用符号 ∂ 代替 d,以区别于一元函数的导数.

如果函数 $z=f(x,y)$ 在区域 D 内每一点 (x,y) 处对 x 的偏导数都存在,则这个偏导数仍然是 x,y 的函数,称为**函数 $z=f(x,y)$ 对自变量 x 的偏导函数**,记为

$$\frac{\partial z}{\partial x} \quad 或 \quad f_x(x, y) \quad 或 \quad z_x.$$

类似地,可以定义函数 $z = f(x, y)$ 对自变量 y 的偏导函数,记为

$$\frac{\partial z}{\partial y} \quad 或 \quad f_y(x, y) \quad 或 \quad z_y.$$

类似一元函数的导函数,我们以后在不至于混淆的地方也把偏导函数简称为偏导数.

应当指出,在一元函数 $y = f(x)$ 中,导数 $\frac{dy}{dx}$ 可看作函数的微分 dy 与自变量微分 dx 之商,但对二元函数 $z = f(x, y)$(多元函数)来说,$\frac{\partial z}{\partial x}$、$\frac{\partial z}{\partial y}$ 是一个整体记号,不能看作分子与分母之商.

由偏导数的定义可知,在求多元函数对某一个自变量的偏导数时,只需将其他自变量看成常数,用一元函数求导方法即可求得偏导数.

例1 求二元函数 $z = xy^2 + y\cos x^2$ 的偏导数.

解 对 x 求偏导数,把 y 看作常数,得 $\frac{\partial z}{\partial x} = y^2 - 2xy\sin x^2$.

对 y 求偏导数,把 x 看作常数,得 $\frac{\partial z}{\partial y} = 2xy + \cos x^2$.

例2 求二元函数 $z = x^3 - xy + y^3$ 在点 $(0, 1)$ 处的偏导数.

解 由于

$$\frac{\partial z}{\partial x} = 3x^2 - y, \quad \frac{\partial z}{\partial y} = -x + 3y^2,$$

在点 $(0, 1)$ 处,将 $x = 0$,$y = 1$ 代入上式,得

$$f_x(0, 1) = \frac{\partial z}{\partial x}\bigg|_{\substack{x=0 \\ y=1}} = -1, \quad f_y(0, 1) = \frac{\partial z}{\partial y}\bigg|_{\substack{x=0 \\ y=1}} = 3.$$

2. 高阶偏导数

如果二元函数 $z = f(x, y)$ 的偏导数 $f_x(x, y)$、$f_y(x, y)$ 的偏导数存在,那么它们的偏导数称为**函数 $z = f(x, y)$ 的二阶偏导数**.相对于二阶偏导数,称 $f_x(x, y)$、$f_y(x, y)$ 为**一阶偏导数**.依照对变量求导数的次序不同,有下列四个二阶偏导数.

$$\frac{\partial}{\partial x}\left(\frac{\partial z}{\partial x}\right) = \frac{\partial^2 z}{\partial x^2} = f_{xx}(x, y) = z_{xx}, \quad \frac{\partial}{\partial y}\left(\frac{\partial z}{\partial x}\right) = \frac{\partial^2 z}{\partial x \partial y} = f_{xy}(x, y) = z_{xy},$$

$$\frac{\partial}{\partial x}\left(\frac{\partial z}{\partial y}\right) = \frac{\partial^2 z}{\partial y \partial x} = f_{yx}(x, y) = z_{yx}, \quad \frac{\partial}{\partial y}\left(\frac{\partial z}{\partial y}\right) = \frac{\partial^2 z}{\partial y^2} = f_{yy}(x, y) = z_{yy}.$$

其中 $f_{xy}(x, y)$、$f_{yx}(x, y)$ 称为**混合偏导数**.这里 $f_{xy}(x, y)$ 与 $f_{yx}(x, y)$ 的区别在于前一个是先对 x 后对 y 求偏导,而后一个是先对 y 后对 x 求偏导.

可以证明:当 $f_{xy}(x, y)$ 与 $f_{yx}(x, y)$ 都连续时,求偏导的结果与先后次序无关,即

$$f_{xy}(x, y) = f_{yx}(x, y).$$

类似地,可以定义三阶、四阶、……、n 阶偏导数.二阶及二阶以上的偏导数称为**高阶偏**

导数.

例 3 求二元函数 $z = e^x \cos y$ 的二阶偏导数.

解 先求一阶偏导数,得

$$\frac{\partial z}{\partial x} = e^x \cos y, \quad \frac{\partial z}{\partial y} = -e^x \sin y,$$

再求二阶偏导数,得

$$\frac{\partial^2 z}{\partial x^2} = e^x \cos y, \quad \frac{\partial^2 z}{\partial x \partial y} = \frac{\partial^2 z}{\partial y \partial x} = -e^x \sin y, \quad \frac{\partial^2 z}{\partial y^2} = -e^x \cos y.$$

说明:在求二元函数的偏导数时,我们容易发现:二元函数的一阶偏导数有 2 个,二阶偏导数有 4 个,三阶偏导数有 8 个,……,n 阶偏导数有 2^n 个.

3. 全微分

在一元函数微分学中,函数 $y = f(x)$ 的微分 $dy = f'(x)dx$,并且当自变量 x 的改变量 $\Delta x \to 0$ 时,函数相应的改变量 Δy 与 dy 的差是比 Δx 高阶的无穷小量.这一结论可以推广到二元函数的情形.

例如,设 z 表示长和宽分别为 x、y 的矩形面积,即 $z = xy$.如果长 x 与宽 y 分别取得增量 Δx 与 Δy,则面积 z 相应地有全增量

$$\Delta z = (x + \Delta x)(y + \Delta y) - xy = y\Delta x + x\Delta y + \Delta x \Delta y.$$

上式中,$y\Delta x + x\Delta y$ 是关于 Δx,Δy 的线性函数,而当 $\Delta x \to 0$,$\Delta y \to 0$,$|\Delta x \Delta y|$ 是一个很小的量时,或者说当 $\rho = \sqrt{(\Delta x)^2 + (\Delta y)^2} \to 0$ 时,$\Delta x \Delta y$ 是 ρ 的高阶无穷小量,故可忽略 $\Delta x \Delta y$,而用 $y\Delta x + x\Delta y$ 近似地表示 Δz,我们把 $y\Delta x + x\Delta y$ 称为 z 的微分,记为 dz,即

$$dz = y\Delta x + x\Delta y$$

定义 设函数 $z = f(x, y)$ 对于自变量 x、y 在点 $P(x, y)$ 处各自有一个很小的改变量 Δx、Δy,相应的函数有一个**全增量**

$$\Delta z = A\Delta x + B\Delta y + o(\rho) \quad (\rho = \sqrt{(\Delta x)^2 + (\Delta y)^2}).$$

其中 A、B 是与 Δx、Δy 无关,仅与 x、y 有关的函数或常数,而 $o(\rho)$ 是比 ρ 高阶的无穷小量,则称**函数 $z = f(x, y)$ 在点 $P(x, y)$ 处可微**,且 $A\Delta x + B\Delta y$ 称为**函数在点 $P(x, y)$ 处的全微分**,记为 dz 或 $df(x, y)$.即

$$dz = df(x, y) = A\Delta x + B\Delta y.$$

可以证明:如果函数 $z = f(x, y)$ 在点 $P(x, y)$ 的某一邻域内有连续偏导数 $f_x(x, y)$ 和 $f_y(x, y)$,则函数 $z = f(x, y)$ 在点 $P(x, y)$ 处可微,并且

$$dz = f_x(x, y)dx + f_y(x, y)dy.$$

类似地,二元函数的全微分可以推广到三元以及三元以上的函数.

例 4 求函数 $z = x^2 y - xy^2$ 的全微分.

解 因为

$$\frac{\partial z}{\partial x} = 2xy - y^2, \quad \frac{\partial z}{\partial y} = x^2 - 2xy,$$

所以
$$\mathrm{d}z=(2xy-y^2)\mathrm{d}x+(x^2-2xy)\mathrm{d}y.$$

例 5 计算函数 $z=(x+y)\mathrm{e}^{xy}$ 在点 $(1,2)$ 处的全微分.

解
$$\frac{\partial z}{\partial x}=\mathrm{e}^{xy}+y(x+y)\mathrm{e}^{xy}=(1+xy+y^2)\mathrm{e}^{xy},\quad \frac{\partial z}{\partial x}\bigg|_{\substack{x=1\\y=2}}=7\mathrm{e}^2,$$
$$\frac{\partial z}{\partial y}=\mathrm{e}^{xy}+x(x+y)\mathrm{e}^{xy}=(1+xy+x^2)\mathrm{e}^{xy},\quad \frac{\partial z}{\partial y}\bigg|_{\substack{x=1\\y=2}}=4\mathrm{e}^2,$$

所以
$$\mathrm{d}z\big|_{(1,2)}=7\mathrm{e}^2\mathrm{d}x+4\mathrm{e}^2\mathrm{d}y.$$

由全微分的定义可知:如果二元函数 $z=f(x,y)$ 在 x_0、y_0 分别取得增量 Δx 与 Δy,相应地,z 有全增量

$$\Delta z=f(x_0+\Delta x,y_0+\Delta y)-f(x_0,y_0)\approx f_x(x_0,y_0)\Delta x+f_y(x_0,y_0)\Delta y,$$

即

$$f(x_0+\Delta x,y_0+\Delta y)\approx f(x_0,y_0)+f_x(x_0,y_0)\Delta x+f_y(x_0,y_0)\Delta y.$$

这一结论在近似计算中有一定的应用.

例 6 求 $(0.98)^{0.99}$ 的近似值.

分析 在解决这类问题时,首先要根据已知条件构造一个相应的二元函数,然后再求解.

解 设函数 $f(x,y)=x^y$,并取 $x_0=1$,$y_0=1$,$\Delta x=-0.02$,$\Delta y=-0.01$.

又因为

$$f_x(x,y)=yx^{y-1},\quad f_y(x,y)=x^y\ln x,$$

则

$$f_x(1,1)=1,\quad f_y(1,1)=0,\quad f(1,1)=1,$$

所以

$$(0.98)^{0.99}=f(1-0.02,1-0.01)\approx f(1,1)+f_x(1,1)\Delta x+f_y(1,1)\Delta y=1-0.02=0.98.$$

习题

A 组

1. 求下列函数的偏导数 $\dfrac{\partial z}{\partial x}$ 和 $\dfrac{\partial z}{\partial y}$.

　(1) $z=\sin(x+2y)$;　　　　　　(2) $z=y^2\cos x$;

　(3) $z=\dfrac{x+y}{x-y}$;　　　　　　　(4) $z=(1+x)^y(x>-1)$.

2. 求下列函数的二阶偏导数 $\dfrac{\partial^2 z}{\partial x^2}$,$\dfrac{\partial^2 z}{\partial x\partial y}$ 和 $\dfrac{\partial^2 z}{\partial y^2}$.

　(1) $z=x^4+xy^4-2y$;　　　　　(2) $z=\sin(ax+by)$(其中 a,b 为常数);

　(3) $z=y\ln(x+y)$;　　　　　　(4) $z=\mathrm{e}^x\cos(x+y)$.

3. 设 $f(x, y) = xy + \dfrac{x}{x^2 + y^2}$，求 $f_x(0, 1)$，$f_y(0, 1)$.

4. 求下列函数的全微分.

    (1) $z = xy + \dfrac{y}{x}$；

    (2) $u = \mathrm{e}^{xyz}$.

5. 求下列函数在指定点的全微分：

    (1) $z = \mathrm{e}^{2x+y}$ 在点 $(1, 1)$ 处；

    (2) $z = \dfrac{y}{\sqrt{x^2 + y^2}}$ 在点 $(0, 1)$ 和 $(1, 0)$ 处.

6. 设 $z = x^3 y^3 - 2xy + 1$，求它在点 $(1, 2)$，当 $\Delta x = 0.1$，$\Delta y = -0.1$ 时的全增量和全微分.

B 组

1. 设 $f(x+y, x-y) = x^2 - y^2$，求 $f_x(x, y)$，$f_y(x, y)$.

2. 设 $f(x, y, z) = \ln(xy - z)$，求 $f_x(1, 2, 1)$，$f_y(1, 2, 1)$，$f_z(1, 2, 1)$.

3. 验证函数 $z = \ln\sqrt{x^2 + y^2}$ 满足拉普拉斯方程

$$\frac{\partial^2 z}{\partial x^2} + \frac{\partial^2 z}{\partial y^2} = 0.$$

4. 利用全微分的知识求 $(1.02)^{2.02}$ 的近似值.

（三）多元复合函数的求导法则

学习目标：

- 熟练掌握多元复合函数的求导法则.
- 会求多元复合函数的偏导数.

知识导图：

多元复合函数的求导法则是一元复合函数的求导法则的推广. 下面先就二元函数的复合函数进行讨论.

设函数 $z = f(u, v)$，$u = \varphi(x, y)$，$v = \phi(x, y)$ 复合为 x、y 的函数 $z = f[\varphi(x, y), \phi(x, y)]$. 我们给出如下一个类似于一元函数那样的复合函数的求导公式.

    定理 如果函数 $u = \varphi(x, y)$，$v = \phi(x, y)$ 在点 (x, y) 处有偏导数，函数 $z = f(u, v)$ 在对应的点 (u, v) 处有连续偏导数，则复合函数 $z = f[\varphi(x, y), \phi(x, y)]$ 在点 (x, y) 处有对 x 和 y 的偏导数，且

$$\frac{\partial z}{\partial x} = \frac{\partial z}{\partial u} \cdot \frac{\partial u}{\partial x} + \frac{\partial z}{\partial v} \cdot \frac{\partial v}{\partial x},$$

$$\frac{\partial z}{\partial y} = \frac{\partial z}{\partial u} \cdot \frac{\partial u}{\partial y} + \frac{\partial z}{\partial v} \cdot \frac{\partial v}{\partial y}.$$

这个公式称为**求复合函数偏导数的链式法则**.

上述**变量关系图像**一根链子,它将变量间的相互依赖关系形象地展示出来.复合函数偏导数的链式法则,可简单地概括为"连线相乘,分线相加",即对某个变量求导,就是沿着至该变量的各条线路分别求导,并把结果相加.例如,求$\dfrac{\partial z}{\partial x}$,可沿第一条线路对 x 求导,再沿第二条线路对 x 求导,最后把两个结果相加.

当沿第一条线路对 x 求导,相当于把 v,y 分别视为常量,z 就成了 u 的函数,而 u 又是 x 的函数,求导结果自然是 $\dfrac{\partial z}{\partial u}\cdot\dfrac{\partial u}{\partial x}$(这与一元复合函数求导法则很类似);当沿第二条线路对 x 求导,相当于把 u,y 分别视为常量,z 就成了 v 的函数,而 v 又是 x 的函数,求导结果自然是 $\dfrac{\partial z}{\partial v}\cdot\dfrac{\partial v}{\partial x}$.

例1　设 $z=\mathrm{e}^{u}\sin v$,而 $u=xy$,$v=x+y$,求 $\dfrac{\partial z}{\partial x}$ 和 $\dfrac{\partial z}{\partial y}$.

解　$\dfrac{\partial z}{\partial x}=\dfrac{\partial z}{\partial u}\cdot\dfrac{\partial u}{\partial x}+\dfrac{\partial z}{\partial v}\cdot\dfrac{\partial v}{\partial x}=\mathrm{e}^{u}\sin v\cdot y+\mathrm{e}^{u}\cos v\cdot 1$

$\qquad\qquad =\mathrm{e}^{xy}[y\sin(x+y)+\cos(x+y)]$,

$\qquad\dfrac{\partial z}{\partial y}=\dfrac{\partial z}{\partial u}\cdot\dfrac{\partial u}{\partial y}+\dfrac{\partial z}{\partial v}\cdot\dfrac{\partial v}{\partial y}=\mathrm{e}^{u}\sin v\cdot x+\mathrm{e}^{u}\cos v\cdot 1$

$\qquad\qquad =\mathrm{e}^{xy}[x\sin(x+y)+\cos(x+y)]$

链式法则及变量关系图方法可以推广到中间变量或自变量不是两个的情形.

例如,设 $z=f(u,v,\omega)$ 具有连续偏导数,且 $u=\varphi(x,y)$、$v=\phi(x,y)$、$w=\omega(x,y)$ 都具有偏导数,则复合函数 $z=f(u,v,w)$ 有对自变量 x、y 的偏导数,且

$$\dfrac{\partial z}{\partial x}=\dfrac{\partial f}{\partial u}\cdot\dfrac{\partial u}{\partial x}+\dfrac{\partial f}{\partial v}\cdot\dfrac{\partial v}{\partial x}+\dfrac{\partial f}{\partial w}\cdot\dfrac{\partial w}{\partial x},$$

$$\dfrac{\partial z}{\partial y}=\dfrac{\partial f}{\partial u}\cdot\dfrac{\partial u}{\partial y}+\dfrac{\partial f}{\partial v}\cdot\dfrac{\partial v}{\partial y}+\dfrac{\partial f}{\partial w}\cdot\dfrac{\partial w}{\partial y}.$$

又如,只有一个中间变量的情形:

$$z=f(u,x,y),\quad u=\varphi(x,y),$$

它们都满足所需的条件,则复合函数 $z=f[\varphi(x,y),x,y]$ 有对自变量 x 和 y 的偏导数,且

$$\dfrac{\partial z}{\partial x}=\dfrac{\partial f}{\partial u}\cdot\dfrac{\partial u}{\partial x}+\dfrac{\partial f}{\partial x},$$

$$\dfrac{\partial z}{\partial y}=\dfrac{\partial f}{\partial u}\cdot\dfrac{\partial u}{\partial y}+\dfrac{\partial f}{\partial y}.$$

应当指出,这里 $\dfrac{\partial z}{\partial x}$ 与 $\dfrac{\partial f}{\partial x}$ 是不同的,$\dfrac{\partial z}{\partial x}$ 是把 $z=f[\varphi(x,y),x,y]$ 中的 y 看作常量而对 x 的偏导数,$\dfrac{\partial f}{\partial x}$ 是把 $f(u,x,y)$ 中的 u、y 看作常量而对 x 的偏导数.$\dfrac{\partial z}{\partial y}$ 与 $\dfrac{\partial f}{\partial y}$ 也有类似区别.

例2　设 $u=f(x,y,z)=2x^{2}+3y^{2}-z^{2}$,$z=x^{2}\sin y$,求 $\dfrac{\partial u}{\partial x}$,$\dfrac{\partial u}{\partial y}$.

解 $\dfrac{\partial u}{\partial x}=\dfrac{\partial f}{\partial z}\cdot\dfrac{\partial z}{\partial x}+\dfrac{\partial f}{\partial x}=-2z\cdot 2x\sin y+4x=-4x^3\sin^2 y+4x,$

$\dfrac{\partial u}{\partial y}=\dfrac{\partial f}{\partial z}\cdot\dfrac{\partial z}{\partial y}+\dfrac{\partial f}{\partial y}=-2z\cdot x^2\cos y+6y=-2x^4\sin y\cos y+6y.$

特别地,在只有一个自变量的情形下,有如下结论.

若设函数 $z=f(u,v,w)$ 且 $u=\varphi(t)$、$v=\phi(t)$、$w=\omega(t)$,则复合函数 $z=f[\varphi(t),\phi(t),\omega(t)]$ 是只有一个变量 t 的函数,这个复合函数对 t 的导数 $\dfrac{\mathrm{d}z}{\mathrm{d}t}$ 称为**全导数**.若所设各函数都满足所需要的条件,则全导数存在,并且

$$\dfrac{\mathrm{d}z}{\mathrm{d}t}=\dfrac{\partial f}{\partial u}\cdot\dfrac{\mathrm{d}u}{\mathrm{d}t}+\dfrac{\partial f}{\partial v}\cdot\dfrac{\mathrm{d}v}{\mathrm{d}t}+\dfrac{\partial f}{\partial\omega}\cdot\dfrac{\mathrm{d}w}{\mathrm{d}t}.$$

例3 设 $z=x^y$,而 $x=\mathrm{e}^t$,$y=\cos t$,求全导数 $\dfrac{\mathrm{d}z}{\mathrm{d}t}$.

解 $\dfrac{\mathrm{d}z}{\mathrm{d}t}=\dfrac{\partial z}{\partial x}\cdot\dfrac{\mathrm{d}x}{\mathrm{d}t}+\dfrac{\partial z}{\partial y}\cdot\dfrac{\mathrm{d}y}{\mathrm{d}t}$

$=yx^{y-1}\mathrm{e}^t+x^y\ln x\cdot(-\sin t)$

$=yx^{y-1}\mathrm{e}^t-x^y\sin t\ln x.$

例4 设 $z=x^3-\sqrt{y}$,$y=\sin x$,求全导数 $\dfrac{\mathrm{d}z}{\mathrm{d}x}$.

解 $\dfrac{\mathrm{d}z}{\mathrm{d}x}=\dfrac{\partial z}{\partial x}+\dfrac{\partial z}{\partial y}\cdot\dfrac{\mathrm{d}y}{\mathrm{d}x}=3x^2-\dfrac{1}{2\sqrt{y}}\cos x=3x^2-\dfrac{\cos x}{2\sqrt{\sin x}}.$

例5 设函数 $z=(x+2y)^{3x^2+y^2}$,求 $\dfrac{\partial z}{\partial x}$ 和 $\dfrac{\partial z}{\partial y}$.

解 设 $u=x+2y$,$v=3x^2+y^2$,则 $z=u^v$.由复合函数偏导数的链式法则有

$$\dfrac{\partial z}{\partial x}=\dfrac{\partial z}{\partial u}\cdot\dfrac{\partial u}{\partial x}+\dfrac{\partial z}{\partial v}\cdot\dfrac{\partial v}{\partial x}=vu^{v-1}\cdot 1+u^v\ln u\cdot 6x$$

$$=(3x^2+y^2)(x+2y)^{3x^2+y^2-1}+6x\,(x+2y)^{3x^2+y^2}\ln(x+2y),$$

$$\dfrac{\partial z}{\partial y}=\dfrac{\partial z}{\partial u}\cdot\dfrac{\partial u}{\partial y}+\dfrac{\partial z}{\partial v}\cdot\dfrac{\partial v}{\partial y}=vu^{v-1}\cdot 2+u^v\ln u\cdot 2y$$

$$=2(3x^2+y^2)(x+2y)^{3x^2+y^2-1}+2y\,(x+2y)^{3x^2+y^2}\ln(x+2y).$$

例6 设 $u=f(x^2-y^2,\mathrm{e}^{xy})$,且 f 具有一阶连续偏导数,求 $\dfrac{\partial u}{\partial x}$ 和 $\dfrac{\partial u}{\partial y}$.

解 设 $s=x^2-y^2$,$t=\mathrm{e}^{xy}$,则 $u=f(s,t)$.于是

$$\dfrac{\partial u}{\partial x}=\dfrac{\partial f}{\partial s}\cdot\dfrac{\partial s}{\partial x}+\dfrac{\partial f}{\partial t}\cdot\dfrac{\partial t}{\partial x}=2x\dfrac{\partial f}{\partial s}+y\mathrm{e}^{xy}\dfrac{\partial f}{\partial t},$$

$$\dfrac{\partial u}{\partial y}=\dfrac{\partial f}{\partial s}\cdot\dfrac{\partial s}{\partial y}+\dfrac{\partial f}{\partial t}\cdot\dfrac{\partial t}{\partial y}=-2y\dfrac{\partial f}{\partial s}+x\mathrm{e}^{xy}\dfrac{\partial f}{\partial t}.$$

例7 设 $f(x,y,z)=\mathrm{e}^x yz^2$,其中 $z=z(x,y)$ 由方程 $x+y+z-xyz=0$ 所确定,求 $f_x(0,1,-1)$.

解 $f(x,y,z)=\mathrm{e}^x yz^2$ 对 x 求偏导,并注意到 z 是由方程所确定的 x,y 的函

数,得

$$f_x[x, y, z(x, y)] = \mathrm{e}^x yz^2 + 2\mathrm{e}^x yz \cdot \frac{\partial z}{\partial x}. \qquad ①$$

下面求 $\dfrac{\partial z}{\partial x}$,由 $F(x, y, z) = x + y + z - xyz = 0$,两边同时对 x 求偏导并整理得

$$\frac{\partial z}{\partial x} = -\frac{1 - zy}{1 - yx},$$

代入①得

$$f_x[x, y, z(x, y)] = \mathrm{e}^x yz^2 - 2\mathrm{e}^x yz \cdot \frac{1 - zy}{1 - yx},$$

于是

$$f_x(0, 1, -1) = \mathrm{e}^0 \cdot 1 \cdot (-1)^2 - 2\mathrm{e}^0 \cdot 1 \cdot (-1) \cdot \frac{1 - 1 \cdot (-1)}{1 - 0 \cdot 1} = 5.$$

习题

A 组

1. 求下列复合函数的偏导数 $\dfrac{\partial z}{\partial x}$ 和 $\dfrac{\partial z}{\partial y}$.

   (1) $z = u^2 + v^2$,且 $u = 2x + y$,$v = 2x - y$;

   (2) $z = \mathrm{e}^u \sin v$,且 $u = x^2$,$v = \dfrac{y}{x}$;

   (3) $z = \arctan(2u + v)$,且 $u = x - y^2$,$v = x^2 y$.

2. 已知 $z = \sin(xy^2)$,求 $\dfrac{1}{y} \cdot \dfrac{\partial z}{\partial x} + \dfrac{1}{2x} \cdot \dfrac{\partial z}{\partial y}$.

3. 已知 $z = \mathrm{e}^{x-2y}$,而 $x = \sin t$,$y = t^2$,求 $\dfrac{\mathrm{d}z}{\mathrm{d}t}$.

4. 已知 $z = x^2 + \sqrt{y}$,$y = \sin x$,求 $\dfrac{\mathrm{d}z}{\mathrm{d}x}$.

5. 已知 $z = x^2 + y^2$,而 $y = y(x)$ 由方程 $\mathrm{e}^{xy} - y = 0$ 所确定,求 $\dfrac{\mathrm{d}z}{\mathrm{d}x}$.

B 组

1. 已知 $u = \mathrm{e}^{x^2+y^2+z^2}$,$z = x \sin y$,求 $\dfrac{\partial u}{\partial x}$ 和 $\dfrac{\partial u}{\partial y}$.

2. 已知 $z = (x^2 + y^2)^{xy}$,求 $\dfrac{\partial z}{\partial x}$ 和 $\dfrac{\partial z}{\partial y}$.

3. 设 $z = f(x + y, x^2 - y^2)$ 且 f 具有一阶连续偏导数,求 $\dfrac{\partial z}{\partial x}$ 和 $\dfrac{\partial z}{\partial y}$.

4. 设函数 $z = z(x, y)$ 由方程 $x^2 + y^3 - xyz^2 = 0$ 所确定,求 $\dfrac{\partial z}{\partial x}$ 和 $\dfrac{\partial z}{\partial y}$.

5. 若函数 $z = f(ax + by)$ 且 f 可微,求证:$b \dfrac{\partial z}{\partial x} - a \dfrac{\partial z}{\partial y} = 0$.

（四）多元函数的极值与最值

学习目标：

- 理解多元函数极值的概念.
- 会求二元函数的无条件极值.
- 会利用拉格朗日乘数法求解实际问题.

知识导图：

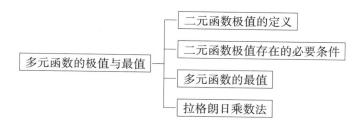

1. 二元函数极值的定义

定义　设二元函数 $z=f(x，y)$ 在点 $P_0(x_0，y_0)$ 及其附近有定义，并且对于点 $P_0(x_0，y_0)$ 附近的任意点 $P(x，y)$，如果总有

（1）$f(x，y)<f(x_0，y_0)$，则称函数在点 $(x_0，y_0)$ 处有**极大值** $f(x_0，y_0)$；

（2）$f(x，y)>f(x_0，y_0)$，则称**函数在点 $(x_0，y_0)$ 处有极小值 $f(x_0，y_0)$**.

极大值和极小值统称为**极值**.使函数取得极值的点称为**极值点**.

例如，函数 $z=\sqrt{a^2-x^2-y^2}(a>0)$ 在点 $(0，0)$ 处有极大值 $z=a$，如图 5-6a 所示，易见，点 $(0，0，a)$ 是半球 $z=\sqrt{a^2-x^2-y^2}$ 的最高点.

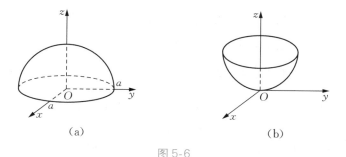

图 5-6

又如，函数 $z=x^2+y^2$ 在点 $(0，0)$ 的处有极小值，因为在点 $(0，0)$ 的附近且异于点 $(0，0)$ 的点函数值都为正，而点 $(0，0)$ 处函数值为零.从几何上看是显然的，因为点 $(0，0)$ 的是开口向上的旋转抛物面 $z=x^2+y^2$ 的顶点（图 5-6b）.

2. 二元函数极值存在的必要条件

定理（必要条件）　设二元函数 $z=f(x，y)$ 在点 $(x_0，y_0)$ 处可微，且在点 $(x_0，y_0)$ 处有极值，则

$$f_x(x_0，y_0)=0，\quad f_y(x_0，y_0)=0.$$

若点 $(x_0，y_0)$ 能使函数 $z=f(x，y)$ 的偏导数 $f_x(x，y)$、$f_y(x，y)$ 同时为零，则称点 $(x_0，y_0)$ 是函数 $z=f(x，y)$ 的**驻点**.可微函数的极值点必是驻点，但驻点不一定是极值点.

定理(充分条件) 设二元函数 $z=f(x,y)$ 在驻点 (x_0,y_0) 及其附近有一阶及二阶连续偏导数,若记 $A=f_{xx}(x_0,y_0)$,$B=f_{xy}(x_0,y_0)$,$C=f_{yy}(x_0,y_0)$,$\Delta=B^2-AC$,则 $f(x,y)$ 在 (x_0,y_0) 取得极值的条件见表 5-3:

表 5-3

$\Delta=B^2-AC$		$f(x_0,y_0)$
$\Delta<0$	$A<0$	极大值
	$A>0$	极小值
$\Delta>0$		不是极值
$\Delta=0$		需用其他方法判定

由上述两个定理知,求具有二阶连续偏导数的二元函数 $z=f(x,y)$ 的极值的步骤如下.

(1) 确定函数 $z=f(x,y)$ 的定义域 D;

(2) 求使 $f_x(x,y)=0$、$f_y(x,y)=0$ 同时成立的全部实数解,即得全部驻点;

(3) 对于每一个驻点 (x_0,y_0),求出二阶偏导数,即 A、B 和 C 的值;

(4) 根据极值存在的充分条件判定 $f(x_0,y_0)$ 是否是极值,是极大值还是极小值.

例 1 求函数 $f(x,y)=x^3-y^3+3x^2+3y^2-9x$ 的极值.

解 由方程组

$$\begin{cases} f_x(x,y)=3x^2+6x-9=0, \\ f_y(x,y)=-3y^2+6y=0, \end{cases}$$

求得驻点为 $(1,0)$、$(1,2)$、$(-3,0)$、$(-3,2)$.再求出二阶偏导数

$$f_{xx}(x,y)=6x+6,\ f_{xy}=0,\ f_{yy}=-6y+6.$$

在点 $(1,0)$ 处,$B^2-AC=-72<0$,又 $A>0$,所以函数在 $(1,0)$ 处有极小值 $f(1,0)=-5$;

在点 $(1,2)$ 处,$B^2-AC=72>0$,所以 $f(1,0)$ 不是极值;

在点 $(-3,0)$ 处,$B^2-AC=72>0$,所以 $f(-3,0)$ 不是极值;

在点 $(-3,2)$ 处,$B^2-AC=-72<0$,又 $A<0$,所以函数在 $(-3,2)$ 处有极大值 $f(-3,2)=31$.

综上所述,$f(x,y)$ 的极小值为 $f(1,0)=-5$,极大值为 $f(-3,2)=31$.

说明:讨论函数的极值问题时,如果函数在所讨论的区域内具有偏导数,则极值只可能在驻点处取得.然而,如果函数在个别点处的偏导数不存在,这些点虽然不是驻点,但也可能是极值点.例如函数 $z=-\sqrt{x^2+y^2}$ 在点 $(0,0)$ 处的偏导数不存在,但该函数在点 $(0,0)$ 却具有极大值.因此,考虑函数的极值问题时,除了考虑函数的驻点外,如果有偏导数不存在的点,那么对这些点也要进行讨论.

3. 多元函数的最值

与一元函数类似,求多元函数的最值的一般方法是:将函数 $f(x,y)$ 在 D 内的所有驻点及偏导数不存在的点处的函数值及在 D 的边界上的值相互比较,其中最大的就是最大值,最小的就是最小值.在实际问题中,如果根据问题本身,知道函数 $f(x,y)$ 一定在 D 上

有最大值或最小值,而该函数在 D 内只有一个驻点,那么该驻点处的函数值就是函数 $f(x,y)$ 在 D 上的最大值或最小值.

例 2 某公司通过电视台和报纸两种方式做产品销售广告,根据统计资料分析可知,销售收入 R(万元)、电视台广告费 x(万元)、报纸广告费 y(万元)之间有如下经验公式

$$R=15+14x+32y-8xy-2x^2-10y^2(x\geqslant 0,y\geqslant 0),$$

求在广告费不限的情况下,使收益最大的广告策略.

解 由于

$$R_x=14-8y-4x,\quad R_y=32-8x-20y,$$

由方程组

$$\begin{cases}R_x=14-8y-4x=0,\\R_y=32-8x-20y=0,\end{cases}$$

解得驻点 $\left(\dfrac{3}{2},1\right)$,又因为 $R_{xx}=-4$、$R_{xy}=-8$、$R_{yy}=-20$,所以

$$\Delta=(-8)^2-(-4)(-20)=-16<0.$$

由极值存在的充分条件可知,$\left(\dfrac{3}{2},1\right)$ 是极大值点,且驻点唯一,所以当电视台广告费为 $\dfrac{3}{2}$ 万元,报纸广告费为 1 万元时,可使收益最大.

上面所讨论的极值问题,对于函数的自变量,除了限制在函数的定义域内,并无其他条件,这类极值问题称为**无条件极值**.但在实际问题中,有时会遇到对函数的自变量还有附加条件的极值问题,这类极值问题称为**条件极值**.对于有些实际问题,可以把条件极值化为无条件极值.但在有些情形下,将条件极值化为无条件极值并不容易.此处介绍一种可以不必先把问题化为无条件极值,而是直接寻求条件极值的方法,这就是**拉格朗日乘数法**.

4. 拉格朗日乘数法

要找函数 $z=f(x,y)$ 在条件 $\varphi(x,y)=0$ 下的可能极值点,可首先构造辅助函数

$$F(x,y)=f(x,y)+\lambda\varphi(x,y),$$

其中,λ 为某一常数(称为**拉格朗日乘数**),然后求其对 x 和 y 的一阶偏导数,并使之为零,由方程组

$$\begin{cases}f_x(x,y)+\lambda\varphi_x(x,y)=0,\\f_y(x,y)+\lambda\varphi_y(x,y)=0,\\\varphi(x,y)=0,\end{cases}$$

消去 λ,解出 x、y,则得函数 $z=f(x,y)$ 的可能极值点的坐标.一般地,在实际问题中,若只有一个可能的极值点,则该点往往就是所求的最值点.

显然,这个方法容易推广到自变量不止两个的情形.

例 3 要构造一容积为 $4\ m^3$ 的无盖长方形水箱,问这水箱的长、宽、高各为多少时,所用材料最省?

解 设水箱底面长为 x, 宽为 y, 高为 z, 则表面积为

$$f(x, y, z) = xy + 2xz + 2yz,$$

因此, 该问题就是求函数 $f(x, y, z) = xy + 2xz + 2yz$ 在条件

$$xyz - 4 = 0$$

下的最小值. 于是, 作函数

$$F(x, y, z) = xy + 2xz + 2yz + \lambda(xyz - 4),$$

对其求偏导数并使之为零, 得

$$\begin{cases} y + 2z + \lambda yz = 0, \\ x + 2z + \lambda xz = 0, \\ 2x + 2y + \lambda xy = 0, \\ xyz - 4 = 0, \end{cases}$$

解得

$$x = 2, \quad y = 2, \quad z = 1.$$

以上结果说明有唯一的驻点 $(2, 2, 1)$. 根据题意, 最小值必存在, 所以水箱的长宽高分别为 $2\ \mathrm{m}$、$2\ \mathrm{m}$、$1\ \mathrm{m}$ 时, 用料最省, 最省用料为 $12\ \mathrm{m}^2$.

这个方法还可以推广到有多个约束条件的情形. 例如, 要求函数 $u = f(x, y, z)$ 在条件

$$g(x, y, z) = 0, \quad h(x, y, z) = 0$$

下的极值, 可先构造函数

$$F(x, y, z) = f(x, y, z) + \lambda_1 g(x, y, z) + \lambda_2 h(x, y, z),$$

其中, λ_1、λ_2 为常数, 求其一阶偏导数, 并使之为零, 然后再与 $g(x, y, z) = 0$、$h(x, y, z) = 0$ 联立求解, 消去 λ_1、λ_2, 解出 x、y、z, 即得可能极值点的坐标 (x, y, z), 最后根据题目本身判断是否为极值点或最值点.

习题

A 组

1. 求下列函数的极值.

   (1) $z = 4(x - y) - x^2 - y^2$;　　　　(2) $z = 3xy - x^3 - y^3$.

2. 求下列条件极值.

   (1) 求 $f(x, y) = xy$ 在条件 $2x + 3y - 6 = 0$ 下的极值;

   (2) 求 $f(x, y) = x + 2y$ 在条件 $x^2 + y^2 - 5 = 0$ 下的极值.

3. 求抛物线 $y = x^2$ 到直线 $x - y - 2 = 0$ 之间的最短距离.

4. 生产两种机床, 数量分别为 Q_1 和 Q_2, 总成本函数为 $C = Q_1^2 + 2Q_2^2 - Q_1 Q_2$, 若两种机床的总产量为 8 台, 要使成本最低, 两种机床各需生产多少台?

B组

1. 设某工厂生产甲产品的数量 $S(t)$ 与所用两种原料 A、B 的数量 x，$y(t)$ 之间有关系式 $S(x，y)=0.005x^2y$. 现准备向银行贷款 150 万元购买原料，已知 A、B 原料每吨价格分别为 1 万元和 2 万元，问怎样购进这两种原料，才能使生产的数量最多？

2. 用 m 元购买材料建造一宽与深(高)相同的长方体水池，已知四周的单位面积材料费为底面单位面积材料费的 1.2 倍，问水池长、宽、深各为多少时，才能使容积最大？最大容积是多少？

3. 如果函数 $z=f(x，y)$ 在 $\varphi(x，y)=0$ 的约束条件下，在点 $(x_0，y_0)$ 处取得条件极值，那么点 $(x_0，y_0)$ 是否一定是 $f(x，y)$ 的驻点？为什么？请举例说明.

三、二重积分的概念和性质

学习目标：
- 理解二重积分的概念.
- 掌握二重积分的性质.

知识导图：

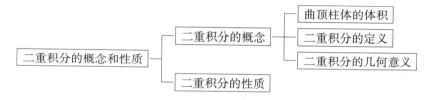

在一元函数积分学中，定积分是某种确定形式的极限，若被积函数由一元函数推广到多元函数，积分区间推广到区域、曲线或曲面上，便得到重积分、曲线积分和曲面积分，这就是多元函数积分学. 本书仅介绍二重积分的概念和性质.

1. 二重积分的概念

（1）曲顶柱体的体积

设在空间直角坐标系中有一由闭合曲面所组成的立体图形，它的底是 xOy 面上的有界区域 D（简称**区域**），它的侧面是以 D 的边界曲线为准线而母线平行于 z 轴的柱面，它的顶是曲面 $z=f(x，y)$，设 $f(x，y)\geqslant 0$ 且在 D 上连续，这种立体称为**曲顶柱体**.

我们知道，平顶柱体的体积可用公式

体积＝底面积×高

来计算. 但曲顶柱体的高度 $f(x，y)((x，y)\in D)$ 是个变量，它的体积不能直接用上述公式计算. 为了解决这个问题，我们用类似于定积分中求曲边梯形面积的方法来计算.

如图 5-7 所示，用一组曲线网格将区域 D 分成 n 个小区域：$\Delta\sigma_1$，$\Delta\sigma_2$，…，$\Delta\sigma_n$，并且用 $\Delta\sigma_i$ 表示第 i 个小区域 $\Delta\sigma_i$ 的面积，分别以这些小区域的边界为准线，作平行于 z 轴的柱面，这些柱面把原先的曲顶柱体分成

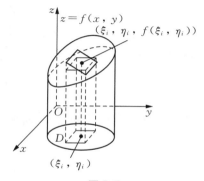

图 5-7

n 个小的曲顶柱体：ΔV_1，ΔV_2，$\cdots$，ΔV_n.

当这些小区域的直径（$\Delta\sigma_i$ 的直径为 $\Delta\sigma_i$ 中两点间距离的最大者）很小时,由于 $f(x,y)$ 连续,对同一个小区域来说,$f(x,y)$ 变化很小,这时可将小曲顶柱体近似地看作小平顶柱体.因此,在区域 $\Delta\sigma_i$ 中任取一点 (ξ_i,η_i),用以 $\Delta\sigma_i$ 为底,$f(\xi_i,\eta_i)$ 为高的小平顶柱体的体积近似地代替小曲顶柱体的体积 ΔV_i,即

$$\Delta V_i \approx f(\xi_i,\eta_i)\Delta\sigma_i(i=1,2,\cdots,n).$$

这 n 个小平顶柱体之和就是整个曲顶柱体体积 V 的近似值：

$$V=\sum_{i=1}^{n}\Delta V_i \approx \sum_{i=1}^{n}f(\xi_i,\eta_i)\Delta\sigma_i.$$

这 n 个小区域的直径中的最大值记为 λ,当 $\lambda\to0$ 时,就得到曲顶柱体体积的值

$$V=\lim_{\lambda\to0}\sum_{i=1}^{n}f(\xi_i,\eta_i)\Delta\sigma_i.$$

上述问题把所求量归结为了求和式的极限,在物理、力学、几何和工程技术中,许多物理量与几何量都可归结为这种和式的极限.

（2）二重积分的定义

定义　设 $f(x,y)$ 是闭区域 D 上的有界函数,把区域 D 分成 n 个小区域：$\Delta\sigma_1$,$\Delta\sigma_2$,$\cdots$,$\Delta\sigma_n$,

其中,$\Delta\sigma_i$ 既表示第 i 个小区域,又表示它的面积.在每个小区域 $\Delta\sigma_i$ 中任取一点 (ξ_i,η_i),作乘积 $f(\xi_i,\eta_i)\Delta\sigma_i$,并求和 $\sum_{i=1}^{n}f(\xi_i,\eta_i)\Delta\sigma_i$,其中 $i=1,2,\cdots,n$,如果当各小区域的直径中的最大的直径 λ 趋于零时,此和的极限存在,则称 **$f(x,y)$ 在 D 上可积**,称此极限值为**函数 $f(x,y)$ 在区域 D 上的二重积分**,记为 $\iint\limits_{D}f(x,y)\mathrm{d}\sigma$,即

$$\iint\limits_{D}f(x,y)\mathrm{d}\sigma=\lim_{\lambda\to0}\sum_{i=1}^{n}f(\xi_i,\eta_i)\Delta\sigma_i.$$

其中 $f(x,y)$ 称为**被积函数**,$f(x,y)\mathrm{d}\sigma$ 称为**积分表达式**,$\mathrm{d}\sigma$ 称为**面积元素**,x 与 y 称为**积分变量**,D 称为**积分区域**,$\sum_{i=1}^{n}f(\xi_i,\eta_i)\Delta\sigma_i$ 称为**积分和**.

由定义知,如果函数 $f(x,y)$ 在区域 D 上可积,则积分和的极限一定存在,且与 D 的分法无关.因此,在直角坐标系中,常用平行于 x 轴和 y 轴的两组直线分割 D,此时除了靠边的一些小区域外,绝大部分小区域 $\Delta\sigma_i$ 都是以 Δx_i 和 Δy_i 为边长的小矩形,即 $\Delta\sigma_i=\Delta x_i\Delta y_i$.因此,在直角坐标系中有把面积元素 $\mathrm{d}\sigma$ 记为 $\mathbf{dxdy}$,此时

$$\iint\limits_{D}f(x,y)\mathrm{d}\sigma=\iint\limits_{D}f(x,y)\mathrm{d}x\,\mathrm{d}y.$$

根据二重积分的定义,曲顶柱体的体积 V 是曲面方程 $f(x,y)\geqslant0$ 在区域 D 上的二重积分,即

$$V=\iint\limits_{D}f(x,y)\mathrm{d}\sigma.$$

（3）二重积分的几何意义

类似于定积分的几何意义，二重积分的几何意义是明显的：当 $f(x,y) \geqslant 0$ 时，二重积分 $\iint\limits_{D} f(x,y) \mathrm{d}\sigma$ 在几何上表示以 D 为底、曲面 $z = f(x,y)$ 为顶的曲顶柱体的体积；当 $f(x,y) \leqslant 0$ 时，曲顶柱体位于 xOy 面的下方，二重积分的值是负的，其绝对值等于曲顶柱体体积. 当 $f(x,y)$ 在区域 D 的某些部分是正的，而在其余部分是负的时，我们把 xOy 面上方的柱体体积配上正号，xOy 面下方的柱体体积配上负号. 于是，二重积分的几何意义就是以曲面 $z = f(x,y)$ 为顶、区域 D 为底的柱体各部分体积的代数和.

2. 二重积分的性质

二重积分有着与定积分类似的性质. 现将这些性质叙述如下，其中 D 是 xOy 面上的有界闭区域.

性质 1　被积函数中的常数因子，可以提到二重积分号外面，即

$$\iint\limits_{D} k f(x,y) \mathrm{d}\sigma = k \iint\limits_{D} f(x,y) \mathrm{d}\sigma \, (k \text{ 为常数}).$$

性质 2　有限个函数的代数和的二重积分等于各函数的二重积分的代数和，即

$$\iint\limits_{D} [f(x,y) \pm g(x,y)] \mathrm{d}\sigma = \iint\limits_{D} f(x,y) \mathrm{d}\sigma \pm \iint\limits_{D} g(x,y) \mathrm{d}\sigma.$$

性质 3　如果闭区域 D 内有限条曲线将 D 分为有限个部分区域，则在 D 上的二重积分等于在各部分区域上的二重积分的和. 例如，若 D 分成两个区域 D_1 和 D_2，则

$$\iint\limits_{D} f(x,y) \mathrm{d}\sigma = \iint\limits_{D_1} f(x,y) \mathrm{d}\sigma + \iint\limits_{D_2} f(x,y) \mathrm{d}\sigma.$$

性质 3 表示二重积分对于积分区域具有可加性.

性质 4　如果在闭区域 D 上，$f(x,y) \equiv 1$，S 为闭区域 D 的面积，则

$$\iint\limits_{D} \mathrm{d}\sigma = S.$$

性质 4 的几何意义是明显的，因为高为 1 的平顶柱体的体积的值等于柱体的底面积乘以 1.

例 1　设 D 是矩形闭区域：$0 \leqslant x \leqslant 2$，$0 \leqslant y \leqslant 2$，求 $\iint\limits_{D} \mathrm{d}\sigma$.

解　$\iint\limits_{D} \mathrm{d}\sigma$ 表示区域 D 的面积，而 D 是矩形闭区域：$0 \leqslant x \leqslant 2$，$0 \leqslant y \leqslant 2$，区域 D 的面积为 $S = 2 \times 2 = 4$，故 $\iint\limits_{D} \mathrm{d}\sigma = 4$.

性质 5　如果在闭区域 D 上，$f(x,y) \leqslant \varphi(x,y)$，则

$$\iint\limits_{D} f(x,y) \mathrm{d}\sigma \leqslant \iint\limits_{D} \varphi(x,y) \mathrm{d}\sigma.$$

例 2　根据二重积分性质，比较二重积分 $\iint\limits_{D} (x+y) \mathrm{d}\sigma$ 与 $\iint\limits_{D} (x+y)^2 \mathrm{d}\sigma$ 的大小，其中 D 是由 x 轴、y 轴及直线 $x+y=1$ 所围成的闭区域.

解　对于区域 D 上的任意一点 (x, y)，总有 $0 \leqslant x+y \leqslant 1$。因此在 D 上有 $(x+y) \geqslant (x+y)^2$，根据性质 5 可知 $\iint\limits_D (x+y)\mathrm{d}\sigma \geqslant \iint\limits_D (x+y)^2 \mathrm{d}\sigma$。

性质 6　设 M、m 分别是 $f(x, y)$ 在闭区域 D 上的最大值和最小值，S 是 D 的面积，则有对于二重积分估值的不等式

$$mS \leqslant \iint\limits_D f(x, y)\mathrm{d}\sigma \leqslant MS.$$

事实上，因为 $m \leqslant f(x, y) \leqslant M$，所以由性质 5 有

$$\iint\limits_D m\mathrm{d}\sigma \leqslant \iint\limits_D f(x, y)\mathrm{d}\sigma \leqslant \iint\limits_D M\mathrm{d}\sigma.$$

再应用性质 1 和性质 4，便得所要证明的不等式。

例 3　估计二重积分 $I = \iint\limits_D (x+2y+3)\mathrm{d}\sigma$ 的值，其中区域 D：$0 \leqslant x \leqslant 1$，$0 \leqslant y \leqslant 2$。

解　因为在区域 D 上，$3 \leqslant x+2y+3 \leqslant 8$，而区域 D 的面积为 2，由性质 6 可得

$$6 \leqslant \iint\limits_D (x+2y+3)\mathrm{d}\sigma \leqslant 16.$$

性质 7（二重积分的中值定理）　设函数 $f(x, y)$ 在闭区域 D 上连续，S 是 D 的面积，则在 D 上至少存在一点 (ξ, η)，使得

$$\iint\limits_D f(x, y)\mathrm{d}\sigma = f(\xi, \eta) \cdot S.$$

二重积分的中值定理的几何意义是：在区域 D 上以曲面 $f(x, y)$ 为顶的曲顶柱体的体积，等于区域 D 上以某点 (ξ, η) 的函数 $f(\xi, \eta)$ 为高的平顶柱体的体积。

习题

A 组

1. 用二重积分表示以曲面 $z=x+y+2$ 为顶，以 $x=0$、$x=1$、$y=0$、$y=x+2$ 所围成的区域为底的曲顶柱体的体积。

2. 填空题。

   (1) 设 D：$x^2+y^2 \leqslant 1$，则由估值不等式得 _____ $\leqslant \iint\limits_D (x^2+4y^2+1)\mathrm{d}x\mathrm{d}y \leqslant$ _____．

   (2) 设 D 是矩形区域：$|x| \leqslant 2$，$|y| \leqslant 1$，则 $\iint\limits_D \mathrm{d}x\mathrm{d}y =$ _____．

   (3) 设 D 是由 $\{(x, y) | 1 \leqslant x^2+y^2 \leqslant 4\}$ 所确定的闭区域，则 $\iint\limits_D \mathrm{d}x\mathrm{d}y =$ _____．

   (4) 二重积分 $\iint\limits_{\frac{x^2}{3^2}+\frac{y^2}{4^2} \leqslant 1} \mathrm{d}\sigma =$ _____．

3. 比较二重积分 $\iint\limits_{D}e^{x+y}d\sigma$ 与 $\iint\limits_{D}e^{(x+y)^2}d\sigma$ 的大小,其中 D 是由直线 $x+y=1$ 及两坐标轴所围成的闭区域.

B 组

对比考查函数 $f(x,y)$ 在有界闭区域 D 的二重积分 $\iint\limits_{D}f(x,y)dxdy$ 的定义与函数 $f(x)$ 在闭区间 $[a,b]$ 上定积分 $\int_{a}^{b}f(x)dx$ 的定义,并简述有何异同.

四、二重积分的计算方法

学习目标:

- 会将二重积分化为二次积分.
- 掌握直角坐标系中二重积分的计算.
- 了解极坐标系中二重积分的计算.

知识导图:

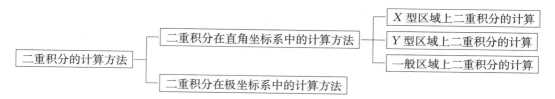

除了一些特殊情形,对于一般的函数和区域,利用二重积分的定义来计算二重积分是非常困难的,下面将介绍计算二重积分的一般方法.

1. 二重积分在直角坐标系中的计算方法

(1) X 型区域上二重积分的计算

设 D 是平面有界闭区域,若穿过 D 的内部且平行于 y 轴的直线与 D 的边界相交不多于两点(图 5-8),则称 D 为 **X 型区域**.由图 5-8 可知,此时区域 D 可以用不等式表示为

$$D：\varphi_1(x)\leqslant y\leqslant\varphi_2(x),\ a\leqslant x\leqslant b.$$

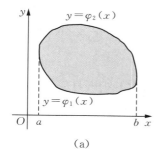

(a)

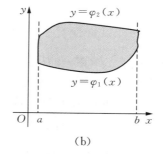

(b)

图 5-8

下面用几何方法来讨论二重积分的计算问题.

假设 $f(x, y) \geqslant 0$，此时 $\iint\limits_{D} f(x, y)\mathrm{d}\sigma$ 等于以 D 为底，以曲面 $z = f(x, y)$ 为顶的曲顶柱体的体积 V（图 5-9）.

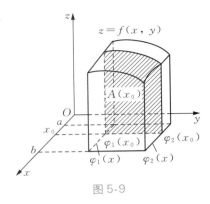

图 5-9

在区间 $[a, b]$ 上任取一点 x，过点 x 作与 x 轴垂直的平面，它与曲顶柱体相交的截面是一个以区间 $[\varphi_1(x), \varphi_2(x)]$ 为底的曲边梯形，其曲边是曲线 $z = f(x, y)$（x 是固定的），此截面的面积为

$$A(x) = \int_{\varphi_1(x)}^{\varphi_2(x)} f(x, y)\mathrm{d}y, \quad a \leqslant x \leqslant b.$$

于是此曲顶柱体的体积为

$$V = \int_a^b A(x)\mathrm{d}x = \int_a^b \left[\int_{\varphi_1(x)}^{\varphi_2(x)} f(x, y)\mathrm{d}y\right]\mathrm{d}x.$$

因此

$$\iint\limits_{D} f(x, y)\mathrm{d}\sigma = \int_a^b \left[\int_{\varphi_1(x)}^{\varphi_2(x)} f(x, y)\mathrm{d}y\right]\mathrm{d}x.$$

由此可见，二重积分可以化为两次定积分来计算.上述讨论中，第一次对变量 y 积分，将 x 当作常数，积分区间是区域 D 的下边界的点到对应的上边界的点.第二次对 x 积分，它的积分限是常数.这种先对一个变量积分，再对另一个变量积分的方法，称为**累次（或二次）积分法**.先对 y 后对 x 的累次积分公式，通常简记为

$$\iint\limits_{D} f(x, y)\mathrm{d}\sigma = \int_a^b \mathrm{d}x \int_{\varphi_1(x)}^{\varphi_2(x)} f(x, y)\mathrm{d}y.$$

例 1 计算二重积分 $\iint\limits_{D} xy\mathrm{d}\sigma$，其中 D 是由直线 $y = 1$、$x = 2$ 及 $y = x$ 所围成的闭区域.

解 区域 D 如图 5-10 所示，可以将它看成一个 X 型区域，即 $D = \{(x, y) \mid 1 \leqslant x \leqslant 2, 1 \leqslant y \leqslant x\}$.

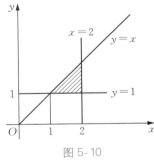

图 5-10

所以
$$\iint\limits_{D} xy\mathrm{d}\sigma = \int_1^2 \mathrm{d}x \int_1^x xy\mathrm{d}y$$
$$= \int_1^2 x \cdot \frac{1}{2}y^2 \Big|_{y=1}^{y=x} \mathrm{d}x = \int_1^2 \left(\frac{1}{2}x^3 - \frac{1}{2}x\right)\mathrm{d}x = \frac{9}{8}.$$

（2）Y 型区域上二重积分的计算

设 D 是平面有界闭区域，若穿过 D 的内部且平行于 x 轴的直线与 D 的边界相交不多于两点（图 5-11），则称 D 为 **Y 型区域**.由图 5-11 可知，此时区域 D 可以用不等式表示为

$$D: \psi_1(y) \leqslant x \leqslant \psi_2(y), \quad c \leqslant y \leqslant d.$$

利用与前面相同的方法，可得先对 x 后对 y 的累次积分公式为：

$$\iint\limits_{D} f(x, y)\mathrm{d}\sigma = \int_c^d \left[\int_{\psi_1(y)}^{\psi_2(y)} f(x, y)\mathrm{d}x\right]\mathrm{d}y.$$

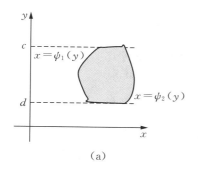 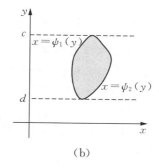

（a）　　　　　　　　　　　　（b）

图 5-11

通常简记为

$$\iint\limits_{D}f(x，y)\mathrm{d}\sigma=\int_{c}^{d}\mathrm{d}y\int_{\psi_1(y)}^{\psi_2(y)}f(x，y)\mathrm{d}x.$$

例2　计算二重积分 $\iint\limits_{D}xy\mathrm{d}\sigma$，其中 D 是由抛物线 $y^2=x$ 及直线 $y=x-2$ 所围成的有界闭区域.

解　如图 5-12 所示，区域 D 可以看成是 Y 型区域，它表示为

$$D=\{(x，y)\,|-1\leqslant y\leqslant 2，y^2\leqslant x\leqslant y+2\},$$

所以

$$\iint\limits_{D}xy\mathrm{d}\sigma=\int_{-1}^{2}\mathrm{d}y\int_{y^2}^{y+2}xy\mathrm{d}x=\int_{-1}^{2}y\cdot\frac{1}{2}x^2\Big|_{y^2}^{y+2}\mathrm{d}y=\frac{45}{8}.$$

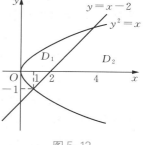

图 5-12

本题中也可以将 D 看成是两个 X 型区域 D_1、D_2 的并集.
如图 5-12 所示，其中

$$D_1=\{(x，y)\,|0\leqslant x\leqslant 1，-\sqrt{x}\leqslant y\leqslant\sqrt{x}\},$$
$$D_2=\{(x，y)\,|1\leqslant x\leqslant 4，x-2\leqslant y\leqslant\sqrt{x}\},$$

所以积分可以写为两个二次积分的和.即

$$\iint\limits_{D}xy\mathrm{d}\sigma=\int_{0}^{1}\mathrm{d}x\int_{-\sqrt{x}}^{\sqrt{x}}xy\mathrm{d}y+\int_{1}^{4}\mathrm{d}x\int_{x-2}^{\sqrt{x}}xy\mathrm{d}y.$$

读者可以验证，以上两种方法计算结果相同.

（3）一般区域上二重积分的计算

如果区域 D 不属于上述两种类型，则二重积分不能直接利用以上公式来计算.这时可以考虑将区域 D 划分成若干个小区域，使每个小区域是 X 型区域或是 Y 型区域.在每个小区域上单独计算出相应的二重积分，然后再利用二重积分对区域的可加性即可得所求的二重积分值.

识别积分区域很重要，但还有一点需要注意，有的区域尽管是 X 型或 Y 型，但是在积分运算的时候，直接计算不出来.比如下面的例题.

例3 计算二次积分 $\int_0^1 \mathrm{d}y \int_y^1 \dfrac{\sin x}{x} \mathrm{d}x$.

分析 直接按照这个顺序是计算不出来的,我们可以考虑将这个积分先化为二重积分,再换成另外一种二次积分来计算.

解 $\int_0^1 \mathrm{d}y \int_y^1 \dfrac{\sin x}{x} \mathrm{d}x = \iint\limits_D \dfrac{\sin x}{x} \mathrm{d}\sigma$,其中 D 是如图 5-13 所示的区域,将它看成是 X 型区域,有 $D = \{(x, y) \mid 0 \leqslant x \leqslant 1,$ $0 \leqslant y \leqslant x\}$,所以

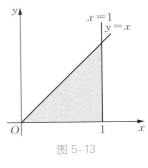

图 5-13

$$\iint\limits_D \dfrac{\sin x}{x} \mathrm{d}\sigma = \int_0^1 \mathrm{d}x \int_0^x \dfrac{\sin x}{x} \mathrm{d}y = \int_0^1 \dfrac{\sin x}{x} \big[y\big]_0^x \mathrm{d}x$$
$$= \int_0^1 \sin x \, \mathrm{d}x = -\big[\cos x\big]_0^1 = 1 - \cos 1.$$

例3的方法常称为**交换积分次序**.可以看出,有时候计算二次积分时需要交换二次积分的积分次序,从而使得计算简单,有时候如果不交换次序,是难以计算,甚至计算不出结果的.

例4 交换积分次序 $\int_0^1 \mathrm{d}x \int_0^{1-x} f(x, y) \mathrm{d}y$.

解 积分区域 D 是由直线 $x = 0$、$x = 1$、$y = 0$、$y = 1 - x$ 所围成的闭区域,读者易作图验证,交换积分次序得

$$\int_0^1 \mathrm{d}x \int_0^{1-x} f(x, y) \mathrm{d}y = \int_0^1 \mathrm{d}y \int_0^{1-y} f(x, y) \mathrm{d}x.$$

2. 二重积分在极坐标系中的计算方法

前面介绍了直坐标系下二重积分的计算方法,而有时候根据积分区域 D 的形状或是被积函数的形式选择极坐标系来计算二重积分却更加简单,一般地,若积分区域 D 为圆域、环域、扇域、环扇域等,或是被积函数为 $f(x^2 + y^2)$、$f\left(\dfrac{y}{x}\right)$、$f\left(\dfrac{x}{y}\right)$ 等形式时,可考虑选择极坐标系来计算.

极坐标与直角坐标的关系为

$$\begin{cases} x = r\cos\theta, \\ y = r\sin\theta, \end{cases}$$

极坐标下的面积元素 $\mathrm{d}x\mathrm{d}y = r\mathrm{d}r\mathrm{d}\theta$,其中,$r$ 是极径,θ 是极角.

围成区域 D 的边界线用极坐标方程表示,于是

$$\iint\limits_D f(x, y) \mathrm{d}x\mathrm{d}y = \iint\limits_D f(r\cos\theta, r\sin\theta) r\mathrm{d}r\mathrm{d}\theta.$$

例5 计算二重积分 $\iint\limits_D \mathrm{e}^{-x^2-y^2} \mathrm{d}x\mathrm{d}y$,其中积分区域 D 为圆域 $x^2 + y^2 \leqslant 1$.

解 这里积分区域 D 为圆域 $x^2 + y^2 \leqslant 1$.首先注意由于 $\int \mathrm{e}^{-x^2} \mathrm{d}x$ 不能用初等函数表示,因此此题在直角坐标系的两种积分次序都不可能计算出来.如果利用极坐标系计算,积分区域 D 可用极坐标表示为

$$D^* = \{(r, \theta) \mid 0 \leqslant r \leqslant 1, 0 \leqslant \theta \leqslant 2\pi\},$$

于是

$$\iint\limits_{D} \mathrm{e}^{-x^2-y^2}\,\mathrm{d}x\,\mathrm{d}y = \iint\limits_{D^*} \mathrm{e}^{-r^2} r\,\mathrm{d}r\,\mathrm{d}\theta = \int_0^{2\pi}\mathrm{d}\theta\int_0^1 r\mathrm{e}^{-r^2}\,\mathrm{d}r = 2\pi\left[-\frac{1}{2}\mathrm{e}^{-r^2}\right]_0^1 = \pi(1-\mathrm{e}^{-1}).$$

例 6 计算二重积分 $\iint\limits_{D} x^2\,\mathrm{d}x\,\mathrm{d}y$，其中积分区域 D：$1\leqslant x^2+y^2\leqslant 4$.

解 圆环区域 D 在极坐标系中可表示为

$$D^* = \{(r,\theta)\,|\,1\leqslant r\leqslant 2,\ 0\leqslant\theta\leqslant 2\pi\},$$

所以

$$\iint\limits_{D} x^2\,\mathrm{d}x\,\mathrm{d}y = \iint\limits_{D} r^2\cos^2\theta\, r\,\mathrm{d}r\,\mathrm{d}\theta = \int_0^{2\pi}\cos^2\theta\,\mathrm{d}\theta\int_1^2 r^3\,\mathrm{d}r = \frac{15}{4}\pi.$$

习题

A 组

1. 将下列积分化为在直角坐标系下的二次积分.

(1) $\iint\limits_{|x|\leqslant 1,\,|y|\leqslant 1} f(x,y)\mathrm{d}\sigma$；

(2) $\iint\limits_{D}(x^2+y^2)\mathrm{d}\sigma$，其中 D：$x^2+y^2\leqslant 1$，$x\geqslant-\dfrac{1}{2}$.

2. 计算下列二次积分.

(1) $\int_1^2\mathrm{d}x\int_1^x xy\,\mathrm{d}y$；

(2) $\int_0^{2\pi}\mathrm{d}\theta\int_0^a r^2\sin^2\theta\,\mathrm{d}r$.

3. 交换下列二次积分的次序.

(1) $\int_0^1\mathrm{d}x\int_0^{1-x} f(x,y)\mathrm{d}y$；

(2) $\int_0^2\mathrm{d}x\int_{x^2}^{2x} f(x,y)\mathrm{d}y$.

4. 计算下列二重积分.

(1) $\iint\limits_{D}(x+4y)\mathrm{d}x\,\mathrm{d}y$，其中 D：$y=x$、$y=3x$、$x=1$ 所围成的区域；

(2) $\iint\limits_{D}\dfrac{y}{x}\mathrm{d}x\,\mathrm{d}y$，其中 D：$y=2x$、$y=x$、$x=4$、$x=2$ 所围成的区域；

(3) 计算 $\iint\limits_{D}\mathrm{e}^{-y^2}\mathrm{d}x\,\mathrm{d}y$，其中 D 是以 $(0,0)$、$(1,1)$、$(0,1)$ 为顶点的三角形区域.

B 组

1. 交换下列积分的次序.

(1) $\int_0^1\mathrm{d}y\int_{-\sqrt{1-y^2}}^{\sqrt{1-y^2}} f(x,y)\mathrm{d}x$；

(2) $\int_0^1\mathrm{d}x\int_0^x f(x,y)\mathrm{d}y+\int_1^2\mathrm{d}x\int_0^{2-x} f(x,y)\mathrm{d}y$；

(3) $\int_1^2\mathrm{d}y\int_1^y f(x,y)\mathrm{d}x+\int_2^4\mathrm{d}y\int_{\frac{y}{2}}^2 f(x,y)\mathrm{d}x$.

2. 计算下列二重积分.

(1) $\iint\limits_{D} x\sqrt{y}\,\mathrm{d}\sigma$，其中 D 是由 $y=\sqrt{x}$ 与 $y=x^2$ 所围成的平面闭区域；

(2) $\iint\limits_{D} \mathrm{e}^{-(x^2+y^2)}\,\mathrm{d}x\,\mathrm{d}y$，其中 D：$x^2+y^2\leqslant 1$；

(3) $\iint\limits_{D} \ln(1+x^2+y^2)\,\mathrm{d}\sigma$，其中 D：$x^2+y^2\leqslant 1$、$x\geqslant 0$、$y\geqslant 0$.

(4) $\iint\limits_{D} \dfrac{xy}{\sqrt{1+y^3}}\,\mathrm{d}x\,\mathrm{d}y$，其中 D 是由 $x=0$、$y=x^2$、$y=1$ 所围成的第一象限的闭区域.

3. 设函数 $f(x)$ 在区间 $[0,1]$ 上连续，证明 $\displaystyle\int_0^1 \mathrm{d}x \int_0^x f(y)\,\mathrm{d}y = \int_0^1 (1-x)f(x)\,\mathrm{d}x$.

五、二重积分的应用

学习目标：

- 掌握二重积分的几何应用.
- 熟悉二重积分的物理和工程中的应用.
- 了解二重积分的经济应用.

知识导图：

二重积分在几何、物理、工程、经济等方面都有着较广泛的应用.

1. 二重积分的几何应用

（1）曲顶柱体的体积

利用二重积分求空间封闭曲面所围成的有界区域的体积.

若空间形体是以 $z=f(x,y)$ 为曲顶，以区域 D 为底的直柱体，则其体积为

$$V=\iint\limits_{D} \mid f(x,y)\mid \mathrm{d}x\,\mathrm{d}y.$$

特别地，当 $f(x,y)=1$ 时，则 $\iint\limits_{D}\mathrm{d}x\,\mathrm{d}y=S$，其中 S 为区域 D 的面积.

例 1 设平面 $x=1$，$x=-1$，$y=1$ 和 $y=-1$ 围成的柱体被坐标平面 $z=0$ 和平面 $x+y+z=3$ 所截，求截下部分立体的体积.

解 由于所截的形体为一个曲顶直柱体，其曲顶为 $z=3-x-y$，而其底为 D：$-1\leqslant x\leqslant 1$，$-1\leqslant y\leqslant 1$，因此

$$V = \iint\limits_{D} (3-x-y)\,\mathrm{d}x\,\mathrm{d}y = \int_{-1}^{1} \mathrm{d}x \int_{-1}^{1} (3-x-y)\,\mathrm{d}y$$

$$= \int_{-1}^{1} \left[(3-x)y - \frac{1}{2}y^2 \right]_{-1}^{1} \mathrm{d}x = 2\int_{-1}^{1} (3-x)\,\mathrm{d}x = 12.$$

（2）曲面的面积

设曲面 S 的方程为 $z = f(x, y)$，它在 xOy 面上的投影区域为 D_{xy}，求曲面 S 的面积 A。若函数 $z = f(x, y)$ 在域 D 上有一阶连续偏导数，可以证明，曲面 S 的面积

$$A = \iint\limits_{D_{xy}} \sqrt{1 + f_x^2(x, y) + f_y^2(x, y)}\,\mathrm{d}x\,\mathrm{d}y.$$

例 2 计算抛物面 $z = x^2 + y^2$ 在平面 $z = 1$ 下方的面积。

解 平面 $z = 1$ 下方的抛物面在 xOy 面的投影区域

$$D_{xy} = \{(x, y) \mid x^2 + y^2 \leqslant 1\}.$$

又因为 $z_x = 2x$，$z_y = 2y$，$\sqrt{1 + z_x^2 + z_y^2} = \sqrt{1 + 4x^2 + 4y^2}$，代入公式并利用极坐标系计算，可得抛物面的面积为

$$A = \iint\limits_{D_{xy}} \sqrt{1 + 4x^2 + 4y^2}\,\mathrm{d}x\,\mathrm{d}y = \iint\limits_{D_{xy}^*} \sqrt{1 + 4r^2}\,r\,\mathrm{d}r\,\mathrm{d}\theta$$

$$= \int_0^{2\pi} \mathrm{d}\theta \int_0^1 (1 + 4r^2)^{\frac{1}{2}} r\,\mathrm{d}r = \frac{\pi}{6}(5\sqrt{5} - 1).$$

2. 二重积分的物理应用

设有平面薄片 D，其上点 (x, y) 处的密度为 $f(x, y)$，则薄片 D 的质量

$$M = \iint\limits_{D} f(x, y)\,\mathrm{d}x\,\mathrm{d}y.$$

例 3 设平面薄板所占 xOy 平面上的区域为 $1 \leqslant x^2 + y^2 \leqslant 4$，$x \geqslant 0$，$y \geqslant 0$，其面密度为 $\mu(x, y) = x^2 + y^2$，求该薄板的质量 M。

解 由题意可得

$$M = \iint\limits_{D} \mu(x, y)\,\mathrm{d}x\,\mathrm{d}y = \iint\limits_{D} (x^2 + y^2)\,\mathrm{d}x\,\mathrm{d}y = \int_0^{\frac{\pi}{2}} \mathrm{d}\theta \int_1^2 r^3\,\mathrm{d}r = \frac{15}{8}\pi.$$

3. 二重积分的工程应用

例 4 为修建高速公路，要在一山坡中辟出一条长 500 m、宽 20 m 的通道，据测量，以出发点一侧为原点，往另一侧方向为 x 轴（$0 \leqslant x \leqslant 20$），往公路延伸方向为 y 轴（$0 \leqslant y \leqslant 500$），且山坡的高度为

$$z = 10\left(\sin\frac{\pi}{500}y + \sin\frac{\pi}{20}x\right).$$

试计算所需挖掉的土方量。

解 这是一个二重积分的应用问题，其中积分区域 $D = \{(x, y) \mid 0 \leqslant x \leqslant 20, 0 \leqslant y \leqslant 500\}$，于是所需挖掉的土方量

$$V = \iint_D 10\left(\sin\frac{\pi}{500}y + \sin\frac{\pi}{20}x\right)\mathrm{d}b = \int_0^{20}\mathrm{d}x\int_0^{500}\left(10\sin\frac{\pi}{500}y + 10\sin\frac{\pi}{20}x\right)\mathrm{d}y$$

$$= \int_0^{20}\left[-\frac{5\,000}{\pi}\cos\frac{\pi}{500}y + 10y\sin\frac{\pi}{20}x\right]_0^{500}\mathrm{d}x = \int_0^{20}\left(\frac{10^4}{\pi} + 5\,000\sin\frac{\pi}{20}x\right)\mathrm{d}x$$

$$= \left[\frac{10^4}{\pi}x - \frac{10^5}{\pi}\cos\frac{\pi}{20}x\right]_0^{20} = \frac{4\times10^5}{\pi} \approx 127\,324(\mathrm{m}^3).$$

4. 二重积分的经济应用

例 5 （平均利润）某公司销售商品Ⅰ为 x 个单位，销售商品Ⅱ为 y 个单位，获得利润

$$P(x,y) = -(x-200)^2 - (y-100)^2 + 5\,000.$$

现已知一周内商品Ⅰ的销售数量在 $150\sim200$ 个单位之间变化，一周内商品Ⅱ的销售数量在 $80\sim100$ 个单位之间变化.求销售这两种商品一周获得的平均利润.

解　由于 x、y 的变化范围 $D = \{(x,y)\,|\,150\leqslant x\leqslant200,80\leqslant y\leqslant100\}$，所以 D 的面积 $\sigma = 50\times20 = 1\,000$.由二重积分的中值定理，该公司销售这两种商品一周的平均利润为

$$\frac{1}{\sigma}\iint_D P(x,y)\mathrm{d}\sigma = \frac{1}{1\,000}\iint_D\left[-(x-200)^2 - (y-100)^2 + 5\,000\right]\mathrm{d}\sigma$$

$$= \frac{1}{1\,000}\int_{150}^{200}\mathrm{d}x\int_{80}^{100}\left[-(x-200)^2 - (y-100)^2 + 5\,000\right]\mathrm{d}y$$

$$= \frac{1}{1\,000}\int_{150}^{200}\left[-(x-200)^2y - \frac{(y-100)^3}{3} + 5\,000y\right]_{80}^{100}\mathrm{d}x$$

$$= \frac{1}{1\,000}\int_{150}^{200}\left[-20\,(x-200)^2 + \frac{292\,000}{3}\right]\mathrm{d}x \approx 850\,833(元).$$

习题

A 组

1. 求锥面 $z = \sqrt{x^2+y^2}$ 被柱面 $z^2 = 2x$ 所截下部分的面积.
2. 计算由平面 $x+y=4$、$x=0$、$y=0$、$z=0$ 及曲面 $z = x^2+y^2$ 围成的立体体积.

B 组

在均匀半圆形薄片的直径上，要接上一个一边与直径等长的矩形薄片，为了使整个均匀薄片的重心恰好在圆心上，问接上去的均匀矩形薄片的一边长度为多少？

 知识应用

1　要构造一容积为 $4\ \mathrm{m}^3$ 的无盖长方形水箱，问这水箱的长、宽、高各为多少时，所用材料最省？

2　生产两种机床，数量分别为 Q_1 和 Q_2，总成本函数为 $C = Q_1^2 + 2Q_2^2 - Q_1Q_2$，若两种机床的总产量为 8 台，要使成本最低，两种机床各需生产多少台？

3　用 m 元购买材料建造一宽与深（高）相同的长方体水池，已知四周的单位面积材料费为底面单位面积材料费的 1.2 倍，问水池长、宽、深各为多少时，才能使容积最大？最大容积是多少？

学习反馈与评价

学号：　　　　　姓名：　　　　　任课教师：

学习内容	
学生学习疑问反馈	
学习效果自我评价	
教师综合评价	

数学家小传

华罗庚的故事

项目六 生产管理的最优化——线性代数

学习领域	数学核心能力应用模块
学习目标	学会将实际问题通过分析转化为数学问题,利用数学知识来解决实际问题
学习重点	1. 最短路径的算法以及推广. 2. 指派问题的算法以及推广
学习难点	1. 将实际问题转化为数学问题. 2. 用数学方式来表达实际问题. 3. 具体的数学算法
学习思路	读懂题意──→简化原题的内容──→用更简洁的方式表达(主要因素)──→转化为数学语言──→构建数学问题──→用数学知识解决问题──→将数学结论还原到实际问题──→总结──→推广
数学工具	行列式、矩阵、矩阵的初等变换、图论、最短路
教学方法	讲授法、案例教学法、情景教学法、讨论法、体验学习教学法、启发式教学法
学时安排	建议 8~12 学时

👤 项目任务实施

任务一 工厂的选址问题(最短路径问题)

[任务描述] 设某工厂在 A 城市,现打算在 F 城市建一分厂,各城市之间的距离如图 6-1 所示,问如何选择路线,使得 A 到 F 的距离最短?

注意:线上所标注为相邻线段之间的距离,即权值.此图中相邻顶点间的距离与图中的目视长度不一一对等.

[任务分析] 要求 A 到 F 的距离最短,需要找从 A 出发,权值最小的路径.

[任务转化] 比较每条路径上的权值.

[任务解答] 将所有顶点都放入集合 $\bar{S} = \{A,$ $B,C,D,E,F\}$,集合 S 暂时为空集.

第一步:由于 A 是起点,所以起点到 A 的距离最短,让 A 进入集合 S,此时 $S = \{A\}$,$\bar{S} = \{B,C,D,$ $E,F\}$,并在图中给起点 A 标号 0,记为 $r(A) = 0$,用

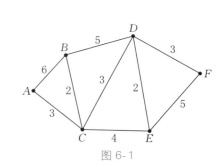

图 6-1

以表示起点到 A 的最短距离为 0.

第二步：找出与集合 $S=\{A\}$ 中每一个顶点有直接相连边的顶点，并计算出 A 到它们的距离，找出最小值及对应顶点.

此时集合 S 中只有顶点 A，与 A 直接相连的边有 (A,B)、(A,C)，相应的距离记为

$$r(A,B)=r(A)+l(A,B)=0+6=6,$$
$$r(A,C)=r(A)+l(A,C)=0+3=3,$$

式中 $l(A,B)$ 和 $l(A,C)$ 分别表示边 (A,B) 和边 (A,C) 的长度，而用 $r(A,B)$ 和 $r(A,C)$ 表示在第一步的基础上加上 $l(A,B)$ 或 $l(A,C)$ 后所得路的长度.

取上述值中最小的值，$\min\{r(A,B),r(A,C)\}=$ $\min\{6,3\}=3$，最小值对应顶点为 C，说明 C 是 A 当前到其他所有顶点距离最短的，让 C 进入集合 S，此时 $S=\{A,C\}$，$\bar{S}=\{B,D,E,F\}$，在图上 C 处标号 $r(C)=3$，并把边 (A,C) 加粗，用以表示 A 到 C 的最短距离是经过边 (A,C) 实现的，如图 6-2 所示.

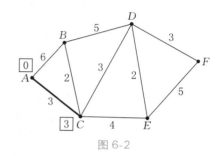

图 6-2

第三步：类似地，找出与集合 $S=\{A,C\}$ 中每一个顶点与 $\bar{S}$ 中有直接相连边的顶点，并计算出 A 到它们的距离，找出最小值及对应顶点.

与 A 相连边有 1 条 (A,B)；与 C 相连边有 3 条 (C,B)，(C,D)，(C,E)，分别计算 A 到相关各点的距离得

$$r(A,B)=r(A)+l(A,B)=0+6=6,$$
$$r(C,B)=r(C)+l(C,B)=3+2=5,$$
$$r(C,D)=r(C)+l(C,D)=3+3=6,$$
$$r(C,E)=r(C)+l(C,E)=3+4=7.$$

取上述值中最小的，$\min\{r(A,B),r(C,B),$ $r(C,D),r(C,E)\}=5$，对应的点为 B，说明除了 C，A 到其他各点的距离中，到 B 的距离最短.让 B 进入集合 S，此时 $S=\{A,C,B\}$，$\bar{S}=\{D,E,F\}$.在图上 B 处标号 $r(B)=5$，并把边 (C,B) 加粗，用以表示 A 到 B 的最短距离是经过边 (A,C)、边 (C,B) 实现的，如图 6-3 所示.

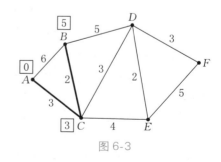

图 6-3

第四步：再找出集合 $S=\{A,C,B\}$ 中每一个顶点与 $\bar{S}$ 中有直接相连边的顶点，并计算出 A 到它们的距离，找出最小值及对应顶点.

与 A 相连边没有，与 B 相连边有 1 条 (B,D)，与 C 相连边有 2 条 (C,D)，(C,E)，分别计算 A 到相关各点的距离得：

$$r(B,D)=r(B)+l(B,D)=5+5=10,$$
$$r(C,D)=r(C)+l(C,D)=3+3=6,$$
$$r(C,E)=r(C)+l(C,E)=3+4=7.$$

取上述值中最小的，$\min\{r(B,D),r(C,D),r(C,E)\}=6$，对应的点为 D，说明除

了 C、B、A 到其他各点的距离中,到 D 的距离最短.让 D 进入集合 S,此时 $S=\{A,C,B,D\}$,$\bar{S}=\{E,F\}$.在图上 D 处标号 $r(D)=6$,并把边 (C,D) 加粗,用以表示 A 到 D 的最短距离是经过边 (A,C)、边 (C,D) 实现的,如图 6-4 所示.

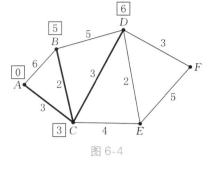

图 6-4

第五步:再找出集合 $S=\{A,C,B,D\}$ 中每一个顶点与 $\bar{S}$ 中有直接相连边的顶点,并计算出 A 到它们的距离,找出最小值及对应顶点.

与 A,B 相连边没有,与 C 相连边有 1 条 (C,E),与 D 相连边有 2 条 (D,E),(D,F),分别计算 A 到相关各点的距离得

$$r(C,E)=r(C)+l(C,E)=3+4=7,$$
$$r(D,E)=r(D)+l(D,E)=6+2=8,$$
$$r(D,F)=r(D)+l(D,F)=6+3=9.$$

取上述值中最小的,$\min\{r(C,E),r(D,E),r(D,F)\}=7$,对应的点为 E,说明除了 C、B、D、A 到其他各点的距离中,到 E 的距离最短.让 E 进入集合 S,此时 $S=\{A,C,B,D,E\}$,$\bar{S}=\{F\}$.在图上 E 处标号 $r(E)=7$,并把边 (C,E) 加粗,用以表示 A 到 E 的最短距离是经过 (A,C),(C,E) 实现的,如图 6-5 所示.

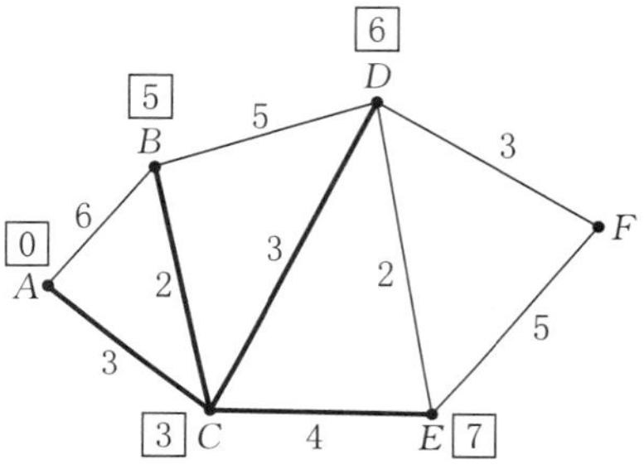

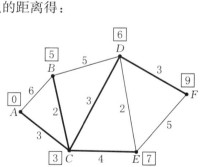

图 6-5

第六步:再找出集合 $S=\{A,C,B,D,E\}$ 中每一个顶点与 $\bar{S}$ 中有直接相连边的顶点,并计算出 A 到它们的距离,找出最小值及对应顶点.

与 A,B,C 相连边没有,与 D 相连边有 1 条 (D,F),与 E 相连边有 1 条 (E,F),分别计算 A 到相关各点的距离得:

$$r(D,F)=r(D)+l(D,F)=6+3=9,$$
$$r(E,F)=r(E)+l(E,F)=7+5=12.$$

取上述值中最小的,$\min\{r(D,F),r(E,F)\}=9$,对应的点为 F,说明到 F 的最短距离为 9,让 F 进入集合 S,此时 $S=\{A,C,B,D,E,F\}$,$\bar{S}$ 为空集.在图上 F 处标号 $r(F)=9$,并把边 (D,F) 加粗,用以表示 A 到 F 的最短距离是经过边 (A,C)、边 (C,D)、边 (D,F) 实现的,如图 6-6 所示.

图 6-6

任务二　机床的优化生产管理(指派问题,又称分配问题)

[任务描述]　现有 n 种零件需要 n 个机床加工,每个机床只加工一种零件,若分配第 i 个机床去加工第 j 种零件需花费 c_{ij} 单位时间,问应如何分配才能使加工的总时间最少?

[任务分析]　容易看出,这是一个典型的指派问题,花费的时间所构成的矩阵 $C=(c_{ij})$ 被称为**指派问题的系数矩阵**.要使加工的总时间最少,就需要去求系数矩阵的最优解.

［任务转化］ 把系数矩阵转化成含零较多的新矩阵.

［任务解答］

指派问题的匈牙利算法

由于指派问题的特殊性,匈牙利数学家 D.Konig 提出了一种比较简便的解法即匈牙利算法.该算法主要依据以下事实:如果系数矩阵 $C = (c_{ij})$ 一行(或一列)中每一元素都加上或减去同一个数,得到一个新矩阵 $B = (b_{ij})$,则以 C 或 B 为系数矩阵的指派问题具有相同的最优指派.利用上述性质,可将原系数矩阵 C 变换为含零元素较多的新系数矩阵 B,而最优解不变.若能在 B 中找出 n 个位于不同行、不同列的零元素,令解矩阵中相应位置的元素取值为 1,其他元素取值为零,则所得该解是以 B 为系数阵的指派问题的最优解,从而也是原问题的最优解.由 C 到 B 的转换可通过先让矩阵 C 的每行元素均减去其所在行的最小元素得矩阵 D,D 的每列元素再减去其所在列的最小元素得以实现.

下面通过一例子来说明该算法.

例 1 假设指派问题的系数矩阵为

$$C = \begin{bmatrix} 16 & 15 & 19 & 22 \\ 17 & 21 & 19 & 18 \\ 24 & 22 & 18 & 17 \\ 17 & 19 & 22 & 16 \end{bmatrix},$$

求最优指派.

解 将第一行元素减去此行中的最小元素 15;

同样,第二行元素减去 17;

第三行元素减去 17;

最后一行的元素减去 16,得

$$B_1 = \begin{bmatrix} 1 & 0 & 4 & 7 \\ 0 & 4 & 2 & 1 \\ 7 & 5 & 1 & 0 \\ 1 & 3 & 6 & 0 \end{bmatrix},$$

再将第 3 列元素各减去 1(目的是保证每一行和每一列至少有一个 0 元素),得

$$B_2 = \begin{bmatrix} 1 & 0^* & 3 & 7 \\ 0^* & 4 & 1 & 1 \\ 7 & 5 & 0^* & 0 \\ 1 & 3 & 5 & 0^* \end{bmatrix}.$$

以 B_2 为系数矩阵的指派问题有最优指派

$$A = \begin{pmatrix} 1 & 2 & 3 & 4 \\ 2 & 1 & 3 & 4 \end{pmatrix}.$$

其中,A 矩阵的第一列代表 1 号机床生产第 2 种零件,第二列代表 2 号机床生产第 1

种零件,第三列代表 3 号机床生产第 3 种零件,第四列代表 4 号机床生产第 4 种零件.

由等价性,它就是上述问题的最优指派.

为什么不选三行四列的 0 元素? 目的是保证 0 元素要在不同的行和不同的列.但有时问题会稍复杂一些,具体情况如下.

例 2 假设指派问题的系数矩阵 C 为

$$C = \begin{bmatrix} 12 & 7 & 9 & 7 & 9 \\ 8 & 9 & 6 & 6 & 6 \\ 7 & 17 & 12 & 14 & 12 \\ 15 & 14 & 6 & 6 & 10 \\ 4 & 10 & 7 & 10 & 6 \end{bmatrix},$$

求最优指派.

解 先作等价变换如下

$$\begin{matrix} -7 \\ -6 \\ -7 \\ -6 \\ -4 \end{matrix} \begin{bmatrix} 12 & 7 & 9 & 7 & 9 \\ 8 & 9 & 6 & 6 & 6 \\ 7 & 17 & 12 & 14 & 12 \\ 15 & 14 & 6 & 6 & 10 \\ 4 & 10 & 7 & 10 & 6 \end{bmatrix} \rightarrow \begin{bmatrix} 5 & 0^* & 2 & 0 & 2 \\ 2 & 3 & 0 & 0^* & 0 \\ 0^* & 10 & 5 & 7 & 5 \\ 9 & 8 & 0^* & 0 & 4 \\ 0 & 6 & 3 & 6 & 2 \end{bmatrix} \begin{matrix} \\ \\ \vee \\ \\ \vee \end{matrix}.$$

容易看出,从变换后的矩阵中只能选出四个位于不同行、不同列的零元素,但 $n=5$,最优指派还无法看出.此时等价变换还可进行下去.步骤如下:

(1) 对未选出 0 元素的行打 $\vee$;

(2) 对 $\vee$ 行中 0 元素所在列打 $\vee$;

(3) 对 $\vee$ 列中选中的 0 元素所在行打 $\vee$;

重复(2)、(3)直到无法再打 $\vee$ 为止.

可以证明,若用直线划没有打 $\vee$ 的行与打 $\vee$ 的列,就得到了能够覆盖住矩阵中所有零元素的最少条数的直线集合,找出未覆盖的元素中的最小者,令 $\vee$ 行元素减去此数,$\vee$ 列元素加上此数,则原先选中的 0 元素不变,而未覆盖元素中至少有一个已转变为 0,且新矩阵的指派问题与原问题也等价.上述过程可反复采用,直到能选取出足够的 0 元素为止.例如,对例 2 变换后的矩阵再变换,第三行、第五行元素减去 2,第一列元素加上 2,得

$$\begin{bmatrix} 7 & 0 & 2 & 0 & 2 \\ 4 & 3 & 0 & 0 & 0 \\ 0 & 8 & 3 & 5 & 3 \\ 11 & 8 & 0 & 0 & 4 \\ 0 & 4 & 1 & 4 & 0 \end{bmatrix}.$$

现在可以看出,最优指派为 $\begin{pmatrix} 1 & 2 & 3 & 4 & 5 \\ 2 & 4 & 1 & 3 & 5 \end{pmatrix}$.

因此安排 1 号机床生产第 2 种零件,2 号机床生产第 4 种零件,3 号机床生产第 1 种零件,4 号机床生产第 3 种零件,5 号机床生产第 5 种零件,才能使加工的总时间最少.

 数学知识

一、最短路径

学习目标:

理解带权图、路长、最短路的概念.

掌握最短路的 Dijkstra 算法,会应用 Dijkstra 算法解决实际问题.

知识导图:

1. 图的相关概念

定义　对于图 G 的每条边 e 都对应到一个实数 $w(e)$,称 $w(e)$ 为**边 e 上的权**(Weight). G 连同在它边上的权称为**带权图**(weighted graph)(又称网络),带权图常记作 $G=\langle V, E, W\rangle$,其中 $W=\{w(e)\,|\,e\in E\}$.若 e 的端点是 u、v,则常用 $w(u, v)$ 表示边 e 的权.

定义　设 H 是带权图 $G=\langle V, E, W\rangle$ 的一个子图,H 每条边的权的和称为 **H 的权**. 若 H 是一条路 P,则称其权为路 P 的长.

在带权图中给定了结点 u[称为**始点**(initial point)]及结点 v[称为**终点**(terminal point)].若 u、v 连通,则 u 到 v 可能有若干条路,这些路中一定有一条长最小的路,这样的路称为**从 u 到 v 的最短路**(shortest path).最短路的长也称 **u 到 v 的距离**(distance),记作 $d(u, v)$.求给定两个结点之间最短路的问题称为**最短路问题**(shortest path problem).要注意的是,这里所说的长具有广泛意义,既可指普通意义的距离,也可以是时间或费用等.

下面介绍求从一个始点 v_1 到各点 v_k($2\leqslant k\leqslant n$)的最短路的算法.

在下面的讨论中,假定边(v_i, v_j)的权 $w_{ij}\geqslant 0$,如果结点 v_i 与 v_j 不邻接,则令 $w_{ij}=+\infty$(在实际计算中可用任一足够大的数代替),并对图中每个结点令 $w_{ii}=0$.到目前为止,公认的求最短路的较好的算法是由荷兰计算机科学家迪克斯特拉(E. W. Dijkstra,1930—2002)于 1959 年提出的标号法.

标号法的基本思想是:先给带权图 G 的每一个结点一个临时标号(temporary label)(简称 T 标号)或固定标号(permanent label)(简称 P 标号).T 标号表示从始点到这一点的最短路长的上界;P 标号则是从始点到这一点的最短路长.每一步将某个结点的 T 标号改变为 P 标号.则最多经过 $n-1$ 步算法停止(n 为 G 的结点数).

2. 最短路的 Dijkstra 算法

具体步骤如下.

(1) 给始点 v_1 标上 P 标号 $P(v_1)=0$,令 $P=\{v_1\}$,$T_0=V-\{v_1\}$,给 T_0 中各结点标上 T 标号 $t_0(v_j)=w_{1j}(j=2, 3, \cdots, n)$,令 $r=0$,转步骤(2).

（2）若$\min\limits_{v_j \in T_r}\{t_r(v_j)\}=t_r(v_k)$，则令$P_{r+1}=P_r\bigcup\{v_k\}$，$T_{r+1}=T_r-\{v_k\}$．若$T_{r+1}=\varphi$则结束，否则转步骤（3）．

（3）修改T_{r+1}中各结点v_j的T标号：$T_{r+1}(v_j)=\min\{t_r(v_j)，t_r(v_k)+w_{kj}\}$，转步骤（2）．

3. 例题分析

例 1　设有一批货物要从宁波（记为v_1）运到杭州（记为v_7），如图 6-7 所示，边上的数字表示该段路的长，求最短路的运输路线．

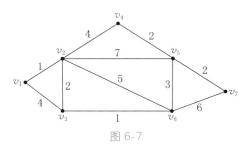

图 6-7

解　将所有顶点都放入集合$\overline{S}=\{v_1, v_2, v_3, v_4, v_5, v_6, v_7\}$，集合$S$暂时为空集．

第一步　由于v_1是起点，所以起点到v_1的距离最短，让v_1进入集合S，此时$S=\{v_1\}$，$\overline{S}=\{v_2, v_3, v_4, v_5, v_6, v_7\}$，并在图中给起点$v_1$标号0，记为$r(v_1)=0$，用以表示起点到$v_1$的最短距离为0．

第二步　找出与集合$S=\{v_1\}$中每一个顶点有直接相连边的顶点，并计算出v_1到它们的距离，找出最小值及对应顶点．

此时集合S中只有顶点v_1，与v_1直接相连的边有(v_1, v_2)、(v_1, v_3)，相应的距离记为

$$r(v_1, v_2)=r(v_1)+l(v_1, v_2)=0+1=1,$$
$$r(v_1, v_3)=r(v_1)+l(v_1, v_3)=0+4=4,$$

式中$l(v_1, v_2)$和$l(v_1, v_3)$分别表示边(v_1, v_2)和边(v_1, v_3)的长度，而用$r(v_1, v_2)$和$r(v_1, v_3)$表示在第一步的基础上加上$l(v_1, v_2)$和$l(v_1, v_3)$后所得路的长度．

取上述值中最小的值，$\min\{r(v_1, v_2),$ $r(v_1, v_3)\}=\min\{1, 4\}=1$，最小值的对应顶点为$v_2$，说明$v_2$是$v_1$当前到其他所有顶点距离最短的，让$v_2$进入集合$S$，此时$S=\{v_1, v_2\}$，$\overline{S}=\{v_3, v_4, v_5, v_6, v_7\}$，在图上$v_2$处标号$r(v_2)=1$，并把边$(v_1, v_2)$加粗，用以表示$v_1$到$v_2$的最短距离是经过边$(v_1, v_2)$实现的，如图 6-8 所示．

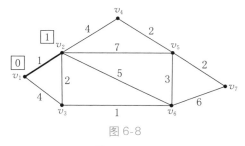

图 6-8

第三步　类似地，找出与集合$S=\{v_1, v_2\}$中每一个顶点与$\overline{S}$中有直接相连边的顶点，并计算出v_1到它们的距离，找出最小值及对应顶点．

与v_1相连边有 1 条(v_1, v_3)；与v_2相连边有 4 条，分别为(v_2, v_3)、(v_2, v_4)、(v_2, v_5)、(v_2, v_6)，分别计算v_1到相关各点的距离得

$$r(v_1, v_3)=r(v_1)+l(v_1, v_3)=0+4=4,$$
$$r(v_2, v_3)=r(v_2)+l(v_2, v_3)=1+2=3,$$
$$r(v_2, v_4)=r(v_2)+l(v_2, v_4)=1+4=5,$$
$$r(v_2, v_5)=r(v_2)+l(v_2, v_5)=1+7=8,$$
$$r(v_2, v_6)=r(v_2)+l(v_2, v_6)=1+5=6.$$

取上述值中最小的,$\min\{r(v_1,v_3),r(v_2,v_3),r(v_2,v_4),r(v_2,v_5),r(v_2,v_6)\}=3$,对应的点为 v_3,说明除了 v_2,v_1 到其他各点的距离中,到 v_3 的距离最短.让 v_3 进入集合 S,此时 $S=\{v_1,v_2,v_3\}$,$\overline{S}=\{v_4,v_5,v_6,v_7\}$.在图上 v_3 处标号 $r(v_3)=3$,并把边 (v_2,v_3) 加粗,用以表示 v_1 到 v_3 的最短距离是经过边 (v_1,v_2)、边 (v_2,v_3) 实现的,如图 6-9 所示.

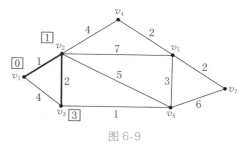

图 6-9

第四步 再找出集合 $S=\{v_1,v_2,v_3\}$ 中每一个顶点与 $\overline{S}$ 中有直接相连边的顶点,并计算出 v_1 到它们的距离,找出最小值及对应顶点.

与 v_1 相连边没有,与 v_2 相连边有 3 条,分别为 (v_2,v_4)、(v_2,v_5)、(v_2,v_6),与 v_3 相连边有 1 条 (v_3,v_6),分别计算 v_1 到相关各点的距离得

$$r(v_2,v_4)=r(v_2)+l(v_2,v_4)=1+4=5,$$
$$r(v_2,v_5)=r(v_2)+l(v_2,v_5)=1+7=8,$$
$$r(v_2,v_6)=r(v_2)+l(v_2,v_6)=1+5=6,$$
$$r(v_3,v_6)=r(v_3)+l(v_3,v_6)=3+1=4.$$

取上述值中最小的,$\min\{r(v_2,v_4),r(v_2,v_5),r(v_2,v_6),r(v_3,v_6)\}=4$,对应的点为 v_6,说明除了 v_2、v_3,v_1 到其他各点的距离中,到 v_6 的距离最短.让 v_6 进入集合 S,此时 $S=\{v_1,v_2,v_3,v_6\}$,$\overline{S}=\{v_4,v_5,v_7\}$.在图上 v_6 处标号 $r(v_6)=4$,并把边 (v_3,v_6) 加粗,用以表示 v_1 到 v_6 的最短距离是经过边 (v_1,v_2)、边 (v_2,v_3)、边 (v_3,v_6) 实现的,如图 6-10 所示.

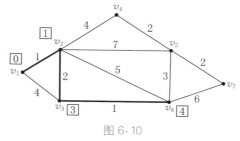

图 6-10

第五步 再找出集合 $S=\{v_1,v_2,v_3,v_6\}$ 中每一个顶点与 $\overline{S}$ 中有直接相连边的顶点,并计算出 v_1 到它们的距离,找出最小值及对应顶点.

与 v_1 相连边没有,与 v_2 相连边有 2 条,分别为 (v_2,v_4)、(v_2,v_5),与 v_3 相连边没有,与 v_6 相连边有 2 条,分别为边 (v_6,v_5)、边 (v_6,v_7),分别计算 v_1 到相关各点的距离得

$$r(v_2,v_4)=r(v_2)+l(v_2,v_4)=1+4=5,$$
$$r(v_2,v_5)=r(v_2)+l(v_2,v_5)=1+7=8,$$
$$r(v_6,v_5)=r(v_6)+l(v_6,v_5)=4+3=7,$$
$$r(v_6,v_7)=r(v_6)+l(v_6,v_7)=4+6=10.$$

取上述值中最小的,$\min\{r(v_2,v_4),r(v_2,v_5),r(v_6,v_5),r(v_6,v_7)\}=5$,对应的点为 v_4,说明除了 v_2、v_3、v_6,v_1 到其他各点的距离中,到 v_4 的距离最短.让 v_4 进入集合 S,此时 $S=\{v_1,v_2,v_3,v_6,v_4\}$,$\overline{S}=\{v_5,v_7\}$.在图上 v_4 处标号 $r(v_4)=5$,并把边 (v_2,v_4) 加粗,用以表示 v_1 到 v_4 的最短距离是经过边 (v_1,v_2)、边 (v_2,v_4) 实现的,如图 6-11 所示.

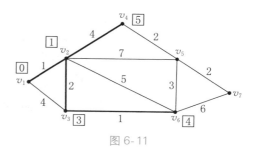

图 6-11

第六步　再找出集合 $S=\{v_1,v_2,v_3,v_6,v_4\}$ 中每一个顶点与 $\overline{S}$ 中有直接相连边的顶点,并计算出 v_1 到它们的距离,找出最小值及对应顶点.

与 v_1 相连边没有,与 v_2 相连边有 1 条(v_2,v_5),与 v_3 相连边没有,与 v_6 相连边有 2 条,分别为边(v_6,v_5)、边(v_6,v_7),与 v_4 相连边有 1 条(v_4,v_5),分别计算 v_1 到相关各点的距离得

$$r(v_2,v_5)=r(v_2)+l(v_2,v_5)=1+7=8,$$
$$r(v_6,v_5)=r(v_6)+l(v_6,v_5)=4+3=7,$$
$$r(v_6,v_7)=r(v_6)+l(v_6,v_7)=4+6=10.$$
$$r(v_4,v_5)=r(v_4)+l(v_4,v_5)=5+2=7.$$

取上述值中最小的,$\min\{r(v_4,v_5),r(v_2,v_5),r(v_6,v_5),r(v_6,v_7)\}=7$,对应的点为 v_5,说明除了 v_2、v_3、v_6、v_4,v_1 到其他各点的距离中,到 v_5 的距离最短,让 v_5 进入集合 S,此时 $S=\{v_1,v_2,v_3,v_6,v_4,v_5\}$,$\overline{S}=\{v_7\}$.在图上 v_5 处标号 $r(v_5)=7$,并把边(v_6,v_5)、边(v_4,v_5)加粗,用以表示 v_1 到 v_5 的最短距离是经过边(v_1,v_2)、边(v_2,v_4)、边(v_4,v_5)或经过边(v_1,v_2)、边(v_2,v_3)、边(v_3,v_6)、边(v_6,v_5)实现的,如图 6-12 所示.

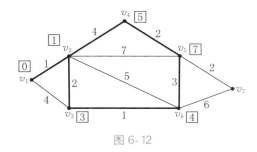

图 6-12

第七步　再找出集合 $S=\{v_1,v_2,v_3,v_6,v_4,v_5\}$ 中每一个顶点与 $\overline{S}$ 中有直接相连边的顶点,并计算出 v_1 到它们的距离,找出最小值及对应顶点.

与 v_1、v_2、v_3、v_4 相连边没有,与 v_6 相连边有 1 条(v_6,v_7),与 v_5 相连边有 1 条(v_5,v_7),分别计算 v_1 到相关各点的距离得

$$r(v_6,v_7)=r(v_6)+l(v_6,v_7)=4+6=10,$$
$$r(v_5,v_7)=r(v_5)+l(v_5,v_7)=7+2=9.$$

取上述值中最小的,$\min\{r(v_6,v_7),r(v_5,v_7)\}=9$,对应的点为 v_7,说明到 v_7 的最短距离为 9,让 v_7 进入集合 S,此时 $S=\{v_1,v_2,v_3,v_6,v_4,v_5,v_7\}$,$\overline{S}$ 为空集.在图上 v_7 处标号 $r(v_7)=9$,并把边(v_5,v_7)加粗,用以表示 v_1 到 v_7 的最短距离是经过边(v_1,v_2)、边(v_2,v_4)、边(v_4,v_5)、边(v_5,v_7)或经过边(v_1,v_2)、边(v_2,v_3)、边(v_3,v_6)、边(v_6,v_5)、边(v_5,v_7)实现的,如图 6-13 所示.

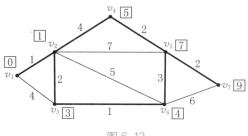

图 6-13

习题

A 组

1. 如图 6-14 所示,求 A 到 G 的最短路径.

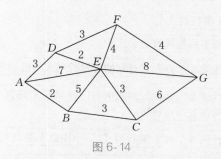

图 6-14

2. 如图 6-15 所示,求 A 到 H 的最短路径.

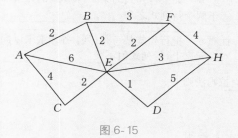

图 6-15

B 组

1. 如图 6-16 所示,求 A 到 H 的最短路径.

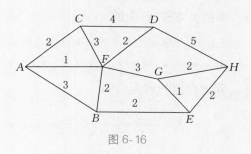

图 6-16

二、行列式

学习目标:

理解二阶行列式、三阶行列式的概念,并会计算二阶行列式和三阶行列式的值.

理解 n 阶行列式的概念,并会计算 n 阶行列式的值.

理解行列式的性质.

掌握克拉姆法则.

知识导图:

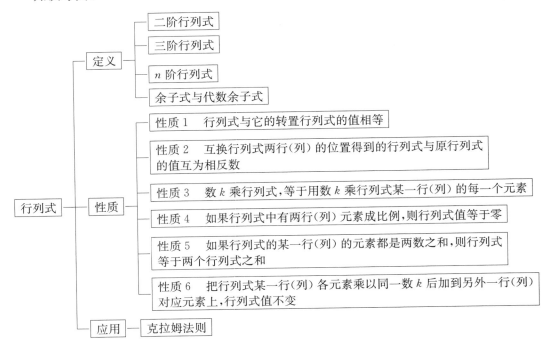

1. 二阶行列式

用消元法解二元一次方程组:

$$\begin{cases} a_{11}x_1 + a_{12}x_2 = b_1, & (1) \\ a_{21}x_1 + a_{22}x_2 = b_2, & (2) \end{cases}$$

消去方程(2)中的 x_1, 再消去方程(1)中的 x_2, 得

$$(a_{11}a_{22} - a_{12}a_{21})x_2 = b_2 a_{11} - a_{21}b_1,$$
$$(a_{11}a_{22} - a_{12}a_{21})x_1 = b_1 a_{22} - a_{12}b_2.$$

若 $a_{11}a_{22} - a_{12}a_{21} \neq 0$, 则方程组的解为

$$\begin{cases} x_1 = \dfrac{b_1 a_{22} - a_{12}b_2}{a_{11}a_{22} - a_{12}a_{21}}, \\ x_2 = \dfrac{b_2 a_{11} - a_{21}b_1}{a_{11}a_{22} - a_{12}a_{21}}. \end{cases}$$

定义 将四个数 a_{11}, a_{12}, a_{21}, a_{22} 排列成两行两列, 两边各加上一条竖直线段, 它表示一个数, 称之为**二阶行列式**. $a_{ij}(i, j = 1, 2)$ 为这个行列式的元素, a_{ij} 的下标 ij 表示该元素所处位置在行列式的第 i 行第 j 列.

二阶行列式的计算法则——对角线法则:

$$\begin{vmatrix} a_{11} & a_{12} \\ a_{21} & a_{22} \end{vmatrix} = a_{11}a_{22} - a_{12}a_{21}.$$

即主对角线上两元素的乘积减去次对角线上两元素的乘积.

对于二元一次方程组,记

$$D=\begin{vmatrix} a_{11} & a_{12} \\ a_{21} & a_{22} \end{vmatrix}=a_{11}a_{22}-a_{12}a_{21}\neq 0,$$

$$D_1=\begin{vmatrix} b_1 & a_{12} \\ b_2 & a_{22} \end{vmatrix}=b_1a_{22}-a_{12}b_2,\quad D_2=\begin{vmatrix} a_{11} & b_1 \\ a_{22} & b_2 \end{vmatrix}=a_{11}b_2-b_1a_{21}.$$

D_1、D_2 是由方程组的右端常数列分别取代 D 的第 1 列、第 2 列而得的两个二阶行列式.

则方程组的解为

$$\begin{cases} x_1=\dfrac{D_1}{D}, \\ x_2=\dfrac{D_2}{D}. \end{cases}$$

例 1　解二元线性方程组 $\begin{cases} 2x-3y=12, \\ 3x+7y=-15. \end{cases}$

解　$D=\begin{vmatrix} 2 & -3 \\ 3 & 7 \end{vmatrix}=23,\ D_1=\begin{vmatrix} 12 & -3 \\ -15 & 7 \end{vmatrix}=39,\ D_2=\begin{vmatrix} 2 & 12 \\ 3 & -15 \end{vmatrix}=-66.$

则方程组的解为

$$\begin{cases} x_1=\dfrac{D_1}{D}=\dfrac{39}{23}, \\ x_2=\dfrac{D_2}{D}=-\dfrac{66}{23}. \end{cases}$$

2. 三阶行列式

定义　将 9 个数排成三行三列,并用两根竖线夹起来,可得到三阶行列式,记为

$$D_3=\begin{vmatrix} a_{11} & a_{12} & a_{13} \\ a_{21} & a_{22} & a_{23} \\ a_{31} & a_{32} & a_{33} \end{vmatrix},$$

且 $\begin{vmatrix} a_{11} & a_{12} & a_{13} \\ a_{21} & a_{22} & a_{23} \\ a_{31} & a_{32} & a_{33} \end{vmatrix}=a_{11}a_{22}a_{33}+a_{12}a_{23}a_{31}+a_{13}a_{21}a_{32}-a_{11}a_{23}a_{32}-a_{12}a_{21}a_{33}-a_{13}a_{22}a_{31}.$

利用三阶行列式解三元线性方程组 $\begin{cases} a_{11}x_1+a_{12}x_2+a_{13}x_3=b_1, \\ a_{21}x_1+a_{22}x_2+a_{23}x_3=b_2, \\ a_{31}x_1+a_{32}x_2+a_{33}x_3=b_3. \end{cases}$

记

$$D=\begin{vmatrix} a_{11} & a_{12} & a_{13} \\ a_{21} & a_{22} & a_{23} \\ a_{31} & a_{32} & a_{33} \end{vmatrix}\neq 0,\ D_1=\begin{vmatrix} b_1 & a_{12} & a_{13} \\ b_2 & a_{22} & a_{23} \\ b_3 & a_{32} & a_{33} \end{vmatrix},$$

$$D_2=\begin{vmatrix} a_{11} & b_1 & a_{13} \\ a_{21} & b_2 & a_{23} \\ a_{31} & b_3 & a_{33} \end{vmatrix},\ D_3=\begin{vmatrix} a_{11} & a_{12} & b_1 \\ a_{21} & a_{22} & b_2 \\ a_{31} & a_{32} & b_3 \end{vmatrix},$$

则　$x_1 = \dfrac{D_1}{D}$，$x_2 = \dfrac{D_2}{D}$，$x_3 = \dfrac{D_3}{D}$.

例 2　解三元线性方程组 $\begin{cases} x - y + 2z = 13, \\ x + y + z = 10, \\ 2x + 3y = 1. \end{cases}$

解

$$D = \begin{vmatrix} 1 & -1 & 2 \\ 1 & 1 & 1 \\ 2 & 3 & 0 \end{vmatrix} = -3, \quad D_1 = \begin{vmatrix} 13 & -1 & 2 \\ 10 & 1 & 1 \\ 1 & 3 & 0 \end{vmatrix} = 18,$$

$$D_2 = \begin{vmatrix} 1 & 13 & 2 \\ 1 & 10 & 1 \\ 2 & 1 & 0 \end{vmatrix} = -13, \quad D_3 = \begin{vmatrix} 1 & -1 & 13 \\ 1 & 1 & 10 \\ 2 & 3 & 1 \end{vmatrix} = -35,$$

则 $x_1 = \dfrac{D_1}{D} = -6$，$x_2 = \dfrac{D_2}{D} = \dfrac{13}{3}$，$x_3 = \dfrac{D_3}{D} = \dfrac{35}{3}$.

3. n 阶行列式的定义

定义　由 n^2 个数 $a_{ij}(i, j = 1, 2, 3, \cdots, n)$ 排成 n 行 n 列，两边各加上一条竖直线段，组成算式

$$D = \begin{vmatrix} a_{11} & a_{12} & \cdots & a_{1n} \\ a_{21} & a_{22} & \cdots & a_{2n} \\ \vdots & \vdots & & \vdots \\ a_{n1} & a_{2n} & \cdots & a_{nn} \end{vmatrix}, \tag{3}$$

称为 **n 阶行列式**，简称行列式，常用字母 D 表示，数 a_{ij} 称为**行列式的第 i 行第 j 列元素**.划去元素 a_{ij} 所在的第 i 行和第 j 列后，剩下 $(n-1)^2$ 个元素按原来顺序组成的 $n-1$ 阶行列式称为 **a_{ij} 的余子式**，记为 M_{ij}；在 M_{ij} 的前面冠以符号因子 $(-1)^{i+j}$ 后，称为**元素 a_{ij} 的代数余子式**，记为 $A_{ij} = (-1)^{i+j} M_{ij}$.

当 $n = 1$ 时，规定：$D = |a_{11}| = a_{11}$，即一阶行列式是数 a_{11} 本身.

注意：一阶行列式 $|a_{11}| = a_{11}$ 不要与绝对值记号混淆.

设 $n-1$ 阶行列式已经定义，则 n 阶行列式

$$D = a_{11}A_{11} + a_{12}A_{12} + \cdots + a_{1n}A_{1n} = \sum_{j=1}^{n} a_{ij}A_{ij},$$

即 n 阶行列式 D 等于它的第一行元素与它们各自的代数余子式乘积的代数和.

例如，当 $n = 2$ 时，有

$$D = \begin{vmatrix} a_{11} & a_{12} \\ a_{21} & a_{22} \end{vmatrix} = a_{11}A_{11} + a_{12}A_{12} = a_{11}a_{22} - a_{12}a_{21}.$$

例 3　写出四阶行列式 $\begin{vmatrix} 1 & 0 & -3 & 2 \\ -4 & -1 & 0 & -5 \\ 2 & 3 & -1 & -6 \\ 3 & 3 & -4 & 1 \end{vmatrix}$ 的元素 a_{34} 的余子式和代数余子式.

解

$$M_{34} = \begin{vmatrix} 1 & 0 & -3 \\ -4 & -1 & 0 \\ 3 & 3 & -4 \end{vmatrix}, \quad A_{34} = (-1)^{3+4} \begin{vmatrix} 1 & 0 & -3 \\ -4 & -1 & 0 \\ 3 & 3 & -4 \end{vmatrix} = - \begin{vmatrix} 1 & 0 & -3 \\ -4 & -1 & 0 \\ 3 & 3 & -4 \end{vmatrix}.$$

定理　n 阶行列式 D 等于它的任意一行元素与它们各自的代数余子式乘积之和,即

$$a_{i1}A_{i1} + a_{i2}A_{i2} + \cdots + a_{in}A_{in} = \sum_{j=1}^{n} a_{ij}A_{ij}. \tag{4}$$

其中 $i=1, 2, \cdots, n$,(4)式称为 **n 阶行列式按行展开式**.

例 4　证明四阶上三角行列式

$$D = \begin{vmatrix} a_{11} & a_{12} & a_{13} & a_{14} \\ 0 & a_{22} & a_{23} & a_{24} \\ 0 & 0 & a_{33} & a_{34} \\ 0 & 0 & 0 & a_{44} \end{vmatrix} = a_{11}a_{22}a_{33}a_{44}.$$

证明　以第一列进行代数余子式展开,有

$$D = a_{11} \begin{vmatrix} a_{22} & a_{23} & a_{24} \\ 0 & a_{33} & a_{34} \\ 0 & 0 & a_{44} \end{vmatrix} = a_{11}a_{22}a_{33}a_{44}.$$

例 5　计算行列式

$$D = \begin{vmatrix} 0 & a & 0 & 0 \\ 0 & 0 & 0 & b \\ 0 & 0 & 0 & 0 \\ 0 & 0 & d & 0 \end{vmatrix}.$$

解　以第一行进行代数余子式展开,有

$$D = \begin{vmatrix} 0 & a & 0 & 0 \\ 0 & 0 & 0 & b \\ 0 & 0 & 0 & 0 \\ 0 & 0 & d & 0 \end{vmatrix} = a \begin{vmatrix} 0 & 0 & b \\ 0 & 0 & 0 \\ 0 & d & 0 \end{vmatrix} = 0.$$

4. 行列式的性质

定义　设 D 表示 n 阶行列式,则称 $D^T = \begin{vmatrix} a_{11} & a_{12} & \cdots & a_{n1} \\ a_{21} & a_{22} & \cdots & a_{n2} \\ \vdots & \vdots & & \vdots \\ a_{1n} & a_{2n} & \cdots & a_{nn} \end{vmatrix}$ 为 **D 的转置**(行列式).

说明:D^T 是 D 的行改为列、列改为行(即行列互换)所得到的 n 阶行列式.

性质 1　行列式 D 与它的转置行列式 D^T 相等,即 $D = D^T$.

例如,$D = \begin{vmatrix} a & b \\ c & d \end{vmatrix} = ad - bc = \begin{vmatrix} a & c \\ b & d \end{vmatrix} = D^T$.

说明行列式中的行与列具有同等的地位,行列式的性质凡是对行成立的,对列也同样成立,反之亦然.

推论 1　n 阶行列式等于它的任意一列元素与它们各自的代数余子式乘积之和,即

$$D = a_{1j}A_{1j} + a_{2j}A_{2j} + \cdots + a_{nj}A_{nj} = \sum_{i=1}^{n} a_{ij}A_{ij}, \text{其中 } j = 1, 2, \cdots, n.$$

性质 2　互换行列式两行(列)的位置得到的行列式与原行列式的值互为相反数,即

$$
\begin{vmatrix}
a_{11} & a_{12} & \cdots & a_{1n} \\
\vdots & \vdots & & \vdots \\
a_{s1} & a_{s2} & \cdots & a_{sn} \\
\vdots & \vdots & & \vdots \\
a_{t1} & a_{t2} & \cdots & a_{tn} \\
\vdots & \vdots & & \vdots \\
a_{n1} & a_{n2} & \cdots & a_{nn}
\end{vmatrix}
= -
\begin{vmatrix}
a_{11} & a_{12} & \cdots & a_{1n} \\
\vdots & \vdots & & \vdots \\
a_{t1} & a_{t2} & \cdots & a_{tn} \\
\vdots & \vdots & & \vdots \\
a_{s1} & a_{s2} & \cdots & a_{sn} \\
\vdots & \vdots & & \vdots \\
a_{n1} & a_{n2} & \cdots & a_{nn}
\end{vmatrix}.
$$

推论 2　如果行列式有两行(列)的元素完全相同,则此行列式值等于零.

性质 3　数 k 乘行列式,等于用数 k 乘行列式某一行(列)的每一个元素,即

$$
k
\begin{vmatrix}
a_{11} & a_{12} & \cdots & a_{1n} \\
\vdots & \vdots & & \vdots \\
a_{i1} & a_{i2} & \cdots & a_{in} \\
\vdots & \vdots & & \vdots \\
a_{n1} & a_{n2} & \cdots & a_{nn}
\end{vmatrix}
=
\begin{vmatrix}
a_{11} & a_{12} & \cdots & a_{1n} \\
\vdots & \vdots & & \vdots \\
ka_{i1} & ka_{i2} & \cdots & ka_{in} \\
\vdots & \vdots & & \vdots \\
a_{n1} & a_{n2} & \cdots & a_{nn}
\end{vmatrix}.
$$

性质 4　如果行列式中有两行(列)元素成比例,则行列式值等于零.

性质 5　如果行列式的某一行(列)的元素都是两数之和,例如

$$
D
\begin{vmatrix}
a_{11} & a_{12} & \cdots & a_{1n} \\
\vdots & \vdots & & \vdots \\
a_{i1}+b_{i1} & a_{i2}+b_{i2} & \cdots & a_{in}+b_{in} \\
\vdots & \vdots & & \vdots \\
a_{n1} & a_{n2} & \cdots & a_{nn}
\end{vmatrix},
$$

则行列式 D 等于下列两个行列式之和

$$
D =
\begin{vmatrix}
a_{11} & a_{13} & \cdots & a_{1n} \\
\vdots & \vdots & & \vdots \\
a_{i1} & a_{i2} & \cdots & a_{in} \\
\vdots & \vdots & & \vdots \\
a_{n1} & a_{n2} & \cdots & a_{nn}
\end{vmatrix}
+
\begin{vmatrix}
a_{11} & a_{12} & \cdots & a_{1n} \\
\vdots & \vdots & & \vdots \\
b_{i1} & b_{i2} & \cdots & b_{in} \\
\vdots & \vdots & & \vdots \\
a_{n1} & a_{n2} & \cdots & a_{nn}
\end{vmatrix}.
$$

性质 6　把行列式某一行(列)各元素乘以同一数 k 后加到另外一行(列)对应元素上,行列式值不变,即

$$\begin{vmatrix} a_{11} & a_{12} & \cdots & a_{1n} \\ \vdots & \vdots & & \vdots \\ a_{s1} & a_{s2} & \cdots & a_{sn} \\ \vdots & \vdots & & \vdots \\ a_{t1} & a_{t2} & \cdots & a_{tn} \\ \vdots & \vdots & & \vdots \\ a_{n1} & a_{n2} & \cdots & a_{nn} \end{vmatrix} = \begin{vmatrix} a_{11} & a_{12} & \cdots & a_{1n} \\ \vdots & \vdots & & \vdots \\ a_{s1} & a_{s2} & \cdots & a_{sn} \\ \vdots & \vdots & & \vdots \\ ka_{s1}+a_{t1} & ka_{s2}+a_{t2} & \cdots & ka_{sn}+a_{tn} \\ \vdots & \vdots & & \vdots \\ a_{n1} & a_{n2} & \cdots & a_{nn} \end{vmatrix}.$$

注意:这里某行元素的 k 倍必须是加到另外一行上,而不是加到本行上.

例 6　计算

(1) $D=\begin{vmatrix} 3 & 2 & 0 & 1 \\ 2 & 4 & 1 & 9 \\ -1 & 3 & 0 & 2 \\ 0 & 0 & 0 & 5 \end{vmatrix}$;　　(2) $D=\begin{vmatrix} 1 & 2 & -3 & 4 \\ 2 & 3 & -4 & 7 \\ -1 & -2 & 5 & -8 \\ 1 & 3 & -5 & 10 \end{vmatrix}$.

解

(1) $D=\begin{vmatrix} 3 & 2 & 0 & 1 \\ 2 & 4 & 1 & 9 \\ -1 & 3 & 0 & 2 \\ 0 & 0 & 0 & 5 \end{vmatrix}=5\times\begin{vmatrix} 3 & 2 & 0 \\ 2 & 4 & 1 \\ -1 & 3 & 0 \end{vmatrix}=5\times1\times(-1)^5\times\begin{vmatrix} 3 & 2 \\ -1 & 3 \end{vmatrix}=-55$;

(2) $D=\begin{vmatrix} 1 & 2 & -3 & 4 \\ 2 & 3 & -4 & 7 \\ -1 & -2 & 5 & -8 \\ 1 & 3 & -5 & 10 \end{vmatrix}=\begin{vmatrix} 1 & 2 & -3 & 4 \\ 0 & -1 & 2 & -1 \\ 0 & 0 & 2 & -4 \\ 0 & 1 & -2 & 6 \end{vmatrix}=\begin{vmatrix} 1 & 2 & -3 & 4 \\ 0 & -1 & 2 & -1 \\ 0 & 0 & 2 & -4 \\ 0 & 0 & 0 & 5 \end{vmatrix}$

$=-10$.

例 7　计算 $D=\begin{vmatrix} a & 1 & 1 & 1 \\ 1 & a & 1 & 1 \\ 1 & 1 & a & 1 \\ 1 & 1 & 1 & a \end{vmatrix}$.

解

$D=\begin{vmatrix} a & 1 & 1 & 1 \\ 1 & a & 1 & 1 \\ 1 & 1 & a & 1 \\ 1 & 1 & 1 & a \end{vmatrix}=\begin{vmatrix} a+3 & a+3 & a+3 & a+3 \\ 1 & a & 1 & 1 \\ 1 & 1 & a & 1 \\ 1 & 1 & 1 & a \end{vmatrix}=(a+3)\begin{vmatrix} 1 & 1 & 1 & 1 \\ 1 & a & 1 & 1 \\ 1 & 1 & a & 1 \\ 1 & 1 & 1 & a \end{vmatrix}$

$=(a+3)\begin{vmatrix} 1 & 1 & 1 & 1 \\ 1 & a & 1 & 1 \\ 1 & 1 & a & 1 \\ 1 & 1 & 1 & a \end{vmatrix}=(a+3)\begin{vmatrix} 1 & 1 & 1 & 1 \\ 0 & a-1 & 0 & 0 \\ 0 & 0 & a-1 & 0 \\ 0 & 0 & 0 & a-1 \end{vmatrix}=(a+3)(a-1)^3.$

思考题 1:计算 n 阶行列式($n>1$)

$$D=\begin{vmatrix} a & b & 0 & 0 & \cdots & 0 & 0 & 0 \\ 0 & a & b & 0 & \cdots & 0 & 0 & 0 \\ 0 & 0 & a & b & \cdots & 0 & 0 & 0 \\ \vdots & \vdots & \vdots & \vdots & & \vdots & \vdots & \vdots \\ 0 & 0 & 0 & 0 & \cdots & 0 & a & b \\ b & 0 & 0 & 0 & \cdots & 0 & 0 & a \end{vmatrix}.$$

思考题 2：求证 $\begin{vmatrix} a_{11} & b_{12} & 0 & 0 \\ a_{21} & a_{22} & 0 & 0 \\ c_{11} & c_{12} & b_{11} & b_{12} \\ c_{21} & c_{22} & b_{21} & b_{22} \end{vmatrix}=\begin{vmatrix} a_{11} & a_{12} \\ a_{21} & a_{22} \end{vmatrix}\begin{vmatrix} b_{11} & b_{12} \\ b_{21} & b_{22} \end{vmatrix}.$

思考题 1 和思考题 2 的计算方法是：将一个 n 阶行列式按某行（列）展开成 n 个 $n-1$ 阶行列式，每个 $n-1$ 阶行列式又按某行（列）展开成 $n-1$ 个 $n-2$ 阶行列式，如此不断的降低行列式的阶数，直到最后降为三阶或二阶行列式，这是行列式的又一个计算方法——**降阶法**.

思考题 2 的结论可推广到一般情形，用数学归纳法可以证明以下结论：

$$\begin{vmatrix} A & 0 \\ C & B \end{vmatrix}=|A||B|,$$

式中 A 为 n 阶方阵，B 为 m 阶方阵.

按行列式展开式定理，把 n 阶行列式转化为 $n-1$ 阶行列式，减少了计算量，这是计算行列式又一个基本方法.

5. 克莱姆（Cramer）法则

设含有 n 个未知量 n 个方程的线性方程组

$$\begin{cases} a_{11}x_1+a_{12}x_2+\cdots+a_{1n}x_n=b_1, \\ a_{21}x_1+a_{22}x_2+\cdots+a_{2n}x_n=b_2, \\ \cdots\cdots\cdots\cdots \\ a_{n1}x_1+a_{n2}x_2+\cdots+a_{nn}x_n=b_n. \end{cases} \tag{5}$$

若 $b_1,b_2,\cdots,b_n$ 不全为零，称方程组（5）为**非齐次线性方程组**；若 $b_1=b_2=\cdots=b_n=0$，称方程组（5）为**齐次线性方程组**.

定理（克莱姆法则） 如果非齐次线性方程组由它的系数组成的行列式

$$D=\begin{vmatrix} a_{11} & a_{12} & \cdots & a_{1n} \\ a_{21} & a_{22} & \cdots & a_{2n} \\ \vdots & \vdots & & \vdots \\ a_{n1} & a_{n2} & \cdots & a_{nn} \end{vmatrix}\neq 0,$$

则方程组（4）有唯一解

$$x_1=\frac{D_1}{D},\ x_2=\frac{D_2}{D},\ \cdots,\ x_i=\frac{D_j}{D},\ \cdots,\ x_n=\frac{D_n}{D}. \tag{6}$$

其中 $D_j(j=1,2,\cdots,n)$ 是用方程组右端常数列 $[b_1,b_2,\cdots,b_n]^T$ 依次替代 D 中第 j 列后得到的 n 阶行列式，即

$$D_j = \begin{vmatrix} a_{11} & \cdots & a_{1j-1} & b_1 & a_{1j+1} & \cdots & a_{1n} \\ a_{21} & \cdots & a_{2j-1} & b_2 & a_{2j+1} & \cdots & a_{2n} \\ \vdots & & \vdots & \vdots & \vdots & & \vdots \\ a_{n1} & \cdots & a_{nj-1} & b_n & a_{nj+1} & \cdots & a_{nn} \end{vmatrix} (j = 1, 2, \cdots, n).$$

定理的条件是:n 个方程 n 个未知量组成的线性方程组(5),它的系数行列式 $D \neq 0$;结论是:方程组(5)有唯一解,且由(6)式给出.

推论　当 $D \neq 0$ 时,齐次线性方程组只有零解 $x_1 = x_2 = \cdots = 0$(称为**零解**),换言之,齐次线性方程组有非零解,必然 $D = 0$.

习题

A 组

1. 求方阵 $A = \begin{vmatrix} -3 & 0 & -4 \\ 5 & 0 & 3 \\ 2 & -2 & 1 \end{vmatrix}$ 对应的元素 2 和 -2 的代数余子式.

2. 已知 4 阶方阵 A 中第 3 列元素依次为 1、-2、1、0,它们的余子式依次为 5、3、7、-4.求方阵 A 的行列式.

3. 计算下列行列式.

(1) $\begin{vmatrix} 1 & 2 \\ 1 & 3 \end{vmatrix}$;

(2) $\begin{vmatrix} a & b \\ a^2 & b^2 \end{vmatrix}$;

(3) $\begin{vmatrix} 1 & -1 & 0 \\ 4 & -5 & -3 \\ 2 & 3 & 6 \end{vmatrix}$;

(4) $\begin{vmatrix} -ab & ac & ae \\ bd & -cd & de \\ bf & cf & -ef \end{vmatrix}$.

B 组

1. 解方程 $\begin{vmatrix} 0 & 1 & x & 1 \\ 1 & 0 & 1 & x \\ x & 1 & 0 & 1 \\ 1 & x & 1 & 0 \end{vmatrix} = 0$.

2. 计算下列行列式.

(1) $\begin{vmatrix} 6 & 0 & 8 & 0 \\ 5 & -1 & 3 & -2 \\ 0 & 2 & 0 & 0 \\ 1 & 0 & 4 & -3 \end{vmatrix}$;

(2) $\begin{vmatrix} 3 & 1 & 1 & 1 \\ 1 & 3 & 1 & 1 \\ 1 & 1 & 3 & 1 \\ 1 & 1 & 1 & 3 \end{vmatrix}$.

三、矩阵

学习目标：

理解矩阵的概念．

掌握矩阵的加减运算、数乘运算、以及矩阵的乘法运算．

理解矩阵的初等变换，会应用初等变换求线性方程组的解．

知识导图：

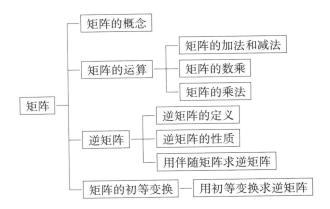

1. 矩阵的概念

定义　由 $m \times n$ 个数 $a_{ij}(i=1,2,\cdots,m;j=1,2,\cdots,n)$ 排成 m 行 n 列的矩形数表

$$
\begin{matrix}
a_{11} & a_{12} & \cdots & a_{1n} \\
a_{21} & a_{22} & \cdots & a_{2n} \\
\vdots & \vdots & & \vdots \\
a_{m1} & a_{m2} & \cdots & a_{mn}
\end{matrix}
$$

用括号将其括起来，称为 **$m \times n$ 矩阵**，通常用大写字母 **A，B，C，$\cdots$** 表示，即

$$
A = \begin{pmatrix}
a_{11} & a_{12} & \cdots & a_{1n} \\
a_{21} & a_{22} & \cdots & a_{2n} \\
\vdots & \vdots & & \vdots \\
a_{m1} & a_{m2} & \cdots & a_{mn}
\end{pmatrix}.
$$

简记为 $A=(a_{ij})_{m \times n}$，其中 a_{ij} 称为矩阵 A 的第 i 行第 j 列处的元素．

几种特殊的矩阵：

（1）行数与列数相等的矩阵称为**方阵**，如 $A = \begin{pmatrix} a_{11} & \cdots & a_{1n} \\ \vdots & \ddots & \vdots \\ a_{n1} & \cdots & a_{nn} \end{pmatrix}$ 称为 **n 阶方阵**；

（2）当 $m=1$、$n>1$ 时，矩阵 $A=(a_{ij})_{1 \times n}$ 称为**行矩阵**，如 $A=(2 \quad 4 \quad 5 \quad 3)$；

（3）当 $m>1$、$n=1$ 时，矩阵 $A=(a_{ij})_{m \times 1}$ 称为**列矩阵**，如 $B = \begin{pmatrix} a_{11} \\ a_{12} \\ \vdots \\ a_{1n} \end{pmatrix}$；

（4）所有元素都是 0 的矩阵称为**零矩阵**，记作 $O_{m \times n}$ 或 O；

（5）n 阶单位矩阵 $\boldsymbol{E}_n = \begin{pmatrix} 1 & 0 & 0 & \cdots & 0 \\ 0 & 1 & 0 & \cdots & 0 \\ \vdots & \vdots & \vdots & & \vdots \\ 0 & 0 & 0 & \cdots & 1 \end{pmatrix}$，不加区别时表示为 $\boldsymbol{E}$ 或者 $\boldsymbol{I}$；

（6）n 阶对角矩阵 $\boldsymbol{A} = \begin{pmatrix} \lambda_1 & 0 & 0 & \cdots & 0 \\ 0 & \lambda_2 & 0 & \cdots & 0 \\ \vdots & \vdots & \vdots & & \vdots \\ 0 & 0 & & \cdots & \lambda_n \end{pmatrix} = \mathrm{diag}(\lambda_1, \lambda_2, \cdots, \lambda_n)$；

（7）n 阶数量矩阵 $\boldsymbol{A} = \begin{pmatrix} \lambda & 0 & 0 & \cdots & 0 \\ 0 & \lambda & 0 & \cdots & 0 \\ \vdots & \vdots & \vdots & & \vdots \\ 0 & 0 & 0 & \cdots & \lambda \end{pmatrix}$，$\lambda$ 为常数；

（8）n 阶上三角矩阵 $\boldsymbol{A} = \begin{pmatrix} a_{11} & a_{12} & \cdots & a_{1n} \\ 0 & a_{22} & \cdots & a_{2n} \\ \vdots & \vdots & & \vdots \\ 0 & 0 & \cdots & a_{mn} \end{pmatrix}$；

（9）n 阶下三角矩阵 $\boldsymbol{B} = \begin{pmatrix} a_{11} & 0 & \cdots & 0 \\ a_{21} & a_{22} & \cdots & 0 \\ \vdots & \vdots & & \vdots \\ a_{n1} & a_{n2} & \cdots & a_{mn} \end{pmatrix}$.

（10）将矩阵 $\boldsymbol{A}$ 的行列互换所得的矩阵，称为矩阵 $\boldsymbol{A}$ 的转置矩阵，记为 $\boldsymbol{A}^{\mathrm{T}}$.

2. 矩阵的运算

（1）同型矩阵与矩阵的相等

定义　如果两个矩阵的行数相同，列数也相同，就称它们是**同型矩阵**.

定义　如果两矩阵 $\boldsymbol{A} = (a_{ij})_{m \times n}$ 和 $\boldsymbol{B} = (b_{ij})_{m \times n}$ 是同型矩阵，且它们对应的元素相等，即

$$a_{ij} = b_{ij} (i = 1, 2, \cdots, m; j = 1, 2, \cdots, n),$$

则称矩阵 $\boldsymbol{A}$ 与 $\boldsymbol{B}$ 相等，记为 $\boldsymbol{A} = \boldsymbol{B}$.

（2）矩阵的加法、减法与数乘

定义　如果两矩阵 $\boldsymbol{A} = (a_{ij})_{m \times n}$ 和 $\boldsymbol{B} = (b_{ij})_{m \times n}$ 是同型矩阵，k 为一个数.规定如下.

$\boldsymbol{A}$ 与 $\boldsymbol{B}$ 的加法为

$$\boldsymbol{A} + \boldsymbol{B} = (a_{ij} + b_{ij})_{m \times n} = \begin{pmatrix} a_{11} + b_{11} & \cdots & a_{1n} + b_{1n} \\ \vdots & & \vdots \\ a_{m1} + b_{m1} & \cdots & a_{mn} + b_{mn} \end{pmatrix}.$$

k 与 $\boldsymbol{A}$ 的数乘为

$$k\boldsymbol{A} = (ka_{ij})_{m \times n} = \begin{pmatrix} ka_{11} & \cdots & ka_{1n} \\ \vdots & & \vdots \\ ka_{m1} & \cdots & ka_{mn} \end{pmatrix}.$$

负矩阵为

$$-\boldsymbol{A} = (-1)\boldsymbol{A} = (-a_{ij})_{m \times n}.$$

$\boldsymbol{A}$ 与 $\boldsymbol{B}$ 的减法为

$$A-B=A+(-B)=(a_{ij}-b_{ij})_{m\times n}=\begin{pmatrix} a_{11}-b_{11} & \cdots & a_{1n}-b_{1n} \\ \vdots & & \vdots \\ a_{m1}-b_{m1} & \cdots & a_{mn}-b_{mn} \end{pmatrix}.$$

例 1 已知 $\boldsymbol{A}=\begin{pmatrix} 3 & 2 \\ 4 & 5 \\ 6 & 7 \end{pmatrix}$, $\boldsymbol{B}=\begin{pmatrix} 5 & 4 \\ 2 & -4 \\ 3 & 5 \end{pmatrix}$, 求 $\boldsymbol{A}+\boldsymbol{B}$; $\frac{1}{2}(\boldsymbol{A}-\boldsymbol{B})$.

解

$$\boldsymbol{A}+\boldsymbol{B}=\begin{pmatrix} 3+5 & 2+4 \\ 4+2 & 5+(-4) \\ 6+3 & 7+5 \end{pmatrix}=\begin{pmatrix} 8 & 6 \\ 6 & 1 \\ 9 & 12 \end{pmatrix},$$

$$\frac{1}{2}(\boldsymbol{A}-\boldsymbol{B})=\frac{1}{2}\begin{pmatrix} 3-5 & 2-4 \\ 4-2 & 5-(-4) \\ 6-3 & 7-5 \end{pmatrix}=\frac{1}{2}\begin{pmatrix} -2 & -2 \\ 2 & 9 \\ 3 & 2 \end{pmatrix}=\begin{pmatrix} -1 & -1 \\ 1 & \dfrac{9}{2} \\ \dfrac{3}{2} & 1 \end{pmatrix}.$$

例 2 设 $\boldsymbol{A}=\begin{pmatrix} 1 & -2 & 0 \\ 4 & 3 & 5 \end{pmatrix}$, $\boldsymbol{B}=\begin{pmatrix} 8 & 2 & 6 \\ 5 & 3 & 4 \end{pmatrix}$, 满足 $2\boldsymbol{A}+\boldsymbol{X}=\boldsymbol{B}-2\boldsymbol{X}$, 求 $\boldsymbol{X}$.

解 因为

$$2\boldsymbol{A}+\boldsymbol{X}=\boldsymbol{B}-2\boldsymbol{X},$$
$$2\boldsymbol{A}+\boldsymbol{X}+2\boldsymbol{X}=\boldsymbol{B},$$
$$3\boldsymbol{X}=\boldsymbol{B}-2\boldsymbol{A},$$

所以

$$\boldsymbol{X}=\frac{1}{3}(\boldsymbol{B}-2\boldsymbol{A})=\frac{1}{3}\begin{pmatrix} 8-2 & 2-(-4) & 6-0 \\ 5-8 & 3-6 & 4-10 \end{pmatrix}$$
$$=\frac{1}{3}\begin{pmatrix} 6 & 6 & 6 \\ -3 & -3 & -6 \end{pmatrix}$$
$$=\begin{pmatrix} 2 & 2 & 2 \\ -1 & -1 & -1 \end{pmatrix}.$$

（3）矩阵的乘法

定义 设 $\boldsymbol{A}=(a_{ij})_{m\times s}$, $\boldsymbol{B}=(b_{ij})_{s\times n}$, 规定

$$\boldsymbol{AB}=\begin{pmatrix} a_{11} & \cdots & a_{1s} \\ \vdots & & \vdots \\ a_{m1} & \cdots & a_{ms} \end{pmatrix}\begin{pmatrix} b_{11} & \cdots & b_{1n} \\ \vdots & & \vdots \\ b_{s1} & \cdots & b_{sn} \end{pmatrix}=\begin{pmatrix} c_{11} & \cdots & c_{1n} \\ \vdots & & \vdots \\ c_{m1} & \cdots & c_{mn} \end{pmatrix},$$

其中

$$c_{ij}=(a_{i1} \quad a_{i2} \quad \cdots \quad a_{is})\begin{pmatrix} b_{1j} \\ b_{2j} \\ \vdots \\ b_{sj} \end{pmatrix}$$
$$=a_{i1}b_{1j}+a_{i2}b_{2j}+\cdots+a_{is}b_{sj}(i=1,2,\cdots,m;j=1,2,\cdots,n).$$

注意：A 的列数＝B 的行数；AB 的行数＝A 的行数；AB 的列数＝B 的列数.

例 3　设 $A=\begin{pmatrix} 3 & -1 \\ 0 & 3 \\ 1 & 0 \end{pmatrix}$，$B=\begin{pmatrix} 1 & 0 & 1 & -1 \\ 0 & 2 & 1 & 0 \end{pmatrix}$，求 AB，BA.

解

$$AB=\begin{pmatrix} 3 & -1 \\ 0 & 3 \\ 1 & 0 \end{pmatrix}\begin{pmatrix} 1 & 0 & 1 & -1 \\ 0 & 2 & 1 & 0 \end{pmatrix}$$

$$=\begin{pmatrix} 3 & -2 & 2 & -3 \\ 0 & 6 & 3 & 0 \\ 1 & 0 & 1 & -1 \end{pmatrix}.$$

由于不满足矩阵的乘法运算法则，所以不能相乘.

3. 逆矩阵

我们知道，对于一元方程 $ax=b(a\neq 0)$，其求解过程是：给方程两边同时乘以 a^{-1}，得 $1\cdot x=a^{-1}b$，即 $x=\dfrac{b}{a}$.

为求解矩阵方程 $AX=B$，对照数 a 及其倒数 a^{-1} 的关系式 $aa^{-1}=a^{-1}a=1$，下面引进逆矩阵的概念.

（1）逆矩阵的定义

定义　设 A 是一个 n 阶方阵，若存在 n 阶方阵 B，使

$$AB=BA=I_n,$$

则称**方阵 A 可逆**，而 B 为 A 的**逆矩阵**.

若 B、C 均是 A 的逆矩阵，则由定义有

$$B=BI=B(AC)=(BA)C=IC=C,$$

所以 A 的逆矩阵是唯一的，通常用符号 A^{-1} 表示 A 的逆矩阵.

方阵 A 的行列式：把方阵 A 的元素按原序组成的行列式，叫**方阵 A 的行列式**，记为 $|A|$ 或 $\det A$. 如 $A=\begin{bmatrix} 1 & 2 & 0 \\ 0 & 1 & 2 \\ 0 & 1 & 3 \end{bmatrix}$，则 $|A|=\begin{vmatrix} 1 & 2 & 0 \\ 0 & 1 & 2 \\ 0 & 1 & 3 \end{vmatrix}=\begin{vmatrix} 1 & 2 \\ 1 & 3 \end{vmatrix}=3-2=1.$

显然若 A 为 B 的逆矩阵，即则 B 也为 A 的逆矩阵.

例如，矩阵

$$\begin{pmatrix} 1 & 2 \\ 2 & 5 \end{pmatrix}\begin{pmatrix} 5 & -2 \\ -2 & 1 \end{pmatrix}=\begin{pmatrix} 5 & -2 \\ -2 & 1 \end{pmatrix}\begin{pmatrix} 1 & 2 \\ 2 & 5 \end{pmatrix}=\begin{pmatrix} 1 & 0 \\ 0 & 1 \end{pmatrix},$$

则

$$\begin{bmatrix} 1 & 2 \\ 2 & 5 \end{bmatrix}^{-1}=\begin{bmatrix} 5 & -2 \\ -2 & 1 \end{bmatrix},$$

而

$$\begin{bmatrix} 5 & -2 \\ -2 & 1 \end{bmatrix}^{-1}=\begin{bmatrix} 1 & 2 \\ 2 & 5 \end{bmatrix}.$$

（2）逆矩阵的性质

定理　若 $\boldsymbol{A}$、$\boldsymbol{B}$ 均为 n 阶可逆方阵，k 是一个数，则 $\boldsymbol{A}^{-1}$，$(\lambda\boldsymbol{A})^{-1}$，$\boldsymbol{AB}$，$\boldsymbol{A}^{\mathrm{T}}$ 都可逆，且

① $(\boldsymbol{A}^{-1})^{-1}=\boldsymbol{A}$；　　　　　　② $(\lambda\boldsymbol{A})^{-1}=\dfrac{1}{\lambda}\boldsymbol{A}^{-1}$；

③ $(\boldsymbol{AB})^{-1}=\boldsymbol{B}^{-1}\boldsymbol{A}^{-1}$；　　　　④ $(\boldsymbol{A}^{\mathrm{T}})^{-1}=(\boldsymbol{A}^{-1})^{\mathrm{T}}$.

只证明③，其余读者可自行证明.

因为

$$(\boldsymbol{AB})(\boldsymbol{B}^{-1}\boldsymbol{A}^{-1})=\boldsymbol{A}(\boldsymbol{BB}^{-1})\boldsymbol{A}^{-1}=\boldsymbol{AA}^{-1}=\boldsymbol{I},$$

$$(\boldsymbol{B}^{-1}\boldsymbol{A}^{-1})(\boldsymbol{AB})=\boldsymbol{B}^{-1}(\boldsymbol{A}^{-1}\boldsymbol{A})\boldsymbol{B}=\boldsymbol{B}^{-1}\boldsymbol{B}=\boldsymbol{I},$$

所以由逆矩阵的定义知，

$$(\boldsymbol{AB})^{-1}=\boldsymbol{B}^{-1}\boldsymbol{A}^{-1}.$$

推论　若 $\boldsymbol{A}_1$，$\boldsymbol{A}_2$，$\cdots$，$\boldsymbol{A}_m$ 均为 n 阶可逆矩阵，则

$$(\boldsymbol{A}_1\boldsymbol{A}_2\cdots\boldsymbol{A}_m)^{-1}=\boldsymbol{A}_m^{-1}\cdots\boldsymbol{A}_2^{-1}\boldsymbol{A}_1^{-1}.$$

那么矩阵何时可逆？若可逆，该如何求它的逆矩阵呢？下面就来研究这个问题.

（3）矩阵可逆的条件及逆矩阵的求法

（1）伴随矩阵法

定义　设矩阵 $\boldsymbol{A}=(a_{ij})_{n\times n}$，$\boldsymbol{A}_{ij}$ 是其元素 a_{ij} 的代数余子式，i，$j=1$，2，$\cdots$，n. 矩阵

$$\boldsymbol{A}^*=\begin{bmatrix} A_{11} & A_{21} & \cdots & A_{n1} \\ A_{12} & A_{22} & \cdots & A_{n2} \\ \vdots & \vdots & \ddots & \vdots \\ A_{1n} & A_{2n} & \cdots & A_{nn} \end{bmatrix}$$ 称为**矩阵 $\boldsymbol{A}$ 的伴随矩阵**.

显然

$$\boldsymbol{AA}^*=\begin{bmatrix} a_{11} & a_{12} & \cdots & a_{1n} \\ a_{21} & a_{22} & \cdots & a_{2n} \\ \vdots & \vdots & & \vdots \\ a_{m1} & a_{m2} & \cdots & a_{mn} \end{bmatrix}\begin{bmatrix} A_{11} & A_{21} & \cdots & A_{n1} \\ A_{12} & A_{22} & \cdots & A_{n2} \\ \vdots & \vdots & & \vdots \\ A_{1n} & A_{2n} & \cdots & A_{nn} \end{bmatrix}=\begin{bmatrix} |\boldsymbol{A}| & 0 & \cdots & 0 \\ 0 & |\boldsymbol{A}| & \cdots & 0 \\ \vdots & \vdots & & \vdots \\ 0 & 0 & \cdots & |\boldsymbol{A}| \end{bmatrix},$$

$$\boldsymbol{A}^*\boldsymbol{A}=\begin{bmatrix} A_{11} & A_{21} & \cdots & A_{n1} \\ A_{12} & A_{22} & \cdots & A_{n2} \\ \vdots & \vdots & & \vdots \\ A_{1n} & A_{2n} & \cdots & A_{nn} \end{bmatrix}\begin{bmatrix} a_{11} & a_{12} & \cdots & a_{1n} \\ a_{21} & a_{22} & \cdots & a_{2n} \\ \vdots & \vdots & & \vdots \\ a_{m1} & a_{m2} & \cdots & a_{mn} \end{bmatrix}=\begin{bmatrix} |\boldsymbol{A}| & 0 & \cdots & 0 \\ 0 & |\boldsymbol{A}| & \cdots & 0 \\ \vdots & \vdots & & \vdots \\ 0 & 0 & \cdots & |\boldsymbol{A}| \end{bmatrix}.$$

即　$\boldsymbol{AA}^*=\boldsymbol{A}^*\boldsymbol{A}=|\boldsymbol{A}|\boldsymbol{I}_n$. 则 $|\boldsymbol{A}|\neq 0$ 时，

$$\boldsymbol{A}\cdot\dfrac{1}{|\boldsymbol{A}|}\boldsymbol{A}^*=\dfrac{1}{|\boldsymbol{A}|}\boldsymbol{A}^*\cdot\boldsymbol{A}=\boldsymbol{I}_n.$$

由逆矩阵的定义可知

$$\boldsymbol{A}^{-1}=\dfrac{1}{|\boldsymbol{A}|}\boldsymbol{A}^*.$$

由上可知，下面结论成立.

定理　方阵 A 存在逆矩阵的充要条件是 $|A| \neq 0$，且 $A^{-1} = \dfrac{1}{|A|} A^*$.

利用该结论可判定逆矩阵的是否存在，进而求出逆矩阵.

例4　求矩阵 $A = \begin{pmatrix} 1 & 2 \\ 2 & 5 \end{pmatrix}$ 的逆矩阵.

解　$|A| = \begin{vmatrix} 1 & 2 \\ 2 & 5 \end{vmatrix} = 1 \neq 0$，故 A 可逆，

又 $A_{11} = 5$，$A_{12} = -2$，$A_{21} = -2$，$A_{22} = 1$，则

$$A^* = \begin{pmatrix} 5 & -2 \\ -2 & 1 \end{pmatrix},$$

所以

$$A^{-1} = \frac{1}{|A|} A^* = \begin{pmatrix} 5 & -2 \\ -2 & 1 \end{pmatrix}.$$

这种求逆矩阵的方法称为**伴随矩阵法**.

4. 矩阵概念与矩阵的初等变换

（1）方程组中的基本概念

对于线性方程组

$$\begin{cases} a_{11}x_1 + a_{12}x_2 + \cdots + a_{1n}x_n = b_1, \\ a_{21}x_1 + a_{22}x_2 + \cdots + a_{2n}x_n = b_2, \\ \cdots\cdots\cdots\cdots\cdots \\ a_{m1}x_1 + a_{m2}x_2 + \cdots + a_{mn}x_n = b_m, \end{cases} \tag{1}$$

其中，系数可用 $\begin{bmatrix} a_{11} & a_{12} & \cdots & a_{1n} \\ a_{21} & a_{22} & \cdots & a_{2n} \\ \vdots & \vdots & & \vdots \\ a_{m1} & a_{m2} & \cdots & a_{mn} \end{bmatrix}$ 表示；

$A = \begin{bmatrix} a_{11} & \cdots & a_{1n} \\ \vdots & & \vdots \\ a_{m1} & \cdots & a_{mn} \end{bmatrix}$ 称为方程组（1）的**系数矩阵**；

$B = \begin{bmatrix} a_{11} & \cdots & a_{1n} & b_1 \\ \vdots & & \vdots & \vdots \\ a_{m1} & \cdots & a_{mn} & b_m \end{bmatrix}$ 称为方程组（1）的**增广矩阵**.

当常数项 $b_1, b_2, \cdots, b_m$ 不全为零时，线性方程组（1）叫做 n 元非齐次线性方程组，当常数项 $b_1, b_2, \cdots, b_m$ 全为零时，线性方程组（1）成为

$$\begin{cases} a_{11}x_1 + a_{12}x_2 + \cdots + a_{1n}x_n = 0, \\ a_{21}x_1 + a_{22}x_2 + \cdots + a_{2n}x_n = 0, \\ \cdots\cdots\cdots\cdots\cdots \\ a_{m1}x_1 + a_{m2}x_2 + \cdots + a_{mn}x_n = 0 \end{cases},$$

叫做 n 元齐次线性方程组.

（2）矩阵的行（列）初等变换

矩阵的行（列）初等变换如下.

（1）对换矩阵的两行（列），用 $r_{ij}(c_{ij})$ 表示对换 i,j 两行（列）的行（列）初等变换，即 $r_i \leftrightarrow r_j(c_i \leftrightarrow c_j)$；

（2）用非零数乘矩阵的某一行（列），用 $r_i(k)(c_i(k))$ 表示以 $k \neq 0$ 乘矩阵的第 i 行（列）的行（列）初等变换，即 $r_i \rightarrow kr_i(c_i \rightarrow kc_i)$；

（3）将矩阵的某行（列）乘以数 k 再加入另一行（列）中去，用 $r_{ij}(k)(c_{ij}(k))$ 表示 k 乘矩阵的第 i 行（列）后加到第 j 行（列）的行（列）初等变换，即 $r_j + kr_i(c_j + kc_i)$.

（3）行阶梯形矩阵与最简形矩阵

定义　若矩阵 A 的零行（元素全为零的行）位于 A 的下方，且各非零行（元素不全为零的行）的非零首元（第一个不为零的元素）的列标随行标的递增而严格增大，则称 A 为**行阶梯形矩阵**.

定义　若行阶梯形矩阵 A 的各非零首元均为 1，且各非零首元所在列的其余元素均为 0，则称 A 为**行最简形矩阵**.

例 5　设 $A = \begin{pmatrix} 2 & -1 & -1 \\ 1 & 1 & -2 \\ 4 & -6 & 2 \end{pmatrix}$，用初等变换求矩阵 A 的行最简形矩阵.

解

$$\begin{pmatrix} 2 & -1 & -1 \\ 1 & 1 & -2 \\ 4 & -6 & 2 \end{pmatrix} \xrightarrow[\substack{r_3+(-2)r_2 \\ r_2+(-2)r_1}]{r_1 \leftrightarrow r_2} \begin{pmatrix} 1 & 1 & -2 \\ 0 & -3 & 3 \\ 0 & -4 & 4 \end{pmatrix} \xrightarrow[\substack{r_1+(-1)r_2 \\ r_3+4r_2}]{r_2+(-1)r_3} \begin{pmatrix} 1 & 0 & -1 \\ 0 & 1 & -1 \\ 0 & 0 & 0 \end{pmatrix},$$

故矩阵 A 的行最简型矩阵为 $\begin{pmatrix} 1 & 0 & -1 \\ 0 & 1 & -1 \\ 0 & 0 & 0 \end{pmatrix}$.

（4）初等变换法求逆矩阵

由初等变换与初等矩阵的关系可知：$(A \mid I) \xrightarrow{\text{初等行变换}} (I \mid A^{-1})$

例 6　求矩阵 $A = \begin{pmatrix} 1 & 2 & 4 \\ 2 & 5 & 8 \\ 1 & 2 & 5 \end{pmatrix}$ 的逆矩阵.

解

$$(A \mid I) = \left(\begin{array}{ccc|ccc} 1 & 2 & 4 & 1 & 0 & 0 \\ 2 & 5 & 8 & 0 & 1 & 0 \\ 1 & 2 & 5 & 0 & 0 & 1 \end{array} \right) \xrightarrow[r_3+(-1)r_1]{r_2+(-2)r_1} \left(\begin{array}{ccc|ccc} 1 & 2 & 4 & 1 & 0 & 0 \\ 0 & 1 & 0 & -2 & 1 & 0 \\ 0 & 0 & 1 & -1 & 0 & 1 \end{array} \right)$$

$$\xrightarrow[r_1+(-4)r_3]{r_1+(-2)r_2} \left(\begin{array}{ccc|ccc} 1 & 0 & 0 & 9 & -2 & -4 \\ 0 & 1 & 0 & -2 & 1 & 0 \\ 0 & 0 & 1 & -1 & 0 & 1 \end{array} \right),$$

所以

$$A^{-1} = \begin{pmatrix} 9 & -2 & -4 \\ -2 & 1 & 0 \\ -1 & 0 & 1 \end{pmatrix}.$$

（5）用初等变换解线性方程组

定义　矩阵 A 的秩 $R(A)$ 等于矩阵 A 经过初等变换得到的行阶梯形矩阵非零行的行数.

利用初等行变换,计算系数矩阵 A 和增广矩阵 $B=(A,b)$ 的秩,讨论线性方程组是否有解.

定理　n 元非齐次线性方程组 $AX=b$,则有

（1）无解 $\Leftrightarrow R(A)<R(A,b)$;

（2）有唯一解 $\Leftrightarrow R(A)=R(A,b)=n$;

（3）有无限多解 $\Leftrightarrow R(A)=R(A,b)<n$.

例 7　求解下列齐次线性方程组

$$\begin{cases} x_1+x_2+2x_3-x_4=0, \\ 2x_1+x_2+x_3-x_4=0, \\ 2x_1+2x_2+x_3+2x_4=0. \end{cases}$$

解　对系数矩阵实施行变换,有

$$A=\begin{bmatrix} 1 & 1 & 2 & -1 \\ 2 & 1 & 1 & -1 \\ 2 & 2 & 1 & 2 \end{bmatrix} \rightarrow \begin{bmatrix} 1 & 0 & -1 & 0 \\ 0 & 1 & 3 & -1 \\ 0 & 0 & 1 & -\dfrac{4}{3} \end{bmatrix} \rightarrow \begin{bmatrix} 1 & 0 & 0 & -\dfrac{4}{3} \\ 0 & 1 & 0 & 3 \\ 0 & 0 & 1 & -\dfrac{4}{3} \end{bmatrix},$$

即得

$$\begin{cases} x_1=\dfrac{4}{3}x_4, \\ x_2=-3x_4, \\ x_3=\dfrac{4}{3}x_4, \\ x_4=x_4. \end{cases}$$

故方程组的解为

$$\begin{bmatrix} x_1 \\ x_2 \\ x_3 \\ x_4 \end{bmatrix}=k\begin{bmatrix} \dfrac{4}{3} \\ -3 \\ \dfrac{4}{3} \\ 1 \end{bmatrix}.$$

例 8　求解下列非齐次线性方程组：

（1）$\begin{cases} 4x_1+2x_2-x_3=2, \\ 3x_1-1x_2+2x_3=10, \\ 11x_1+3x_2=8; \end{cases}$　（2）$\begin{cases} x_1+x_2+x_3=2, \\ x_1+2x_2+4x_3=3, \\ x_1+3x_2+9x_3=5; \end{cases}$　（3）$\begin{cases} 2x+3y+z=4, \\ x-2y+4z=-5, \\ 3x+8y-2z=13, \\ 4x-y+9z=-6. \end{cases}$

解　（1）对增广矩阵 B 施行初等行变换,有

$$B=\begin{bmatrix} 4 & 2 & -1 & 2 \\ 3 & -1 & 2 & 10 \\ 11 & 3 & 0 & 8 \end{bmatrix} \rightarrow \begin{bmatrix} 1 & 3 & -3 & -8 \\ 0 & -10 & 11 & 34 \\ 0 & 0 & 0 & -6 \end{bmatrix}.$$

因为 $R(\boldsymbol{A})=2$，$R(\boldsymbol{B})=3$，故方程组无解.

（2）对增广矩阵 $\boldsymbol{B}$ 施行初等行变换，有

$$\boldsymbol{B}=\begin{pmatrix} 1 & 1 & 1 & 2 \\ 1 & 2 & 4 & 3 \\ 1 & 3 & 9 & 5 \end{pmatrix} \rightarrow \begin{pmatrix} 1 & 1 & 1 & 2 \\ 0 & 1 & 3 & 1 \\ 0 & 2 & 8 & 3 \end{pmatrix} \rightarrow \begin{pmatrix} 1 & 1 & 1 & 2 \\ 0 & 1 & 3 & 1 \\ 0 & 0 & 2 & 1 \end{pmatrix}.$$

因为 $R(\boldsymbol{A})=R(\boldsymbol{B})=3$，故方程组有唯一解.

由初等变换得

$$\begin{cases} x_1+x_2+x_3=2, \\ x_2+3x_3=1, \\ 2x_3=1, \end{cases}$$

亦即

$$\begin{cases} x_1=2, \\ x_2=-\dfrac{1}{2}, \\ x_3=\dfrac{1}{2}. \end{cases}$$

（3）对增广矩阵 $\boldsymbol{B}$ 施行初等行变换，有

$$\boldsymbol{B}=\begin{pmatrix} 2 & 3 & 1 & 4 \\ 1 & -2 & 4 & -5 \\ 3 & 8 & -2 & 13 \\ 4 & -1 & 9 & -6 \end{pmatrix} \rightarrow \begin{pmatrix} 1 & 0 & 2 & -1 \\ 0 & 1 & -1 & 2 \\ 0 & 0 & 0 & 0 \\ 0 & 0 & 0 & 0 \end{pmatrix}.$$

因为 $R(\boldsymbol{A})=R(\boldsymbol{B})=2<4$，故方程组有无穷多解.

由初等变换得

$$\begin{cases} x=-2z-1, \\ y=z+2, \\ z=z, \end{cases}$$

亦即

$$\begin{pmatrix} x \\ y \\ z \end{pmatrix}=k\begin{pmatrix} -2 \\ 1 \\ 1 \end{pmatrix}+\begin{pmatrix} -1 \\ 2 \\ 0 \end{pmatrix}.$$

习题

A 组

1. $\boldsymbol{A}=\begin{pmatrix} 3 & 1 & 4 \\ -2 & 0 & 1 \\ 1 & 2 & 2 \end{pmatrix}$，$\boldsymbol{B}=\begin{pmatrix} 1 & 0 & 2 \\ -3 & 1 & 1 \\ 2 & -4 & 1 \end{pmatrix}$.

计算：(1) $2\boldsymbol{A}$；(2) $\boldsymbol{A}+\boldsymbol{B}$；(3) $(2\boldsymbol{A})^{\mathrm{T}}-(3\boldsymbol{B})^{\mathrm{T}}$；(4) 若 $\boldsymbol{X}$ 满足 $\boldsymbol{A}+\boldsymbol{X}=\boldsymbol{B}$，求 $\boldsymbol{X}$.

2. 下列各对矩阵是否可作矩阵的乘法运算,若可以,给出计算结果.

(1) $(1 \quad 2 \quad 3)\begin{pmatrix} 4 \\ 5 \\ 6 \end{pmatrix}$;　　(2) $\begin{pmatrix} 1 \\ 2 \\ 3 \end{pmatrix}(4 \quad 5 \quad 6)$;　　(3) $\begin{pmatrix} 4 & 3 & 1 \\ 3 & -2 & 3 \\ 5 & 7 & 0 \end{pmatrix}\begin{pmatrix} 7 \\ 2 \\ 1 \end{pmatrix}$;

(4) $\begin{pmatrix} 2 & 0 & 1 \\ 1 & 2 & -1 \end{pmatrix}\begin{pmatrix} 1 & 0 \\ -1 & 3 \\ 2 & 4 \end{pmatrix}$;　　(5) $\begin{pmatrix} 1 & 0 & 3 \\ 2 & 1 & -1 \end{pmatrix}\begin{pmatrix} -1 & 1 & 4 \\ 3 & -2 & 1 \\ 0 & 0 & 2 \end{pmatrix}\begin{pmatrix} -2 \\ 1 \\ 0 \end{pmatrix}$.

3. 用初等变换求下列矩阵的秩.

$A = \begin{pmatrix} 1 & 2 & 0 \\ 0 & 1 & 2 \\ 0 & 1 & 3 \end{pmatrix}$; $B = \begin{pmatrix} 1 & 2 & 0 & 4 \\ 1 & 0 & 3 & 1 \\ 2 & 2 & 3 & 5 \end{pmatrix}$; $C = \begin{pmatrix} 3 & 1 \\ 1 & 0 \\ 5 & 1 \end{pmatrix}$.

4. 求下列矩阵的逆矩阵.

$A = \begin{pmatrix} 2 & 0 & 0 \\ 0 & 3 & 0 \\ 0 & 0 & 5 \end{pmatrix}$; $B = \begin{pmatrix} 1 & 2 & 1 \\ 0 & 1 & 1 \\ 0 & 0 & 1 \end{pmatrix}$; $C = \begin{pmatrix} 1 & 2 & 3 \\ -1 & 0 & 1 \\ 3 & 3 & 4 \end{pmatrix}$; $D = \begin{pmatrix} 1 & 2 \\ 3 & 4 \end{pmatrix}$.

5. 求解下列齐次线性方程组.

(1) $\begin{cases} x_1 - x_2 + 5x_3 - x_4 = 0, \\ x_1 + x_2 - 2x_3 + 3x_4 = 0, \\ 3x_1 - x_2 + 8x_3 + x_4 = 0; \end{cases}$　　(2) $\begin{cases} 5x_1 - 2x_2 + 4x_3 - 3x_4 = 0, \\ -3x_1 + 5x_2 - x_3 + 2x_4 = 0, \\ x_1 - 3x_2 + 2x_3 + x_4 = 0. \end{cases}$

6. 解下列非齐次线性方程组.

(1) $\begin{cases} x_1 - x_2 = 3, \\ 2x_1 - x_2 - x_3 = -8, \\ x_1 + x_2 - 3x_3 = 0; \end{cases}$　　(2) $\begin{cases} x_1 + x_2 - 3x_3 - x_4 = 1, \\ 3x_1 - x_2 - 3x_3 + 4x_4 = 4, \\ x_1 - 5x_2 - 9x_3 - 8x_4 = 0. \end{cases}$

B组

1. 解矩阵方程 $\begin{pmatrix} 0 & 1 & 0 \\ 1 & 0 & 0 \\ 0 & 0 & 1 \end{pmatrix} X \begin{pmatrix} 1 & 0 & 0 \\ 0 & 0 & 1 \\ 0 & 1 & 0 \end{pmatrix} = \begin{pmatrix} 1 & -4 & 3 \\ 2 & 0 & -1 \\ 1 & -2 & 0 \end{pmatrix}$.

2. 用初等行变换把下列矩阵化为阶梯形,进而化为行标准形.

(1) $A = \begin{pmatrix} 1 & 2 & 1 & 0 \\ 2 & 5 & 0 & 1 \\ -1 & 2 & 1 & -2 \end{pmatrix}$;　　(2) $B = \begin{pmatrix} 0 & 1 & 1 & 1 & 2 \\ 1 & 0 & 1 & 0 & 0 \\ 4 & 1 & 0 & 1 & 2 \\ 2 & 0 & 1 & 1 & 2 \end{pmatrix}$.

3. 解下列非齐次线性方程组.

(1) $\begin{cases} x_1 + x_2 + x_3 + x_4 + x_5 = 2, \\ x_1 + 2x_2 - 4x_5 = -2, \\ x_1 + 2x_3 + 2x_4 + 6x_5 = 6, \\ 4x_1 + 5x_2 + 3x_3 + 3x_4 - x_5 = 4; \end{cases}$　　(2) $\begin{cases} x_1 + 2x_2 + x_3 = 5, \\ 2x_1 - x_2 + 3x_3 = 7, \\ 3x_1 + x_2 + x_3 = 6. \end{cases}$

4. 已知线性方程组

$$\begin{cases} x_1 + 3x_2 + x_3 = 0, \\ 3x_1 + 2x_2 + 3x_3 = -1, \\ -x_1 + 4x_2 + ax_3 = b. \end{cases}$$

试问:在 a、b 为何值时,方程组有(1)唯一解;(2)无穷多解;(3)无解.

知识应用

1. 某厂有 A、B、C 三台机器以及三项作业Ⅰ、Ⅱ、Ⅲ,要求每台机器只完成一项作业, 每项作业只能由一台机器完成,三台机器完成各项作业的费用见表 6-1,问怎么指派三台 机器去完成三项作业,可以使费用最小?

表 6-1

机器	作业Ⅰ费用/元	作用Ⅱ费用/元	作用Ⅲ费用/元
A	25	15	22
B	31	20	19
C	35	24	17

2. 如图 6-17 所示,求 A 到 G 的最短路径.

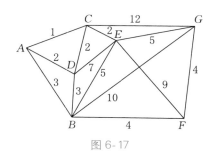

图 6-17

3. 有四个工人,要指派他们分别完成 4 项工作,每人做各项工作所消耗的时间见表 6-2. 问指派哪个人去完成哪项工作,可使总的消耗时间为最小?

表 6-2

工人	工作 A 耗时/h	工作 B 耗时/h	工作 C 耗时/h	工作 D 耗时/h
甲	15	18	21	24
乙	19	23	22	18
丙	26	17	16	19
丁	19	21	23	17

学习反馈与评价

学号：　　　　　　　姓名：　　　　　　　任课教师：

学习内容	
学生学习疑问反馈	
学习效果自我评价	
教师综合评价	

数学家小传

陈景润的故事

参 考 文 献

李应,李松林.大学数学:上册[M].北京:高等教育出版社 2012.

王先逵. 机械制造工艺学[M].3 版.北京:机械工业出版社.2013.

王宛山,邢敏.机械制造手册[M].沈阳:辽宁科学技术出版社.2002.

沈为兴.机械加工应用数学[M].北京:金盾出版社.2009.

姜启源,谢金星,叶俊.数学模型[M].3 版.北京:高等教育出版社.2003.

颜文勇.数学建模[M].北京:高等教育出版社.2011.

罗成林,章曙雯.电路数学[M].北京:人们邮电出版社.2012.

任成高.机械设计基础[M].北京:机械工业出版社.2006.